U0021308

亞烈士‧維諾里（Alexis Vergnory）——著　林惠敏——譯

擺盤藝術

LES ASSIETTES DE CUISINADDICTE

39道 Fine Dining 擺盤基礎全圖解

構圖比例 × 色彩設計 × 創意發想

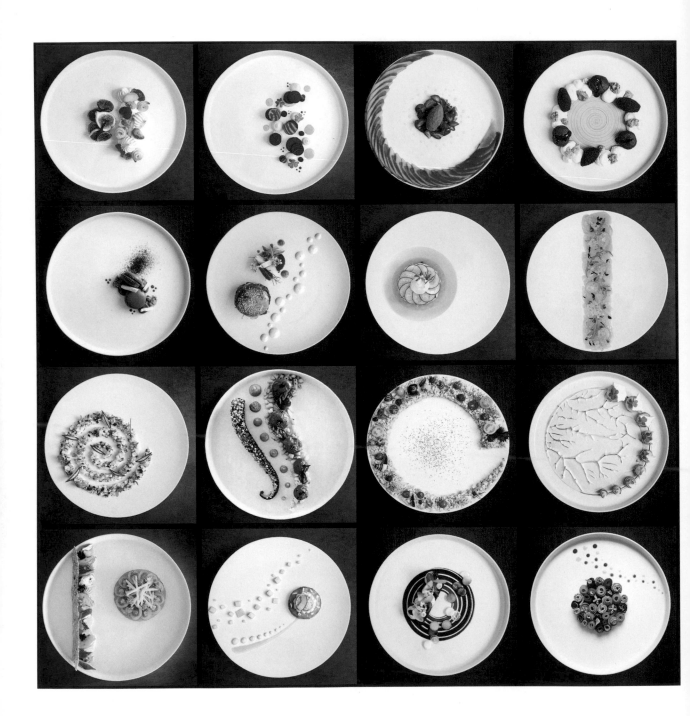

擺盤藝術的使用說明

在本書中，我將為你們介紹我構思圖像式美味擺盤的方法。

首先，我就像調香師用後味、中味和前味在創造香水一樣來打造我的食譜。

我先選擇一種素材作為我餐盤的基礎，接著用一至兩種的稠化物[01]來搭配並加以昇華。最後，我會尋找一種讓我的食譜散發出神奇魅力的小亮點。

一旦結束了料理的部分，我就會從現有的樣式選擇中想像我的擺盤：螺旋形、長條狀、圓圈……

現在輪到你們上場了！

---

01 用來為濃湯、醬汁增加穩定度和濃稠度的食材，例如麵包、麵粉、玉米澱粉、馬鈴薯澱粉、蛋黃、奶油、鮮奶油等。

擺盤藝術目錄

甜食料理餐盤

基礎技法

01
製作螺旋形

為了製作勻稱的螺旋形,請使用滴瓶和從舊貨店購買的黑膠唱盤。將平坦的餐盤擺在唱盤上並轉45圈。先確定螺旋形的中心點後,再開始均勻地按壓滴瓶,一邊向外拉,一邊以持續的流量形成螺旋形。亦可只用滴瓶,手擠出漂亮的螺旋形,只是會稍微沒那麼勻稱。

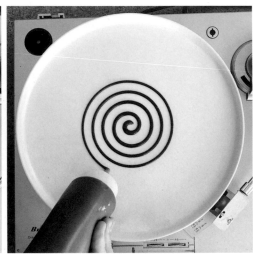

02
將螺旋形鋪開

製作螺旋形。旋轉唱盤,用糕點刷輕輕刷過線條表面,讓線條滑順,但不要太用力。

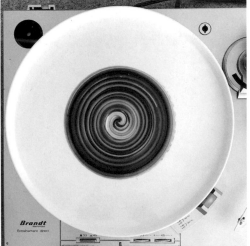

03

以糕點刷製作帶狀

用醬汁或庫利（couli）
[02] 滴出一個大點，再
用糕點刷一次往旁邊刷
開，但不要過度按壓。

04

以抹刀製作帶狀

先用醬汁或庫利滴出一
個大點，再用彎型抹刀
一次往旁邊抹開，按壓
力道依想要的結果而
定。

02 由蔬菜或是水果泥所做出來的醬料，常用在甜點上。

05
樹枝效果

將醬汁或庫利倒入盤底，形成勻稱的圓，如有需要，可用圓形模具作為輔助。輕輕將鍋底擺在醬汁上並立即提起，便能打造出樹枝般的效果。

06
用湯匙製作逗號

將一匙的醬汁或庫利倒入盤中，接著以湯匙匙背一次拉開，形成逗號，按壓力道依想要的結果而定。

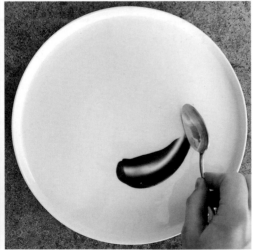

07

用刮板製造波紋

在盤中倒入一大匙的醬汁或庫利，接著用齒型刮板一次拉出起伏的鋸齒紋。

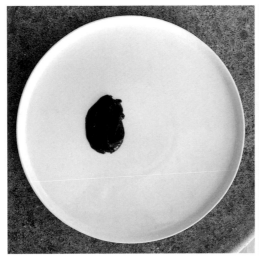

08

點的加工

為滴瓶裝滿醬汁或庫利。按壓滴瓶，用不同的力道擠出不同大小的點。亦可製作精確的輪廓、線條、曲線等。若要將點延伸，可快速將點一次拉開，如有需要可擦去多餘的部分。

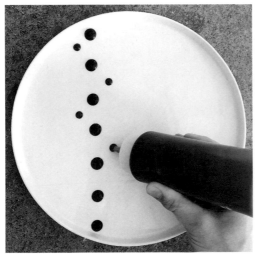

ÉQUINOXE *de septembre*

4人份

孜然胡蘿蔔泥
PURÉE CAROTTES CUMIN

胡蘿蔔 4 根
乳皮鮮奶油 40 毫升
鹽、胡椒粉
孜然粉 1 至 2 撮

將胡蘿蔔去皮、清洗，並切成圓形薄片。浸泡在一大鍋加鹽的沸水中，以大火煮15分鐘。倒掉部分烹煮湯汁，只留下淹至胡蘿蔔高度的湯汁，接著將胡蘿蔔連同剩餘湯汁以電動攪拌機攪打。

加入鮮奶油和孜然粉，再度攪打，接著以漏斗型網篩過濾。調整調味。胡蘿蔔泥的質地必須濃稠滑順。保存在滴瓶中。

鷹嘴豆泥
HOUMOUS

鷹嘴豆 200 克
檸檬汁 1/2 顆（檸檬）
大蒜 1/2 瓣
孜然粉 1/2 小匙
芝麻油 1 大匙
鹽、胡椒粉

將鷹嘴豆瀝乾，將所有材料聚集在碗中，用手持式電動攪拌棒攪打成平滑均勻的質地。保存在裝有花嘴的擠花袋中。

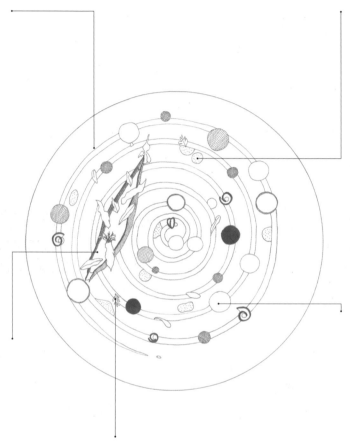

最後修飾

胡蘿蔔葉幾片
錦葵花幾朵

保留花朵和葉片作為擺盤用。

羅勒油
HUILE BASILIC

新鮮羅勒 2 束
葵花油 500 毫升
橄欖油 400 毫升

摘下羅勒葉片。在平底深鍋中將葵花油加熱至150℃。將羅勒葉浸泡在葵花油中約1分鐘，直到葉片變為半透明。

用漏勺仔細瀝乾，接著放入碗中，和橄欖油一起以手持式電動攪拌棒攪打。用漏斗型網篩過濾所有材料，保存在滴瓶中。此備料可冷藏保存數星期。

配菜

黃色胡蘿蔔 1 根
橘色胡蘿蔔 1 根
紫色胡蘿蔔 1 根
蕪菁 1 顆
未去莢的新鮮豌豆 200 克
蘆筍頭 12 個
粉紅小蘿蔔（radis rose）4 根
鹽之花、胡椒

將胡蘿蔔和蕪菁去皮、清洗，切成圓形薄片，再用倒扣的不銹鋼花嘴裁成小圓。將豌豆去莢，將豆莢擺在一旁。準備一大盆冰水。在一大鍋加鹽的沸水中分開並依序燉煮不同的胡蘿蔔、蕪菁、豌豆和蘆筍，直到所有的蔬菜變得清脆。將蔬菜瀝乾，放入冰水冷卻以中止烹煮。清洗粉紅小蘿蔔，切成薄片備用。在碗中混合所有材料和4大匙的羅勒油。用鹽之花和胡椒調味。

擺盤

用胡蘿蔔泥製作螺旋形。在1個豌豆莢中填滿鷹嘴豆泥，擺上蘆筍頭。將豆莢和其他的蔬菜擺在螺旋形上。加入胡蘿蔔葉和錦葵花。在常溫下品嚐。

鮪魚佐蜂蜜山葵泥
THON SUR THON, *miel wasabi*

4人份

山葵泥
PURÉE AU WASABI

馬鈴薯 750 克
（哈特 ratte 品種）
奶油 180 克
全脂牛乳 200 毫升
山葵醬 2 小匙
鹽、胡椒粉

清洗馬鈴薯，以大量的水加蓋燉煮 30 分鐘。將奶油切丁，冷藏保存。將熱馬鈴薯瀝乾、削皮，接著在平底深鍋上方用裝有葉片的食物研磨器（moulin à légumes）將馬鈴薯盡可能攪碎。

將牛乳加熱，但不要煮沸。將奶油混入馬鈴薯中，用力攪拌至形成非常平滑的馬鈴薯泥。緩緩混入熱牛乳，一邊攪拌。馬鈴薯的質地必須稠密滑順。混入山葵醬，接著以鹽和胡椒粉調味。

蜂巢脆片
CROQUANT NID-D'ABEILLES

奶油 60 克
糖 125 克
蜂蜜 50 克
麵粉 40 克

將烤箱預熱至 170℃。將奶油加熱至融化，加糖，用打蛋器混合。混入蜂蜜和麵粉。將麵糊鋪在蜂巢形狀的矽膠模中。入烤箱烤十幾分鐘。

蜂蜜醬油佐料
CONDIMENT MIEL-SOJA

蜂蜜 4 大匙
甜醬油 1 大匙
米醋 1 小匙

在碗中混合所有食材，預留備用。

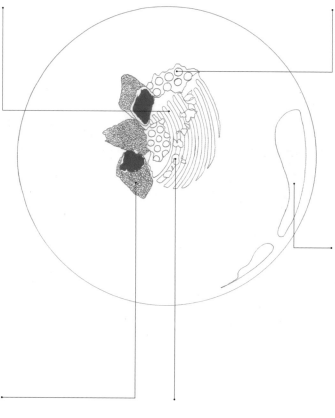

芝麻酥鮪魚
THON EN CROÛTE DE SÉSAME

紅鮪魚 600 克
烘焙芝麻粒 100 克
橄欖油 30 毫升

將鮪魚切成 4 塊，接著裹上芝麻粒。在平底煎鍋中加熱橄欖油，將鮪魚塊每面煎約 1 分鐘。讓魚肉內部保持未熟的狀態。預留備用。

最後修飾
芥末豆幾顆

將豆子約略磨碎。

擺盤

將山葵泥擺在盤中，用齒型刮板刷開形成圓弧狀。將熱鮪魚切成3塊，擺在餐盤中。放上蜂巢片，撒上一些芥末豆碎屑。在盤子的一邊加入1匙的蜂蜜醬油佐料，接著用湯匙的匙背往下拉，形成逗號（第8頁）。在常溫下品嚐。

花園派對

GARDEN *party*

4人份

綠色地毯
TAPIS VERT

櫛瓜 4 條
橄欖油 50 毫升
大蒜 1 瓣
羅勒葉 6 片
新鮮迷迭香葉 5 片
鹽、胡椒粉

清洗櫛瓜,用刀切成小丁。
在碗中,用手持式電動攪拌
棒將橄欖油、去皮蒜瓣、羅
勒葉和迷迭香葉打碎。在熱
好的平底煎鍋中倒入上述的
香料油混料,以中火煎櫛瓜
丁5分鐘,調味。

將櫛瓜移至濾器中瀝乾,讓
櫛瓜在擺盤時不會在盤中流
動。

配菜

聖女番茄 (多色) 200 克
橄欖油 50 毫升
鹽之花、胡椒粉

將烤箱預熱至200℃。清洗
番茄。在沙拉攪拌盆中將聖
女番茄橫切,記得保留梗。
加入橄欖油,讓番茄被油均
勻包覆。移至烤盤或耐熱盤
中。用烤箱將番茄快烤6分
鐘。出爐時,以鹽之花和胡
椒調味。

調味香料粉
POUDRE AROMATIQUE

去核黑橄欖 100 克
羅勒葉和時蘿葉幾片
琉璃苣花
（ fleurs de bourrache)
20 朵

將烤箱預熱至80℃。

將橄欖擺在鋪有烤盤紙的烤
盤上,用烤箱烘乾3小時。在
室溫下冷卻後,用手持式電
動攪拌棒將乾燥橄欖攪打成
細粉,預留備用。

葉片和花朵也預留作為擺盤
用。

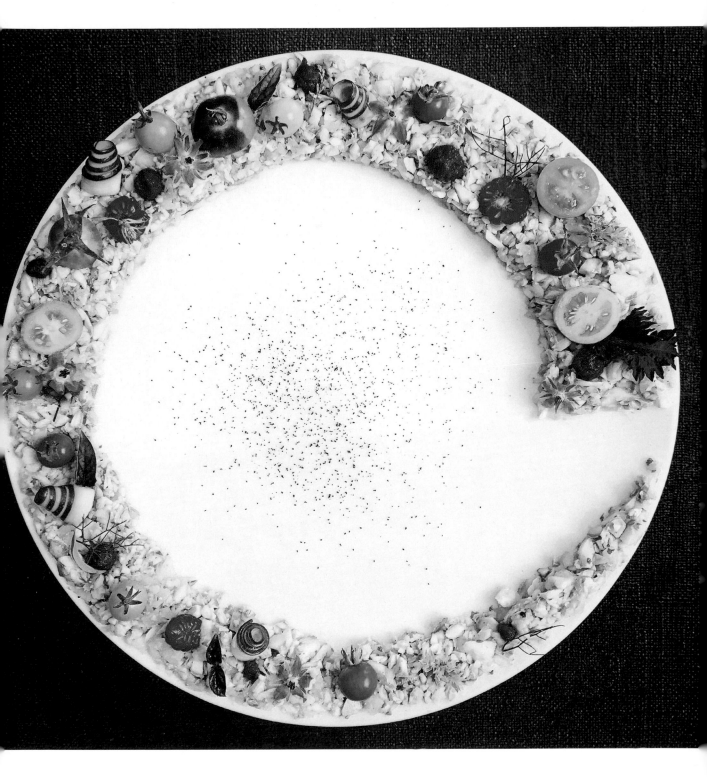

擺盤

在大平盤中，以倒扣的方式擺上另一個直徑較小的盤子。在周圍勻稱地擺上櫛瓜。用刀尖移去中間的盤子。分散地擺放聖女番茄。用漏斗型網篩撒上橄欖粉，並加入花朵和香草。趁熱和在常溫下品嚐都同樣可口。

COCO MOLLET *dans son nid*

4人份

肉汁
JUS DE VIANDE

奶油 150 克
碎牛肉 1 公斤
洋蔥 1 顆
胡蘿蔔 1 根
紅酒 1 升
蒜頭 1 顆
荷蘭芹、百里香、月桂的梗
水 2 公升
鹽、胡椒
玉米澱粉 3 大匙

準備芳香蔬菜[03]：清洗洋蔥、胡蘿蔔和大蒜並去皮。切成1公分的大塊，和荷蘭芹、百里香、月桂的梗一起保留在碗中。

在鍋中以大火加熱奶油，直到奶油開始上色。加入肉塊，不要攪拌，接著在3至4分鐘後，攪拌至每一面都上色。加入蔬菜，再以大火煮5分鐘，不時攪拌。加入紅酒，煮沸，以小火煮約20分鐘，直到將酒收乾。加水，不加蓋，以中火煮2小時。用漏斗型濾器過濾。放涼，讓油脂凝固並去除油脂的部分。將取得的湯汁煮沸。

在碗中用少許冷水將3大匙的玉米澱粉拌開，接著緩緩倒入極熱的醬汁中，一邊以打蛋器攪拌，直到形成醬汁會附著在打蛋器上的濃稠度。如有需要，可調整調味，預留備用。

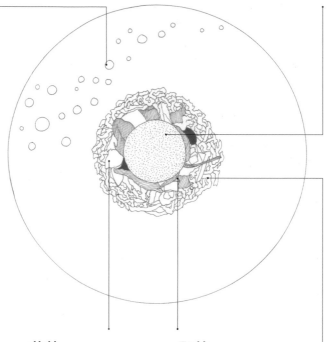

菠菜
ÉPINARDS

菠菜 500 克
奶油 15 克
鹽、胡椒粉

清洗菠菜並去梗。在平底煎鍋中加熱奶油，接著以中火煮菠菜2分鐘，一邊攪拌。調味並預留備用。

配菜

生火腿 4 片

將生火腿切成寬4至5公釐的小條，預留備用。

蛋
L'OEUF

蛋 6 顆
白醋 50 毫升
鹽 2 大匙
麵包粉（chapelure）100 克
麵粉 50 克
葵花油 200 毫升

準備1碗冰水。將1鍋加入醋和鹽的水煮沸。用漏勺輕輕放入4顆蛋，以免碎裂。以中火煮5分鐘，接著立即將蛋從鍋中取出，並放入裝有冰水的碗中以中止烹煮。小心地為蛋剝殼，因為這時的蛋還很脆弱。

在空碗中將剩餘的蛋打散。

為溏心蛋裹粉，將蛋依序泡入麵粉、蛋液和麵包粉。在小的平底深鍋中以大火熱油，接著放入裹粉的蛋，最多浸泡1分鐘，以形成漂亮的顏色，但又不會將蛋黃煮熟。預留備用。

酥皮
BRICK CROUSTILLANTE

葵花油 1/2 升
薄餅皮（brick）8 片

將薄餅皮捲起，接著切成寬3至4公釐的薄片。在小的平底深鍋中熱油，放入薄餅條炸1分鐘，直到薄餅條變得金黃酥脆。

在吸水紙上瀝乾。預留備用。

---

03 garniture aromatique 芳香蔬菜，以蔬菜、香料或芳香植物和調味料為基底所組成，用來為備料增添風味，尤其是需長時間烹煮的料理，經常為法式高湯的成分之一。

擺盤

在小湯盤中擺上油炸酥皮，形成鳥巢，加入熱菠菜和生火腿條。在鳥巢中放入蛋。用裝入滴瓶的肉汁製作點畫。另外搭配剩餘的熱肉汁上菜，並在最後一刻淋在菜上。在常溫下品嚐。

石榴金桔干貝

SAINT-JACQUES, *grenade, kumquat*

4人份

干貝
SAINT-JACQUES

干貝肉 400 克
鹽之花、胡椒粉
青檸檬 1 顆

將干貝肉切成規則的薄片，
接著勻稱地擺在盤中，形成
長條狀。用鹽之花和胡椒調
味。在上方將青檸檬刨碎。
將餐盤保存在陰涼處。

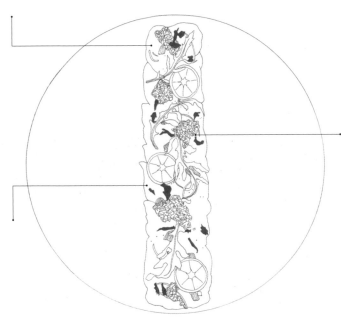

醬汁
SAUCE

葡萄籽油 50 毫升
金桔 2 顆

將金桔切半，接著榨汁並裝
入碗中。加入葡萄籽油，拌
勻後預留備用。

配菜

帕瑪森乳酪絲 50 克
芝麻菜葉 20 片
石榴 1 顆
乾燥木槿花 10 克

將烤箱預熱至180℃。將乳
酪絲擺在鋪有烤盤紙的烤盤
上。入烤箱烤5至6分鐘。乳
酪絲形成的瓦片應略呈金黃
色。在常溫通風處放涼，預
留備用。將芝麻菜葉充分洗
淨，用料理刷刷上少許橄欖
油以增添光澤，預留備用。
將石榴切半，取出籽，預留
備用。保留花作為擺盤用。

擺盤

用料理刷為干貝刷上醬汁。擺上帕瑪森乳酪絲瓦片、油亮的芝麻菜、石榴籽
和乾燥木槿花。趁新鮮品嚐。

太空披薩
PIZZA DE *l'espace*

4人份

披薩餅皮
PÂTE À PIZZA

麵粉 600 克
鹽 20 克
水 38 克
新鮮酵母粉 1 克

在沙拉攪拌盆中混合水和鹽。加入150克的麵粉，一邊攪拌。用少量的水將酵母粉泡開，倒入沙拉攪拌盆中。再度攪拌。分3次加入剩餘的麵粉，每次之間充分拌勻。繼續揉麵10分鐘。揉成漂亮的球狀，接著擺入沙拉攪拌盆中。用布蓋著，擺在25℃至30℃的溫熱處，讓麵團發酵約2小時。

將烤箱預熱至180℃。將麵團分為4塊，接著再度擺在撒有麵粉的大理石檯發酵6小時。用擀麵棍擀薄。裁成不規則三角形，擺在鋪有烤盤紙的烤盤上，入烤箱烤幾分鐘。餅皮應略呈金黃色。

番茄醬汁
SAUCE TOMATE

罐裝去皮番茄 200 克
（義大利的聖馬爾扎諾番茄 San Marsano 品種）
鹽、胡椒粉

將番茄倒入沙拉攪拌盆中，接著用手持式電動攪拌棒攪打。用鹽和胡椒調味，預留備用。

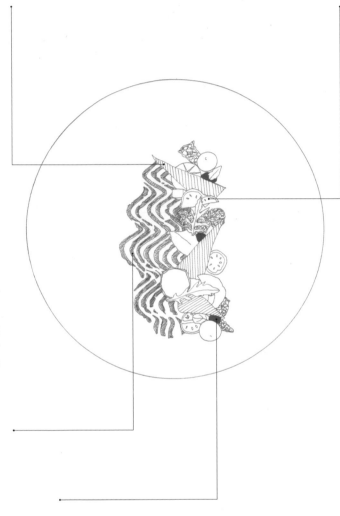

普羅旺斯酸豆橄欖醬
TAPENADE

去核黑橄欖 150 克
橄欖油 80 毫升
大蒜 1/2 瓣
鹽、胡椒粉

將大蒜去皮。用手持式電動攪拌棒攪打所有材料，直到形成均勻平滑的糊狀。質地必須是能夠抹開的。視需求調整橄欖油的用量。調味，將備料填入裝有花嘴的擠花袋中，保存於陰涼處。

配菜

去核黑橄欖 100 克
聖女番茄 12 顆
奧勒岡葉[04]
帕瑪森乳酪絲 150 克
醃製菲達乳酪丁 12 塊
（cubes de feta marinée）
莫札瑞拉乳酪球 12 顆
（billes de mozzarella）
羅克福乳酪奶油醬 4 大匙
（crème de roquefort）
芝麻菜
新鮮羅勒

將烤箱預熱至180℃。將橄欖擺在鋪有烤盤紙的烤盤上，接著以烤箱烘乾3小時。在室溫下冷卻後，用電動攪拌機攪打成細粉，預留備用。清洗聖女番茄，切半，均勻地散布在鋪有烤盤紙的烤盤上。撒上奧勒岡葉，接著入烤箱以180℃烤約5分鐘。保存在常溫下。

在鋪有烤盤紙的烤盤上撒上帕瑪森乳酪絲。入烤箱同樣以180℃烤約5分鐘。保存在常溫下。

保留其他材料作為擺盤用。

---

04 origan，常見於義式料理中的一種香草，也有人稱為「披薩葉」。

擺盤

在盤子的上方放上1大匙的番茄醬汁。用齒型刮板刮出鋸齒紋。製作1小球梭形的羅克福乳酪奶油醬,擺在盤中,加入烤過的聖女番茄,接著在周圍擺上幾點普羅旺斯酸豆橄欖醬。放上幾片三角形披薩餅皮、幾塊乳酪絲瓦片、醃製菲達乳酪丁和莫札瑞拉乳酪球。用幾片芝麻菜和羅勒裝飾。在常溫下品嚐。

重返森林牛肉
BOEUF *retour du maquis*

4人份

肉汁
JUS DE VIANDE

奶油 150 克
碎牛肉 1 公斤
洋蔥 1 顆
胡蘿蔔 1 根
紅酒 1 升
蒜頭 1 顆
荷蘭芹、百里香、月桂的梗
水 2 公升
鹽、胡椒
玉米澱粉 3 大匙

準備芳香蔬菜：清洗洋蔥、胡蘿蔔和大蒜並去皮。切成1公分的塊狀，和荷蘭芹、百里香、月桂的梗一起保留在碗中。

在燉鍋中以大火加熱奶油，直到奶油開始上色。加入肉塊，不要攪拌，接著在3至4分鐘後，攪拌至肉塊的每一面都上色。加入蔬菜，再以大火煮5分鐘，不時攪拌。

加入紅酒，煮沸，接著以小火煮約20分鐘，直到將酒收乾。加水，不加蓋，以中火煮2小時。再加水至肉塊的高度，接著以中火煮2小時。用漏斗型濾器過濾湯汁。放涼，讓油脂凝固並去除油脂的部分。將取得的湯汁煮沸。在碗中用少許冷水將玉米澱粉拌開，接著緩緩倒入極熱的醬汁中，直到形成醬汁會附著在打蛋器上的濃稠度。調整調味，預留備用。

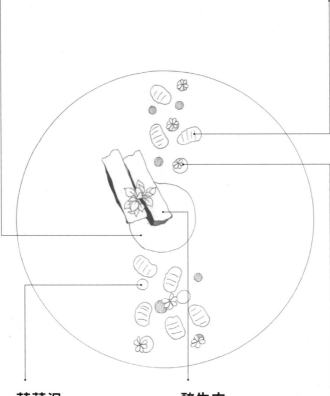

芹菜泥
PURÉES DE CÉLERIS

根芹菜 1/2 顆
全脂牛乳 1 公升
奶油 20 克
鹽、胡椒粉
羅勒葉 5 片

將去皮的根芹菜切成1公分的塊狀，接著放入平底深鍋中，用牛乳淹過。煮沸後，以中火煮25分鐘。將根芹菜塊瀝乾，保留牛乳的部分。用手持式電動攪拌棒攪打煮熟的根芹菜和奶油，緩緩加入牛乳，直到芹菜泥變得濃稠滑順。調味。將一半的芹菜泥裝入滴瓶中。將剩餘的芹菜泥和羅勒一起攪打，裝入另一個滴瓶中。

醃牛肉
BOEUF MARINÉ

菲力牛排 (tournedos) 4 片
香桃木利口酒 (liqueur de myrte) 200 毫升
橄欖油 30 毫升
鹽之花、胡椒粉

將香桃木利口酒倒入小盤中，接著放入菲力牛排，用利口酒拌勻。蓋上保鮮膜於陰涼處醃漬，3小時後翻面，共醃漬6小時。上菜時，在熱的平底煎鍋中，用橄欖油將菲力牛排每面煎2分鐘。如果想要肉熟一點的話，可在最後放入烤箱，以180℃每片烤5分鐘。在烹煮完成時進行調味。

馬鈴薯麵疙瘩
GNOCCHI DE POMMES DE TERRE

馬鈴薯 500 克
蛋 1 顆
帕瑪森乳酪絲 30 克
奶油 30 克
普羅旺斯綜合香料
（ herbes de Provence）
麵粉 100 克
肉豆蔻
鹽、胡椒

將馬鈴薯連皮浸泡在大量的冷水中，接著以中火煮30分鐘。將馬鈴薯瀝乾，在微溫時削皮。用叉子約略壓碎。用網篩過濾至沙拉攪拌盆中，讓馬鈴薯泥變得平滑。混入蛋和帕瑪森乳酪絲、室溫回軟的奶油、綜合香料、麵粉、肉豆蔻、鹽和胡椒。用刮刀攪拌。蓋上保鮮膜，置於陰涼處1小時。揉成直徑1公分的小球，接著用叉子的背面輕壓，形成麵疙瘩。

將麵疙瘩泡入大量鹽水中，接著以大火煮至麵疙瘩浮至表面，約2分鐘左右。瀝乾。上菜時，在熱的平底煎鍋中以中火翻炒3至4分鐘，煎至金黃酥脆。

最後修飾

酢漿草葉幾片

保留葉片作為擺盤用。

擺盤

在盤中放上一個小塔圈，倒入1大匙的肉汁。將牛排切半，讓呈現熟度的剖面露出。擺上十幾個麵疙瘩，接著用馬鈴薯泥製作點點。用幾片酢漿草葉裝飾。趁熱品嚐。

普羅旺斯燉菜
RATA *touille*

4人份

番茄醬汁
SAUCE TOMATE

橄欖油 50 毫升
胡蘿蔔 1/2 根
洋蔥 1/2 顆
大蒜 1 瓣
百里香 1 枝
月桂葉 1 片
番茄糊 1 小匙
去皮的整顆番茄 500 克
水 500 毫升
鹽、糖、胡椒

將胡蘿蔔、洋蔥和大蒜去皮。切成約5公釐的小丁。放入已用油熱好的大型平底深鍋中，以小火煮5分鐘，但不要上色。加入番茄糊、用刮刀攪拌，繼續以小火煮2至3分鐘。加入去皮的整顆番茄，攪拌後加入百里香、月桂葉和水，加蓋以小火燉煮1小時至1小時30分鐘。用手持式電動攪拌棒攪打熱醬汁，直到不再有塊狀，接著用漏斗型濾器過濾醬汁。用鹽和胡椒為醬汁調味，如有需要，可用糖調整酸度。保存在滴瓶中。

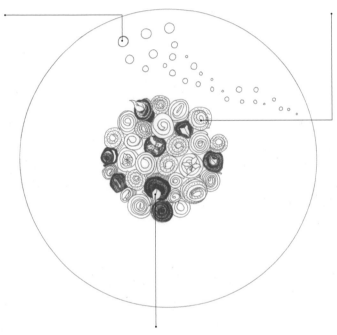

最後修飾

橄欖油
羅勒葉幾片

將橄欖油裝入滴瓶。將羅勒葉以密封罐保存在陰涼處。

蔬菜捲
ROULEAUX DE LÉGUMES

櫛瓜 2 條
茄子 2 條
紅甜椒 1 顆
黃甜椒 1 顆
橄欖油 100 毫升
大蒜 1 瓣
洋蔥 1/2 顆
鹽、胡椒粉

調製香油：將大蒜和洋蔥去皮，接著和橄欖油一起以電動攪拌機攪打。將蔬菜洗淨。將櫛瓜和茄子切成厚2公釐的漂亮片狀，接著放入以一半的香油熱好的平底煎鍋中，以中火翻炒3至4分鐘，調味。蔬菜必須炒軟。

將甜椒去皮並取出果肉以減少厚度。切成4塊，去籽後放入平底煎鍋中，用剩餘的香油以中火翻炒6至8分鐘。

將每片熟蔬菜切成寬2公分的條狀，接著捲成小捲。保存在烤盤上，準備以烤箱加熱。

擺盤

將直徑12公分的塔圈擺在平坦的餐盤中。在塔圈內擺上蔬菜捲，接著將塔圈移除。用滴瓶為蔬菜捲淋上番茄醬汁，並以幾片羅勒葉裝飾。用番茄醬汁和橄欖油製作點畫裝飾。趁熱享用。這道菜亦可搭配一盤肉類或魚類料理。

低溫烹調家禽料理
VOLAILLE *basse température*

4人份

家禽
VOLAILLE

雞胸肉 2 塊
橄欖油 50 毫升
紅椒粉（paprika）1 大匙
蓽澄茄（poivre cubèbe，
又名爪哇胡椒）
鹽

混合橄欖油、紅椒粉、蓽澄
茄和鹽，接著刷在雞胸肉
上。在陰涼處保存2小時。將
烤箱預熱至65℃。在熱好的
平底煎鍋中，將雞胸肉每面
煎1分鐘，再入烤箱烤30分
鐘。這樣的低溫烘烤可讓雞
肉變得軟嫩多汁。

配菜

迷你甜菜 16 顆
橄欖油
鹽之花、胡椒粉
短圓形紅皮蘿蔔（radis
ronds）8 顆

將一鍋鹽水加熱，在煮沸的
水中放入迷你甜菜，煮10
分鐘，用刀尖檢查熟度。瀝
乾後放涼。去皮。在碗中用
橄欖油、鹽之花和胡椒為甜
菜調味，預留備用。清洗蘿
蔔，接著切成薄片。用橄欖
油、鹽之花和胡椒調味。

豌豆泥
PURÉE DE PETITS POIS

未去殼的新鮮豌豆 500 克
鹽
橄欖油 50 毫升

將豌豆去殼。準備一盆冰
水。將一鍋鹽水加熱，在煮
沸的水中放入豌豆，煮十
幾分鐘，瀝乾後立刻泡入冰
水中，讓豌豆保有鮮綠的顏
色。再次瀝乾。用電動攪拌
機攪打豌豆和橄欖油，調味
後視需求加入少量的水，形
成可抹開的質地。

擺盤

擺上一大匙的豌豆泥，接著用彎型抹刀抹開。將每塊雞胸肉切成4片，去掉多餘的碎屑，形成規則的矩形。交錯擺在盤中，在周圍擺上迷你甜菜和蘿蔔片。用一條條的橄欖油調味。趁熱品嚐。

鮮蔬龍蝦
HOMARD *mis au green*

4人份

青蘋果凝
GELÉE GRANNY

史密斯奶奶青蘋果 4 顆
（或蘋果汁 500 毫升）
檸檬汁 2 大匙
糖 2 小匙
洋菜 3 克

將蘋果削皮，切塊，放入果汁機中打成汁。混合檸檬汁和糖，攪拌至糖溶解後加入蘋果汁中。加入洋菜，接著將混料煮沸，一邊攪拌。將混料倒入鋪有保鮮膜的派盤中。冷藏至少20分鐘，讓果凝冷卻。

芝麻瓦片
TUILES AU SÉSAME

麵粉 150 克
水 100 克
鹽 2 克
芝麻

將烤箱預熱至180°C。將麵粉過篩至碗中，加入鹽。倒入冷水，一邊以打蛋器攪拌。將混料填入擠花袋中，將擠花袋的尖端剪下，形成2公釐的開口。將混料擠在烤盤紙上，形成不規則的格子狀。在格子中撒上芝麻，接著以烤箱烤10分鐘。保存在常溫下。

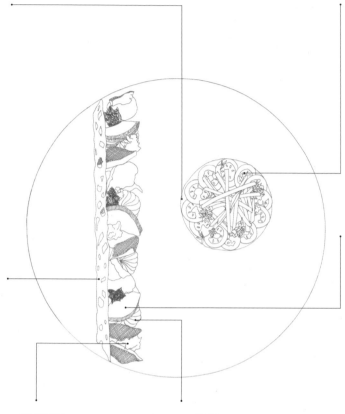

配菜

綠櫻桃番茄 20 顆
（tomate cerise verte）
史密斯奶奶青蘋果 1 顆
綠色和紫色羅勒幾枝

清洗櫻桃番茄，接著切成厚2公釐的圓形薄片。清洗蘋果，切成厚4公釐的薄片，接著再切成條狀。清洗羅勒，接著收集花頭和小葉片。

龍蝦
HOMARD

約 800 克的活龍蝦 1 隻
洋蔥 1/2 顆
胡蘿蔔 1/2 根
橄欖油 40 毫升
大蒜 1 瓣
百里香、月桂、丁香
鹽、胡椒粉

將洋蔥和胡蘿蔔去皮並洗淨。切成小塊，在大型平底深鍋中，以中火翻炒3至4分鐘。加入蒜瓣、百里香、月桂和丁香。倒入3升的水並調味。煮沸。

放入活龍蝦，接著微滾15分鐘。將龍蝦取出，保存於陰涼處2小時。

去殼，取出龍蝦肉。切塊後保存於陰涼處。

酪梨醬
GUACAMOLE

酪梨 1 顆
青檸檬 1 顆
新鮮洋蔥 1/2 顆
香菜葉幾片
胡椒粉

將酪梨切半，挖去果核並去皮。切塊。將新鮮洋蔥去皮並切成薄片。將青檸檬榨汁。用電動攪拌機攪打所有材料，接著調味。裝入擠花袋中，保存於陰涼處。

蛋黃醬
MAYONNAISE

蛋黃 1 個
芥末 1 小匙
鹽、胡椒粉
番紅花蕊 2 根
葵花油 200 毫升

在沙拉攪拌盆中，用打蛋器混合蛋黃、芥末、鹽、胡椒和番紅花。繼續用力攪打，一邊將葵花油以細流狀緩緩倒入混料中。蛋黃醬必須濃稠滑順。填入裝有10公釐星形花嘴的擠花袋中，接著保存於陰涼處。

擺盤

用直徑10公分的模具將青蘋果凝裁成圓形，擺在冷的盤子上。擺上櫻桃番茄片，排成圓花狀，接著放上蘋果條。在盤子上交替擠出酪梨醬和蛋黃醬點點，形成一直線，接著在每個點之間放上龍蝦肉。在側邊放上芝麻瓦片，接著以羅勒花頭和葉片裝飾。趁新鮮品嚐。

BROCCIU *en tenue de soirée*

4人份

鑲餡茄子
AUBERGINES FARCIES

迷你茄子 10 顆
洋蔥 1/2 顆
大蒜 1 瓣
橄欖油 50 毫升
鹽、胡椒粉
海茴香 1 大匙
（若沒有海茴香，可以細香蔥取代）

將整顆的茄子泡入整鍋的沸水中3至4分鐘。瀝乾，在室溫下放涼。將茄子切半，用小湯匙取出果肉。切成3至4公釐的規則小丁，預留備用。保留挖空的茄子。

將洋蔥和蒜瓣去皮，接著切碎成2至3公釐的小丁。在平底煎鍋中加熱橄欖油，接著加入茄子塊、洋蔥和大蒜。以中火煮3至4分鐘，調味。將海茴香煮沸5分鐘，瀝乾後切碎。加進平底煎鍋中，拌勻，填入挖空的茄子中。

預留備用。

茄子脆片
CHIPS D'AUBERGINES

迷你茄子 2 顆
葵花油 150 毫升
鹽

在小型平底深鍋中以中火加熱葵花油。清洗迷你茄子，接著以蔬果刨切器或鋒利的刀切成很薄且規則的薄片，厚度不應超過1至2公釐。

用極熱的油將茄子薄片炸至呈現漂亮的金黃色。用漏勺瀝乾後擺在吸水紙上。用鹽調味，預留備用。

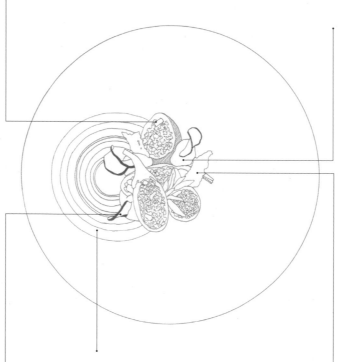

波特酒糖漿
SIROP DE PORTO

波特紅酒（porto rouge）200 毫升
白醋 100 毫升
糖 40 克

將所有食材放入平底深鍋中煮沸。以中火繼續煮至混料會附著在匙背的糖漿狀濃稠質地。裝入滴瓶，保存在常溫下。

布霍丘乳酪魚子醬
CAVIAR DE BROCCIU

漂亮的茄子 2 顆
大蒜 1 瓣
洋蔥 1/2 顆
橄欖油 50 毫升
布霍丘鮮乳酪 200 克
（brocciu frais）
鹽、胡椒粉

將整顆的茄子泡入整鍋的沸水中10至15分鐘。瀝乾，在室溫下放涼。將茄子切半，用大湯匙取出果肉。切塊並預留備用。

將洋蔥和蒜瓣去皮。在平底煎鍋中加熱橄欖油，接著加入茄子塊、洋蔥和大蒜。以中火煮約5分鐘。

用電動攪拌機將所有材料攪打至形成平滑均勻的備料。移至沙拉攪拌盆中，接著混入布霍丘乳酪。用鹽和胡椒調整調味。填入裝有花嘴的擠花袋中。

帕瑪森乳酪瓦片
TUILE AU PARMESAN

帕瑪森乳酪絲 150 克

將烤箱預熱至180℃。在鋪有烤盤紙的烤盤上撒上帕瑪森乳酪絲。入烤箱烤十幾分鐘後，從烤箱中取出，保存在常溫下。

擺盤

用波特酒糖漿製作直徑8至10公分的螺旋狀（見第6頁）。將微溫的鑲餡茄子排成梅花形，接著用擠花袋在側邊加上布霍丘乳酪魚子醬。擺上帕瑪森乳酪瓦片和茄子脆片。用1片海茴香葉或少許細香蔥裝飾。

異國海螯蝦
LANGOUSTE *exotique*

4人份

海螯蝦
LANGOUSTE

500 克的海螯蝦 2 隻
黃洋蔥 1 顆
胡蘿蔔 1 根
嫩韭蔥 1/2 根
芹菜 1 枝
香料束（百里香、月桂）1 束
丁香 4 顆
鹽、胡椒粉
白酒 50 毫升
橄欖油 50 毫升
水 3 公升

將蔬菜洗淨並去皮，切成1公分的塊狀。在鍋中以中火熱油，加入蔬菜、香料束和丁香。以中火翻炒3至4分鐘，調味。加入酒，將湯汁收乾一半，倒入水，浸泡住食材，以中火加蓋煮10分鐘。將海螯蝦放入蔬菜白酒湯中煮沸。微滾18分鐘。將海螯蝦取出，放涼後去殼，保存於陰涼處。

鰺魚塔塔
TARTARE DE LICHE

鰺魚脊肉 400 克
（或其他自行選擇的白魚肉）
橄欖油 50 毫升
青檸檬 1 顆
烤松子 20 克
鹽之花、胡椒粉

將鰺魚脊肉切成5公釐的小丁。用青檸檬皮和汁調味，加入剩餘的食材，蓋上保鮮膜，保存於陰涼處。

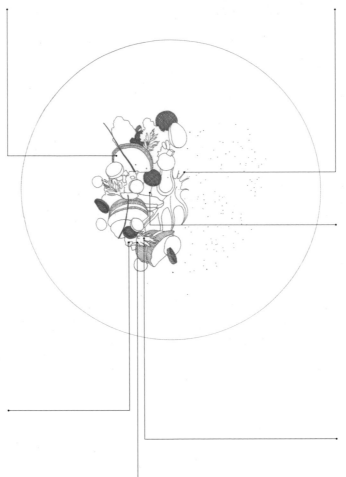

最後修飾

鄉村麵包 8 片
胡蘿蔔葉幾片
橄欖油

烘烤鄉村麵包片，預留備用。用料理刷為幾片胡蘿蔔葉刷上橄欖油，讓葉片變得油亮。

蛋黃醬
MAYONNAISE

蛋黃 1 個
芥末 1 小匙
葵花油 200 毫升
鹽、胡椒粉

在大碗中，用打蛋器混合蛋黃、芥末、鹽和胡椒。緩緩地倒入油，一邊用力攪拌，蛋黃醬應濃稠滑順。保存於陰涼處。

椰子慕斯
MOUSSE DE COCO

鮮奶油 80 克
馬斯卡邦乳酪 100 克
椰漿 20 克
糖 20 克

用電動攪拌棒或攪拌機將鮮奶油、馬斯卡邦乳酪和椰漿一起打發。打發後加入糖，接著以攪拌棒攪打至充分混合，預留備用。

配菜

芒果 1 顆
基奧賈甜菜 2 顆
（betteraves chioggia）
橄欖油 2 大匙
鹽、胡椒粉

將甜菜放入沸水中煮30至40分鐘（視甜菜的大小而定）。放涼。將甜菜和芒果去皮。切成3公釐的片狀，接著用花嘴裁成小圓。將芒果預留備用。在小碗中，用橄欖油、鹽和胡椒為甜菜調味，預留備用。

擺盤

在盤中擺上一大匙的蛋黃醬,接著用平底容器按壓蛋黃醬,將容器輕輕抬起,形成美麗的視覺效果。在蛋黃醬旁擺上三堆的鯵魚塔塔,並在中間添加海螯蝦片。擺上幾點椰子慕斯,接著是芒果和甜菜薄片。每盤加上2片麵包並分散地擺上幾片胡蘿蔔葉。趁新鮮品嚐。

俄式青蘋果華爾滋
GRANNY*tzki*

4人份

柑橘乳霜
CRÉMEUX AGRUMES

白乳酪 100 克
馬斯卡邦乳酪 50 克
黃檸檬皮 1/2 顆（檸檬）
青檸檬皮 1/2 顆（檸檬）
柳橙皮 1/2 顆（柳橙）
鹽、胡椒粉

在不銹鋼盆中，用打蛋器
混合白乳酪和馬斯卡邦乳
酪，直到形成平滑均勻的質
地。加入剩餘食材，為備料
調味。只為柑橘水果有顏色
的表皮進行削皮，因為內部
的白膜非常苦。撒上鹽和胡
椒。將混料填入裝有花嘴的
擠花袋中。

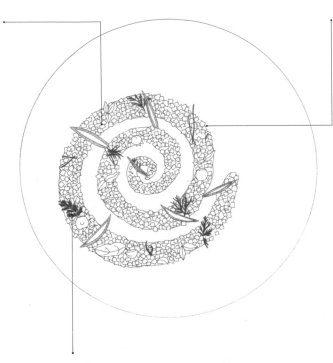

配菜

史密斯奶奶青蘋果 1 顆
黃瓜 1/3 根
檸檬汁 2 大匙
薄荷葉 5 片
細香蔥 10 根
橄欖油 2 大匙
榛果 10 顆
鹽之花

將烤箱預熱至180℃。將榛
果弄碎，接著以烤箱烘烤十
幾分鐘。放涼後用鍋底約略
壓碎，預留備用。

將黃瓜去皮去籽，切成5公釐
的小丁，預留備用。清洗史
密斯奶奶青蘋果，接著切成
2公釐的塊狀，但不要削皮。
淋上檸檬汁，以免氧化。

混合蘋果和黃瓜，接著以橄
欖油調味。加入切碎的薄荷
和細香蔥，以及碎榛果。最
後再撒上鹽之花，以免鹽之
花溶解。

最後修飾

細葉香芹（cerfeuil）、羅勒、細香蔥幾根
紅粉佳人蘋果（pomme Pink Lady®）1 顆

將細葉香芹、羅勒和細香蔥保留作為擺
盤用。用刀尖先為蘋果削皮，再切出如
圖所示的裝飾蘋果片。

擺盤

用柑橘乳霜製作螺旋形。小心地擺上配菜，再撒上少許鹽之花。如果蔬果塊
滑落至螺旋形之間的空隙，請用夾子俐落地夾起。
最後再用幾塊蘋果塊裝飾，接著加上少許羅勒、細葉香芹和細香蔥葉片。搭
配烤麵包片，在料理非常清涼的狀態下享用。

COMME *un cochon*

4人份

豬排
FILETS DE PORC

豬里脊肉 800 克
橄欖油 40 毫升
白酒 100 毫升
水 200 毫升
鹽、胡椒粉

剔除豬里脊肉的油脂和筋，接著切成厚2公分的圓形肉排。在烹煮一開始為豬排撒上鹽。在平底煎鍋中加熱橄欖油，接著以大火煎豬排，每面約煎1分鐘，煎至形成漂亮的顏色，再繼續以中火煎2分鐘，撒上胡椒。將肉排移至盤子上。

以中火加熱的平底煎鍋，加入白酒溶化鍋底的焦化物。將湯汁收乾約3/4，以減少酒的酸度。加水煮沸。將豬肉湯汁預留備用。

馬鈴薯泥
PURÉE DE POMMES DE TERRE

哈特（ratte）馬鈴薯 750 克
無鹽奶油 180 克
全脂牛乳 200 毫升
鹽、胡椒粉

用大量的水煮馬鈴薯30分鐘。將奶油塊保存於陰涼處。將熱的馬鈴薯瀝乾、去皮，用裝有最細孔葉片的食物研磨器將馬鈴薯攪碎。

加熱牛乳，但不煮沸。將奶油混入馬鈴薯中，攪拌至形成非常平滑的馬鈴薯泥。緩緩混入熱牛乳，一邊攪拌。質地應濃稠滑順。調味。

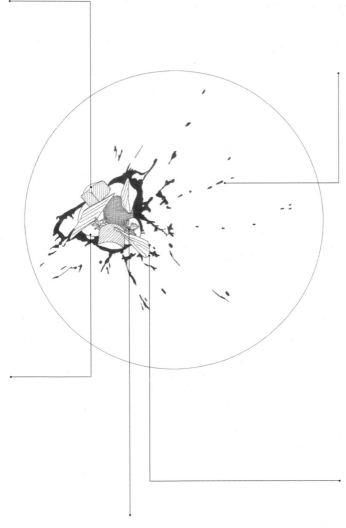

大黃醬
SAUCE RHUBARBE

糖 80 克
紅酒醋 40 毫升
豬肉湯汁 250 毫升
（見左方說明）
無添加糖的大黃果漬[05] 80 克
（compote de rhubarbe）
玉米澱粉 1 大匙
鹽、胡椒

在小型平底深鍋中放入糖和醋，接著煮沸，但不要攪拌，以免糖凝結。繼續以大火煮至淺棕色。這時攪拌鍋裡的焦糖，已形成均勻的顏色。加入豬肉湯汁，接著是大黃，以中火煮約5分鐘。

在玻璃杯中，用少量冷水將玉米澱粉拌開，接著緩緩倒入極熱的醬汁中，一邊攪拌。攪拌至形成醬汁會附著於攪拌器的濃稠度。用鹽和胡椒調整調味，預留備用。

糖漬大黃
RHUBARBE CONFITE

大黃莖 4 根
草莓汁 400 毫升
糖 50 克

清洗大黃莖並去皮，接著斜切成長5至6公分的小段。加熱草莓汁和糖，接著用來浸泡大黃莖，以小火煮5至6分鐘。大黃莖會變為深粉紅色。瀝乾後預留備用。

最後修飾

未經加工處理的青檸檬 1 顆
細葉香芹 1 束

將檸檬預留備用。將整枝的細葉香芹冷藏保存至擺盤的時刻。

---

05 果漬亦稱糖煮水果，有別於果醬或果泥，是以小火慢燉至水果軟爛，再加入少許糖製成。甜度低，水分高，果漬的汁液可直接飲用。

擺盤

在盤中倒入1大匙的大黃醬，接著直接將湯匙的匙背打在醬汁上，形成漂亮的
「噴濺」圖形。用裝有花嘴的擠花袋製作馬鈴薯泥小球。擺上豬排，接著是
糖漬大黃。最後在盤子上方將青檸檬皮刨成碎末。用幾枝細葉香芹裝飾。趁
熱品嚐。

地中海
MÉDIterranée

4人份

帕瑪森乳酪酥餅
SABLÉ AU PARMESAN

膏狀奶油[06] 100 克
黑麥粉 100 克
帕瑪森乳酪絲 100 克
蛋黃 8 個

將奶油置於常溫下1小時。在沙拉攪拌盆中混合奶油和帕瑪森乳酪絲。加入黑麥粉和蛋黃。用刮刀攪拌麵糊，直到形成均勻的混料。

將烤箱預熱至180°C。將麵團夾在2張烤盤紙之間，用擀麵棍將麵團擀開至5公釐的厚度。擺在烤盤上，入烤箱烤10分鐘。保存在常溫下。

帕瑪森乳酪瓦片
TUILE AU PARMESAN

帕瑪森乳酪絲 150 克

將烤箱預熱至180°C。將帕瑪森乳酪絲撒在鋪有烤盤紙的烤盤上。入烤箱烤10分鐘。保存在常溫下。

普羅旺斯酸豆橄欖醬
TAPENADE

去核黑橄欖 150 克
橄欖油 80 毫升
大蒜 1/2 瓣
鹽、胡椒粉

將大蒜去皮。用電動攪拌機攪打所有材料，直到形成均勻平滑的糊狀。質地必須是能夠抹開的。視需求調整橄欖油的用量。調味，將備料填入裝有花嘴的擠花袋中，保存於陰涼處。

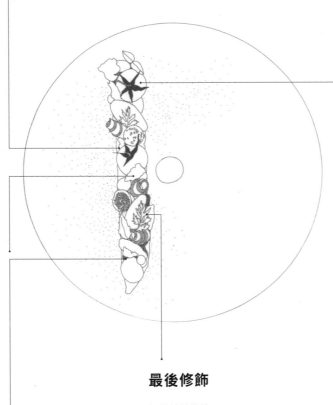

配菜

去核黑橄欖 100 克
聖女番茄 16 顆
橄欖油 40 毫升
櫛瓜 1 根
去殼豌豆 100 克
嫩馬鈴薯 8 顆
胡蘿蔔 2 根
馬斯卡邦乳酪 50 克
羅勒葉 4 片
鹽、胡椒粉

將烤箱預熱至180°C。將橄欖擺在鋪有烤盤紙的烤盤上，接著用烤箱烘乾3小時。冷卻後，用電動攪拌機將乾燥橄欖打碎，形成細粉，預留備用。

混合聖女番茄、20毫升的橄欖油、鹽和胡椒粉。在180°C的烤箱中烤10分鐘。保存在常溫下。用蔬果刨切器將櫛瓜切成2公釐的片狀。清洗胡蘿蔔和馬鈴薯並去皮。切成3公分的小段，接著用刀削切成橢圓形，預留備用。準備一盆冰水。在一鍋煮沸的鹽水中，輪流煮各種蔬菜，櫛瓜煮1分鐘，豌豆2分鐘，胡蘿蔔4至5分鐘。放涼後瀝乾。將馬鈴薯放入加鹽的冷水中，接著以大火煮，瀝乾後預留備用。

在沙拉攪拌盆中混合蔬菜和剩餘的橄欖油並調味，預留備用。

在碗中混合馬斯卡邦乳酪和4片切碎的羅勒葉並調味。

最後修飾

胡蘿蔔葉幾片
羅勒葉幾片

將葉片保留作為擺盤用。

---

06 beurre pommade，膏狀奶油指的是置於常溫下並經攪拌形成柔軟平滑的奶油。

擺盤

在盤底撒上橄欖粉。將酥餅切成20×2公分的條狀,擺在盤上,在酥餅上擺
上幾小堆的普羅旺斯酸豆橄欖醬。加入聖女番茄、胡蘿蔔、馬鈴薯,將櫛瓜
片捲起,和豌豆一起擺在普羅旺斯酸豆橄欖醬的小堆上。加上三個半圓形的
馬斯卡邦乳酪。最後擺上幾片瓦片、胡蘿蔔葉和羅勒葉。用橄欖油在中央形
成一個點。在常溫下品嚐。

春意盎然溏心蛋
COCO MOLLET *printanier*

4人份

肉汁
JUS DE VIANDE

奶油 150 克
碎牛肉 1 公斤
洋蔥 1 顆
胡蘿蔔 1 根
紅酒 1 公升
蒜頭 1 顆
荷蘭芹、百里香、月桂的梗
水 2 公升
鹽、胡椒
玉米澱粉 3 大匙

準備芳香蔬菜：清洗洋蔥、胡蘿蔔和大蒜並去皮。切成1公分的塊狀，和荷蘭芹、百里香、月桂的梗一起保留在碗中。

在燉鍋中以大火加熱奶油，直到奶油開始上色。加入肉塊，不要攪拌，接著在3至4分鐘後，攪拌至肉塊的每一面都上色。加入蔬菜，再以大火煮5分鐘，不時攪拌。

加入紅酒，煮沸，接著以小火煮約20分鐘，直到將酒幾乎完全收乾。加水，不加蓋，以中火煮2小時。再加水至肉塊的高度，接著以中火煮2小時。

用漏斗型濾器過濾湯汁。放涼，讓油脂凝固並去除油脂的部分。將取得的湯汁煮沸。在碗中用少許冷水將玉米澱粉拌開，接著緩緩倒入極熱的醬汁中，一邊以打蛋器攪拌，直到醬汁會附著在打蛋器上的濃稠度。如有需要可調整調味，預留備用。

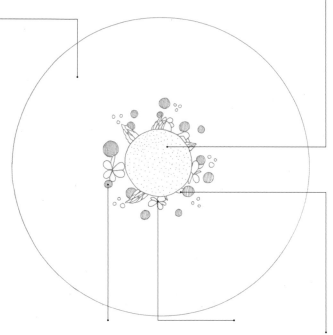

豌豆奶油醬
CRÈME DE PETITS POIS

未去殼的新鮮豌豆 500 克
橄欖油 50 毫升
鮮奶油 100 克
鹽、胡椒粉

將豌豆去殼。加熱一鍋的鹽水，並準備一大碗的冰水。將豌豆浸泡在沸水中十幾分鐘。瀝乾後立刻泡入冰水中，讓豌豆保持鮮綠色。再度瀝乾。用電動攪拌機攪打豌豆、橄欖油和鮮奶油。用漏斗型網篩過濾混料，接著煮沸，質地必須如濃湯般具一定的流動性，如有需要可再加入少許鮮奶油。調整調味，預留備用。

最後修飾

酢漿草葉幾片

將幾片的酢漿草葉保留作為擺盤用。

蛋

蛋 6 顆
白醋 50 毫升
鹽 2 大匙
麵包粉 100 克
麵粉 50 克
葵花油 200 毫升

準備一碗冰水。將一鍋加了醋和鹽的水煮沸。用漏勺輕輕放入4顆蛋，以免碎裂。以中火煮6分鐘，接著立刻從鍋中取出，泡入裝有冰水的碗中以中止烹煮。由於蛋很脆弱，請小心剝殼。

在碗中將剩餘的蛋打散。為溏心蛋陸續裹上麵粉、蛋液和麵包粉。在小型平底煎鍋中，用大火加熱油，接著放入裹粉的蛋，最多煮1分鐘，以形成漂亮的顏色，但請勿將蛋黃煮熟。預留備用。

配菜

無鹽奶油 15 克
綠蘆筍 20 根
鹽、胡椒粉

將蘆筍洗淨，去掉堅硬的部分，只保留嫩的蘆筍頭。將一鍋鹽水加熱並準備一大碗的冰水。將蘆筍頭泡入沸水中3分鐘，蘆筍必須保持清脆。瀝乾後立刻泡入冰水中。再度瀝乾後擺在吸水紙上。在平底煎鍋中，以中火加熱奶油，翻炒蘆筍頭約1分鐘，調味，預留備用。

擺盤

用肉汁製作螺旋形（第6頁）。接著用豌豆奶油醬加入幾個不同大小的點。在中央用肉汁製作小點。在中央擺上蘆筍頭，接著加上溏心蛋。用幾片酢漿草葉裝飾。在常溫下品嚐。

蟹肉愛思

CRUST' *A.C.E.*

4人份

蟹肉
CRABE

熟蟹肉 400 克
番茄 1 顆
葡萄柚 1 顆
紅洋蔥 1 顆
青檸檬 1 顆
香菜葉 10 片
鹽、胡椒粉

清洗番茄，接著去皮，切成
4塊，去籽後再切成小丁，
移至沙拉攪拌盆中。將葡萄
柚去皮、去掉白膜，用刀
取出一瓣瓣的果肉，接著切
成小塊，和番茄一起預留
備用。將紅洋蔥去皮，接著
切成很小的塊狀，和青檸檬
皮、切碎的香菜葉一起加入
沙拉攪拌盆中。混合全部材
料和撕碎的蟹肉，用鹽和胡
椒調味。

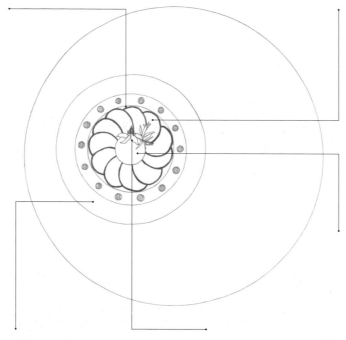

紅皮蘿蔔花
ROSACE RADIS BOULES

球形紅皮蘿蔔 12 大顆
檸檬 1/4 顆
橄欖油
鹽

清洗紅皮蘿蔔，接著用蔬果
削皮器切成規則薄片。將蘿
蔔片放入碗中，用橄欖油、
檸檬汁和鹽調味。保存於陰
涼處。

尼泊爾胡椒
打發鮮奶油
CRÈME FOUETTÉE AUX
BAIES DE TIMUT

乳皮鮮奶油 200 克
鹽
尼泊爾胡椒

用電動攪拌機或手持式電動
攪拌棒，用力將鮮奶油打發
至形成相當濃稠的質地。依
個人口味，用鹽和磨碎的尼
泊爾胡椒調味。填入裝有花
嘴的擠花袋中，保存於陰涼
處。

愛思果凝
GELÉE A.C.E.

洋菜 2 克
愛思果汁[07] 300 毫升
橄欖油

將果汁和洋菜放入平底深鍋中。煮
沸。將溫熱的果汁分裝至湯盤中，
接著用小滴瓶擠出幾點橄欖油。將
餐盤冷藏20分鐘，讓果凝凝固。

最後修飾

琉璃苣（bourrache）花幾朵

保留花朵作為擺盤用。

07　just de fruits A.C.E.，以維生素 A、C、E為基底，即由胡蘿蔔、柳橙、檸檬等水果所構成的果汁。

擺盤

將高邊塔圈擺在果凝上，填入蟹肉混料。在表面以紅皮蘿蔔片排成圓花狀。
加入尼泊爾胡椒打發鮮奶油。以琉璃苣花裝飾。趁新鮮品嚐。

CE PETIT CHEMIN *qui sent la noisette*

4人份

香煎牛肝菌
POÊLÉE DE CÈPES

新鮮牛肝菌 400 克
奶油 25 克
黃洋蔥 1 顆
大蒜 1 瓣
平葉荷蘭芹、細香蔥
鹽、胡椒

將洋蔥切成5公釐的小塊,並將大蒜切碎。以中火加熱平底煎鍋,用奶油翻炒洋蔥和大蒜,直到稍微上色。預留備用。用刷子刷去牛肝菌上的雜質。切成1公分的塊狀。以大火加熱平底煎鍋,用奶油翻炒牛肝菌2分鐘,快炒至上色,接著以中火炒2至3分鐘後關火。加入熟洋蔥和大蒜、切碎的香草,接著調味。預留備用。

最後修飾

酢漿草葉幾片

保留葉片作為擺盤用。

馬鈴薯泥
PURÉE DE POMMES DE TERRE

哈特品種馬鈴薯 750 克
無鹽奶油 180 克
全脂牛乳 200 毫升
鹽、胡椒粉

清洗馬鈴薯,用大量的水加蓋燉煮馬鈴薯30分鐘。將奶油切塊,冷藏保存。將熱馬鈴薯瀝乾、去皮,在平底深鍋上方用裝有最細孔葉片的食物研磨器將馬鈴薯攪碎。加熱牛乳,但不煮沸。將奶油混入馬鈴薯中,攪拌至形成非常滑順的馬鈴薯泥。緩緩混入熱牛乳。馬鈴薯泥的質地應濃稠滑順。用鹽和胡椒調味。

小牛肉餅
MÉDAILLON DE VEAU

去脂菲力小牛排 800 克
(filet mignon de veau)
奶油 20 克
鹽、胡椒

將菲力小牛排切成厚1公分的12塊肉餅。用大火加熱奶油,在夠熱時擺上小牛肉餅。每面煎約2分鐘。用鹽和胡椒調味。

烘焙榛果
NOISETTES TORRÉFIÉES

去殼榛果 150 克

將烤箱預熱至180℃。將榛果擺在鋪有烤盤紙的烤盤上,烘烤10分鐘,以增添風味。擺在罐子裡,封好後搖動去皮。

在常溫下冷卻後,用電動攪拌機打成粉末,預留備用。

肉汁
JUS DE VIANDE

奶油 150 克
碎小牛肉 1 公斤
(parures de veau)
洋蔥 1 顆
胡蘿蔔 1 根
紅酒 1 升
蒜頭 1 顆
荷蘭芹、百里香、月桂的梗
水 2 公升
鹽、胡椒
玉米澱粉 3 大匙

準備芳香蔬菜:清洗洋蔥、胡蘿蔔和大蒜並去皮。切成1公分的大塊,和荷蘭芹、百里香、月桂的梗一起保留在碗中。

在燉鍋中以大火加熱奶油,直到奶油開始上色。加入肉塊,不要攪拌,接著在3至4分鐘後,攪拌至肉塊的每一面都上色。加入蔬菜,再以大火煮5分鐘,不時攪拌。

加入紅酒,煮沸,接著以小火煮約20分鐘,直到將酒幾乎完全收乾。加水,不加蓋,以中火煮2小時。再加水至肉塊的高度,接著以中火煮2小時。

用漏斗型濾器過濾湯汁。放涼,讓油脂凝固並去除油脂的部分。將取得的湯汁煮沸。在碗中用少許冷水將玉米澱粉拌開,接著緩緩倒入極熱的醬汁中,一邊攪拌,直到形成醬汁會附著在打蛋器上的濃稠度。調整調味,預留備用。

擺盤

用裝有花嘴的擠花袋擠出半圓形的馬鈴薯泥。在盤中將香煎牛肝菌縱向排成一直線，接著每盤加上3塊小牛肉餅。放上小堆的烘焙榛果粉，接著淋上肉汁。擺上幾片酢漿草葉。趁熱品嚐。

芒果椰子

COCO *mango*

4人份

芒果畫
FRESQUE DE MANGUE

芒果 1 顆

最好選擇「空運」芒果，即在成熟時採收，並以飛機直送的芒果，而不要選擇「船運」芒果，即在尚未成熟時採收，以冷藏貨船歷經數日，甚至數星期運送的芒果。將芒果去皮並切成不同大小的塊狀（3公釐至1公分）。裝盤並保存於陰涼處。保存芒果碎屑，用來製作庫利。

椰子打發甘那許
GANACHE MONTÉE COCO

白巧克力 150 克
鮮奶油 300 克
冷凍椰子泥（或椰子絲）40 克

加熱75克的鮮奶油，但不要煮沸。將白巧克力隔水加熱至融化。用刮刀攪拌，緩緩加入熱的液狀鮮奶油，混料應形成乳液般的濃稠質地。接著加入椰子泥，若無椰子泥就加入椰子絲，繼續攪拌。一次倒入剩餘的冷鮮奶油，用打蛋器攪拌。將備料置於陰涼處放涼2小時。用電動攪拌機或手持式電動攪拌棒將鮮奶油用力攪打至形成如同香緹鮮奶油般濃稠而蓬鬆的質地。填入裝有花嘴的擠花袋中，保存於陰涼處。

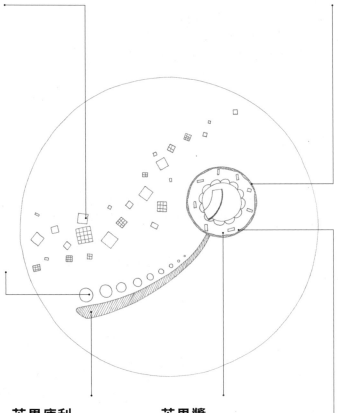

芒果庫利
COULIS DE MANGUE

芒果果肉 150 克（上方說明）
糖 10 克
水 50 毫升

用電動攪拌機攪打芒果肉、糖和冷水，接著以漏斗型濾器過濾至碗中。保存於陰涼處。

芒果醬
MARMELADE DE MANUGE

芒果 1 顆
奶油 10 克
糖 10 克
黃檸檬 1/2 顆
艾斯佩雷辣椒粉
（piment d'Espelette）

將去皮芒果切成5公釐的塊狀。在平底煎鍋中，將奶油加熱至融化，加入芒果和糖。以小火煎5分鐘。加入檸檬汁和艾斯佩雷辣椒粉。保存於陰涼處。

乳酪蛋糕
CHEESE-CAKE

奶油 100 克
LU® 特製餅乾 150 克
（biscuits Edition spéciale de LU®）
蛋 3 顆
糖 150 克
費城乳酪 500 克
（Philadelphia®）
鮮奶油 50 克
香草莢 2 根

將奶油微波加熱至融化。用電動攪拌機將餅乾打碎，加入融化奶油，繼續攪打至形成鬆脆的麵團（pâte friable）。在鋪有烤盤紙的烤盤上，擺上4個直徑6至7公分的法式塔圈。在每個塔圈中放入2大匙的麵團並壓實。厚度應約為5公分。預留備用。在沙拉攪拌盆中攪打蛋和糖。加入乳酪、鮮奶油，用打蛋器攪拌至形成平滑的質地。將香草籽刮入料中。將烤箱預熱至90℃。將料糊倒入塔圈的麵團上，形成1至1.5公分的厚度。入烤箱烤1小時45分鐘。出爐後，在常溫下放涼，接著在陰涼處保存3小時。用刀脫模。

最後修飾

椰子 1/2 顆

用削皮刀削出刨花，保留作為擺盤用。

擺盤

在乳酪蛋糕上鋪上一層0.5公分厚的芒果醬。加上幾點的椰子打發甘那許，接著以刨花裝飾。用芒果塊在盤子上製作點畫。拉出一條和芒果點畫平行的庫利，接著用椰子打發甘那許在點畫和庫利之間製作小點。擺上乳酪蛋糕。趁新鮮品嚐。

漫舞蜂蜜
EN PLEIN *dans le miel*

4人份

蜂蜜餅乾
BISCUIT AU MIEL

蛋 125 克
蛋黃 30 克
糖 42 克
春蜜 80 克
杏仁粉 110 克
玉米澱粉 85 克
奶油 85 克
蛋白 45 克

將烤箱預熱至170℃。用30克的糖和春蜜將蛋黃打發形成沙巴雍 08。將奶油加熱至40℃融化。

將蛋白和剩餘的糖打發成泡沫狀。

用橡皮刮刀將過篩的杏仁粉和玉米澱粉輕輕拌入沙巴雍中。接著加入40℃的奶油，接著是打發蛋白。

在鋪有烤盤紙的烤盤上鋪上5公釐厚的麵糊，接著入烤箱烤10分鐘。裁成12片直徑3公分的圓餅。

蜂蜜乳霜
CRÉMEUX AU MIEL

全脂牛乳 200 克
蛋黃 40 克
玉米澱粉 10 克
春蜜 100 克
吉利丁片 6 克
精鹽 1 克
奶油 50 克

將牛乳煮沸。在不銹鋼盆中混合蛋黃和玉米澱粉。倒入煮沸的牛乳，一邊以打蛋器攪拌。加入春蜜，接著是用冷水泡軟並擰乾的吉力丁。放涼至40℃，接著混入奶油和鹽，並以手持式電動攪拌棒攪打。填入裝有花嘴的擠花袋中，冷藏儲存。

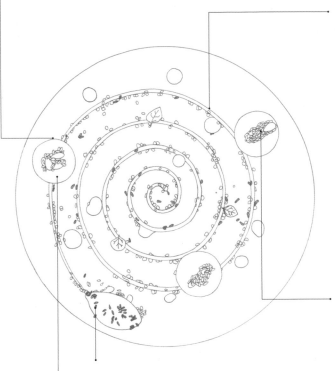

檸檬奶油醬
CRÉME AU CITRON

蛋 4 顆
奶油 125 克
糖 220 克
檸檬汁 75 克
吉力丁 2 片

將奶油加熱至融化，加入全蛋、糖和檸檬汁。以中火煮沸，接著煮1分鐘。加入用冷水泡軟並擰乾的吉力丁。

用手持式電動攪拌棒攪拌混料至形成平滑均勻的質地，接著填入裝有花嘴的擠花袋中，保存於陰涼處。

五穀酥
CROUSTILLANT AUX GRAINES

糖 50 克
水 50 克
綜合穀粒 150 克

在平底深鍋中將糖和水煮至116℃。加入穀粒，接著離火並輕輕攪拌。再以小火加熱，煮至形成焦糖。移至烤盤紙上。

保存在常溫下。

最後修飾

薰衣草冰淇淋 100 克
春蜜 20 克
糖漬枸櫞09（confit de cédrat）20 克
乾燥薰衣草 20 克
花粉 10 克
酢漿草葉

將春蜜和糖漬枸櫞填入2個裝有花嘴的擠花袋中，預留備用。

08　sabayon，以蛋黃、糖和甜酒製成的甜醬汁，外觀類似較清淡的卡士達醬。

09　又稱香水檸檬。

擺盤

用檸檬奶油醬在盤中製作螺旋形（第6頁）。撒上花粉和乾燥薰衣草。每盤擺上3片蜂蜜餅乾，接著用擠花袋擠上蜂蜜乳霜，將餅乾完全覆蓋。擺上五穀酥塊和酢漿草葉。先後以天然蜂蜜和糖漬枸櫞製作點畫。加入1團梭形的薰衣草冰淇淋，並擺在螺旋形的末端。趁新鮮品嚐。

MAMAN *cherry*

4人份

達克瓦茲
DACQUOISE

蛋白 3 個
糖 30 克
杏仁粉 70 克
糖粉 70 克
麵粉 35 克

將烤箱預熱至180℃。將蛋白打發成泡沫狀，接著在最後加入糖並持續打發。混合糖粉和杏仁粉，接著輕輕混入蛋白。以同樣方式混入過篩麵粉。

在烤盤上鋪上麵糊至1公分的厚度。入烤箱烤10分鐘。蛋糕體必須略為酥脆但內部柔軟。

用直徑5公分的切割器裁成4塊蛋糕體，預留備用。

櫻桃果漬
COMPOTÉE DE CERISES

櫻桃 400 克
水 400 毫升
糖 120 克

清洗櫻桃，去梗並去核。在平底深鍋中將水和糖煮沸，接著加入櫻桃，繼續以小火煮十幾分鐘。果漬必須濃稠，如有需要可調整烹煮的時間。

玫瑰打發鮮奶油
CRÈME FOUETTÉE À LA ROSE

鮮奶油 200 克
糖粉 15 克
玫瑰精露
（arôme eau de rose）

用電動攪拌機或手持式電動攪拌棒，用力將鮮奶油和幾滴玫瑰精露打發。在完成打發的前一刻再加入糖粉，繼續攪打至形成相當濃稠的質地。填入裝有花嘴的擠花袋中，保存於陰涼處。

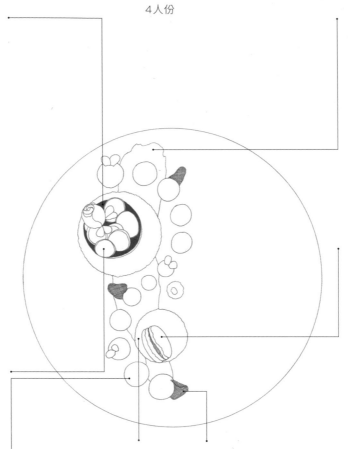

開心果海綿餅乾
BISCUITS ÉPONGES PISTACHE

蛋 2 顆
糖 40 克
麵粉 15 克
杏仁粉 40 克
開心果醬 1 小匙

在碗中用打蛋器混合蛋和糖，加入麵粉和杏仁粉。混入開心果醬。

將烤箱預熱至90℃。將混料倒入奶油槍中，裝上一枚氣彈。在塑膠紙杯上鑽一個洞，用噴油瓶或融化奶油為杯子上油。用奶油槍將杯子填至1/3滿，接著微波30秒。

將海綿餅乾脫模，接著弄碎成小塊。鋪在烤盤上，以烤箱烘乾2小時。用電動攪拌機將餅乾攪碎，接著預留備用。

最後修飾

玫瑰花瓣幾片
酢漿草葉幾片
覆盆子幾顆

保留作為擺盤用。

櫻桃玫瑰糖漿
SIROP CERISE & ROSE

櫻桃 50 克
水 200 克
糖 200 克
玫瑰精露

將櫻桃去核。在平底深鍋中將水和糖煮沸，接著加入櫻桃。關火，加蓋浸泡2小時。用漏斗型濾器過濾，接著加入幾滴的精露，保存於陰涼處。

馬卡龍
MACARONS

糖 150 克
糖粉 150 克
杏仁粉 150 克
蛋白 50 克 + 50 克
水 50 克

用電動攪拌機攪打過篩的杏仁粉和糖粉。另將50克的蛋白打發成泡沫狀，但勿過度打發。

在平底深鍋中將水和糖煮沸，接著煮至115℃，一邊掌控溫度。將熱糖漿倒入打發蛋白中，一邊攪打至蛋白霜達40至50℃之間。

將杏仁粉和糖的混料倒入蛋白霜中，加入剩餘的生蛋白，接著用橡皮刮刀攪拌至料糊形成緞帶狀。

在鋪有烤盤紙的烤盤上，用擠花袋擠出40個直徑4公分的馬卡龍（6公釐的花嘴）。晾乾1小時。將烤箱預熱至140℃，接著入烤箱烤15分鐘。在移去烤盤的烤盤紙上放涼。

擺盤

用料理刷在盤中由上往下刷上糖漿。在糖漿上擺上2個不同直徑的塔圈,接著在塔圈底部鋪上開心果餅乾的粉末,移去塔圈。在達克瓦茲蛋糕體上抹上櫻桃果漬,接著擺在餅乾的粉末上。最後擺上幾片新鮮的櫻桃薄片,為馬卡龍填入櫻桃果漬作為內餡,接著在餅乾粉末上擺上1顆馬卡龍。用擠花袋繞著兩個綠色的圓擠出打發鮮奶油,用幾片新鮮的玫瑰花瓣、酢漿草葉和覆盆子裝飾。趁新鮮享用。

回歸果園
RETOUR *du verger*

4人份

巧克力蛋糕體
BISCUIT CHOCOLAT

奶油 200 克
黑巧克力 200 克
蛋 5 顆
糖 200 克
麵粉 100 克

將烤箱預熱至160°C。將奶油放入碗中,微波加熱至融化,加入小塊的巧克力,用打蛋器攪拌至形成平滑均勻的混料。將蛋打在不銹鋼盆中,接著加入糖,快速攪打。加入過篩的麵粉,始終以打蛋器攪拌。混合兩種備料,倒入上油的方形蛋糕模中。蛋糕體必須厚1至2公分。以烤箱烤14分鐘。出爐後在烤盤上放涼。將蛋糕體切成4個10×2公分的長方形。

配菜

桃子 1 顆
杏桃 2 顆
油桃 (nectarine) 1 顆
梅乾 (prune) 4 顆
櫻桃 12 顆

將所有水果去皮、清洗並去核。將一半的水果切成薄果瓣,用來擺在蛋糕體上。將另一半切成薄片,接著用倒扣的不銹鋼花嘴裁成硬幣大小的小圓。將水果碎屑切成規則的小塊,將所有食材分開保存。

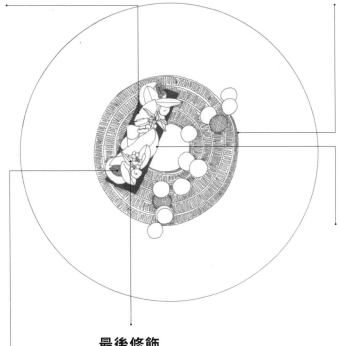

最後修飾

新鮮馬鞭草葉幾片

保留作為擺盤用。

可可醬
SAUCE CACAO

水 100 克
鮮奶油 40 克
糖 90 克
無糖可可粉 45 克

在平底深鍋中混合所有材料。以中火煮沸,一邊用打蛋器攪拌,接著繼續以極小的火煮8分鐘,不停攪拌。將醬汁裝入滴瓶中,放涼。

杏桃乳霜
CRÉMEUX ABRICOT

全脂牛乳 350 克
杏桃果泥 150 克
糖 200 克
蛋黃 4 個
麵粉 60 克
吉利丁 1 片
奶油 50 克

在平底深鍋中加熱牛乳和杏桃果泥。用冷水將吉利丁泡軟。在沙拉攪拌盆中,快速將蛋黃和糖攪拌至泛白,加入麵粉,再度混合。倒入煮沸的牛乳與杏桃果泥混料,一邊用打蛋器攪拌。再全部倒入潔淨的平底深鍋中,以中火煮沸。就這樣繼續煮2至3分鐘,將麵粉煮熟。離火後加入瀝乾的吉利丁,接著是塊狀奶油,一邊用打蛋器攪拌。移入盤中,接著在乳霜表面貼上保鮮膜。保存於陰涼處,在備料冷卻後填入裝有花嘴的擠花袋中。

擺盤

用可可醬製作直徑10至12公分的螺旋形（第6頁）。將巧克力蛋糕體擺在螺旋形的一側，開始進行組裝。用擠花袋在蛋糕體上擠出3球的乳霜，擺上果瓣，並固定在乳霜上，加入小堆的水果小丁，將空隙填滿，接著以馬鞭草裝飾。在螺旋形的另一側擺上圓形的水果片。在常溫下品嚐。

致獻蘋果
C'EST POUR *ma pomme*

4人份

熟蘋果
POMMES CUITES

紅粉佳人 Pink
Lady® 蘋果 5 顆
無鹽奶油 25 克
粗紅糖 30 克

將烤箱預熱至180°C。

將蘋果去皮，切成2公分的
方塊。在平底煎鍋中加熱奶
油，接著加入蘋果塊。以中
火煎至略為上色。撒上粗紅
糖，最後再以烤箱烤5至10
分鐘。用刀尖檢查蘋果的熟
度：刀尖應能順利穿透蘋
果。預留備用。

韃靼蘋果
TARTARE DE POMMES

史密斯奶奶蘋果 3 顆
黃檸檬 1/2 顆
香草莢 1 根
糖

清洗蘋果，接著連皮切成5
公釐的片狀。再切成條狀，
然後切丁。將蘋果丁放入碗
中，接著加入檸檬汁，以免
氧化。將香草莢剖半，用刀
尖收集香草籽。加入蘋果
中。用少許的糖調味，保存
於陰涼處。

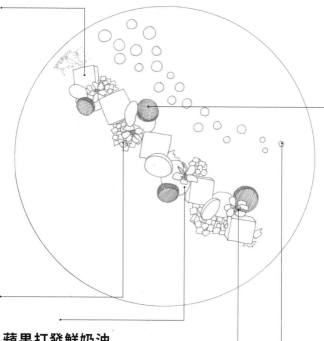

蘋果打發鮮奶油
CRÈME FOUETTÉE À LA POMME

鮮奶油 200 克
糖粉 15 克
蘋果白蘭地（calvados）20 毫升

用電動攪拌機將鮮奶油和蘋果白蘭
地快速打發。在鮮奶油完成打發的
前一刻再加入糖粉，繼續攪打至形
成相當濃密的稠度。填入裝有花嘴
的擠花袋中，保存於陰涼處。

最後修飾

蘋果花幾朵
史密斯奶奶蘋果 1 顆

將蘋果切成厚2至3公釐的
薄片，再以切割器裁成小
圓片。保留蘋果花作為擺盤
用。

肉桂酥餅
SABLÉES CANNELLE

奶油 110 克
糖 50 克
給宏德鹽之花 1 撮
（fleur de sel de
Guérande）
麵粉 160 克
肉桂粉 1 刀尖

將奶油置於常溫下1小時。將
奶油放入碗中，和糖、鹽之
花及肉桂一起攪打。混入麵
粉，一邊以刮刀攪拌，直到
形成均勻的麵團。讓麵團靜
置1小時。

將烤箱預熱至170°C。用擀麵
棍將麵團擀至5公釐的厚度。
用直徑2公分的切割器裁成小
圓。擺在鋪有烤盤紙的烤盤
上烤十幾分鐘。在常溫下放
涼後預留備用。

蘋果庫利
COULIS DE POMMES

蘋果汁 100 毫升
吉利丁 1/2 片
綠色食用色粉

將吉利丁泡在一碗冷水中十
幾分鐘至軟化。在平底深
鍋中加熱蘋果汁，但不要
煮沸，接著離火，加入軟化
的吉利丁片。加入一刀尖的
食用色粉，以打蛋器混合至
形成史密斯奶奶青蘋果的顏
色。裝入滴瓶，保存於陰涼
處。

擺盤

在盤中擺上溫蘋果方塊。在每個蘋果塊旁擺上小堆的韃靼蘋果，接著是幾團的蘋果打發鮮奶油。在鮮奶油上擺上肉桂小酥餅和幾片圓形的生蘋果片。用蘋果庫利製作點畫。用幾朵蘋果花裝飾。在常溫下品嚐。

草莓迴旋
RAMÈNE *ta fraise*

4人份

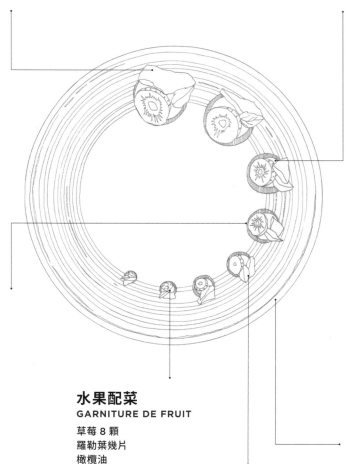

法式蛋白霜
MERINGUE FRANÇAISE

蛋白 200 克
糖 200 克
糖粉 150 克

將烤箱預熱至80℃。用電動攪拌機或手持式電動攪拌棒，以中速將蛋白和糖一起打發，在質地開始變得濃稠時，加入180克的糖粉，繼續快速攪打至形成會附著在碗上的稠度。將蛋白霜鋪在烤盤紙上約2至3公釐的厚度，接著以烤箱烤5小時。預留備用。

羅勒酥餅
SABLÉS BASILIC

白巧克力 60 克
膏狀奶油 80 克
糖粉 30 克
杏仁粉 40 克
麵粉 80 克
鹽之花 2 克
蛋黃 15 克
羅勒葉 5 片

將白巧克力隔水加熱至融化。在這段時間裡，在不銹鋼盆中，用打蛋器攪打膏狀奶油和糖粉。加入杏仁粉、麵粉、鹽，接著用刮刀混合。加入融化的白巧克力、蛋黃和切碎的羅勒，接著始終以刮刀攪拌。

將烤箱預熱至180℃。用擀麵棍將夾在兩張烤盤紙之間的麵糊擀開至形成1公分的厚度，接著入烤箱烤10分鐘。在室溫下放涼，接著用1至4公分不同大小的切割器裁出32個酥餅。

水果配菜
GARNITURE DE FRUIT

草莓 8 顆
羅勒葉幾片
橄欖油

清洗草莓並去蒂，接著橫切成5公釐的片狀。保存於陰涼處。用料理刷為羅勒葉刷上橄欖油。保存在室溫下。

最後修飾

羅勒葉幾片

卡士達奶油醬
CRÈME PÂTISSIÈRE

香草莢 1 根
蛋黃 2 個
糖 50 克
麵粉 30 克
全脂牛乳 250 毫升
無鹽奶油 10 克

用刀尖將香草籽刮入沙拉攪拌盆中。加入蛋黃和糖，接著攪打1至2分鐘，直到混料變為淡黃色。加入麵粉並再度混合。

在平底深鍋中將牛乳煮沸，緩緩倒入混料中，一邊攪拌。將形成的液態混料移至平底深鍋中，以中火煮沸。繼續煮1至2分鐘，一邊快速攪打，以免奶油醬黏鍋。離火後加入無鹽奶油，一邊攪拌。將奶油醬移至盤中，接著在奶油醬表面貼上保鮮膜，以免結皮。保存於陰涼處1小時30分鐘，填入裝有花嘴的擠花袋中。

草莓庫利
COULIS DE FRAISES

草莓 10 顆
水 100 克
糖 50 克

清洗草莓並去蒂，切成4塊。在平底深鍋中將水和糖煮沸。加入草莓塊，繼續以小火煮十幾分鐘。放涼後以電動攪拌器打碎，並以漏斗型網篩過濾，質地必須濃稠至可附著於攪拌器上。若備料過於濃稠，可加入少許冷水。裝入滴瓶中並保存於陰涼處。

擺盤

用草莓庫利製作一個規則的圓環（第6頁）。將迷你酥餅擺在圓環內緣，接著
為酥餅鋪上卡士達奶油醬。在每塊酥餅上擺上草莓片，並以羅勒葉裝飾。趁
新鮮品嚐。

花椒鮮果管

TUBES FRUITÉS *au poire Sichuan*

4人份

花椒糖漿
SIROP SICHUAN

水 200 毫升
糖 100 克
花椒

在平底深鍋中放入糖、水，並用胡椒研磨罐轉5至6圈加入花椒。煮沸2分鐘並攪拌。移至沙拉攪拌盆中預留備用。

鮮果管
TUBES DE FRUITS

鳳梨 1/2 顆
奇異果 2 顆
洋梨 1 顆
Pink Lady® 蘋果 2 顆
甜瓜 1/2 顆
火龍果 2 顆

將鳳梨、奇異果、甜瓜和火龍果去皮。用蔬果刨切器將所有水果切成1公釐厚的薄片。微波加熱花椒糖漿，用糖漿醃漬所有的水果薄片10分鐘。

將水果瀝乾，切成寬2公分的條狀，接著捲成小捲。保存於陰涼處。

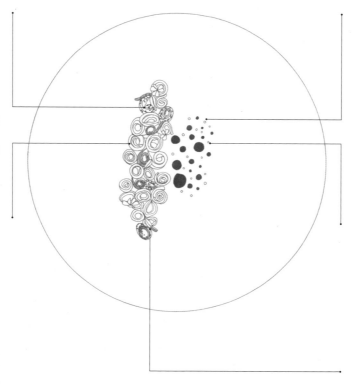

覆盆子庫利
COULIS DE FRAMBOISES

覆盆子 100 克
糖 40 克
水 40 毫升

將水和糖煮沸。離火後加入覆盆子，接著以手持式電動攪拌棒攪打。以漏斗型網篩過濾後，用滴瓶保存於陰涼處。

奇異果庫利
COULIS DE KIWIE

奇異果 1 顆

將奇異果去皮，切塊，接著以手持式電動攪拌棒攪打。以漏斗型網篩過濾後，用滴瓶保存於陰涼處。

最後修飾

酢漿草葉幾片
錦葵花幾朵

保留酢漿草葉和花作為擺盤用。

擺盤

將鮮果管勻稱地擺在盤中。用覆盆子和奇異果庫利製作小點。用幾片酢漿草和幾朵錦葵花裝飾。趁新鮮品嚐。

巧克梨之旅
ROAD TRIP *poire chocolat*

4人份

香料麵包
PAIN D'ÉPICES

水 150 克
糖 60 克
蜂蜜 150 克
鹽 1 撮
四香粉 3 克
（mélange quatre épices）
黃檸檬 1 顆
青檸檬 2 顆
柳橙 1 顆
奶油 95 克
八角茴香 4 顆
麵粉 150 克
泡打粉 5 克

將烤箱預熱至180℃。在平底深鍋中，將水、糖、鹽和蜂蜜煮沸。加入四香粉、八角茴香，接著是檸檬皮和柳橙皮。以中火加熱，加入小塊的奶油，一邊攪拌。離火後加蓋浸泡二十幾分鐘。

在大碗中混合麵粉和泡打粉。用漏斗型網篩過濾浸泡液，接著將取得的液體倒入麵粉中，一邊以打蛋器攪拌。混料必須平滑均勻。將備料倒入刷上奶油的方形蛋糕模，接著以烤箱烤30至40分鐘。用刀尖檢查熟度。放涼後脫模。切成不同大小的小方塊。

核桃奶酥
CRUMBLE NOIX

奶油 50 克
核桃仁 100 克
糖 50 克
粗紅糖 50 克
麵粉 50 克

將烤箱預熱至180℃。將奶油微波加熱至軟化，但不要融化。在沙拉攪拌盆中，用指尖混合所有材料。將碎麵塊擺在鋪有烤盤紙的烤盤上，入烤箱烤7至8分鐘。保存在常溫下。

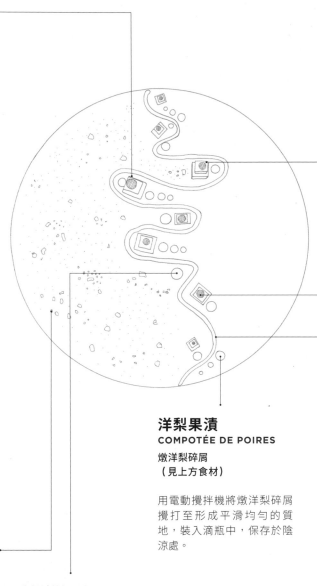

香緹鮮奶油
CRÈME CHANTILLY

鮮奶油 200 克
糖粉 15 克

用電動攪拌機或手持式電動攪拌棒，將鮮奶油快速打發。在即將完成打發的前一刻再加入糖粉。繼續攪打至形成相當稠密的質地，填入裝有花嘴的擠花袋中，保存於陰涼處。

燉洋梨
POIRES POCHÉES

硬洋梨 4 顆
水 900 克
糖 450 克
香草莢 1 根
八角茴香 2 顆
檸檬 1 顆

將洋梨去皮。在平底深鍋放入水、糖、剖開的香草莢、八角茴香，接著是檸檬皮。煮沸。加入洋梨煮至微滾幾分鐘。烹煮時間依洋梨的狀況而定，應煮至略為半透明。移至保存容器中。保留糖漿。冷藏冷卻1小時。將洋梨切成不同大小的方塊。保留碎屑用來製作果漬。

紅酒糖漿
SIROP DE VIN ROUGE

紅酒 500 毫升
糖 200 克
八角茴香 1 顆
肉桂棒 1 根

在平底深鍋中將所有材料煮沸，微滾十幾分鐘。用漏斗型濾器過濾。冷藏冷卻1小時，應形成會附著於匙背上的糖漿狀稠度。如有需要，可加入少量的水做調整。

洋梨果漬
COMPOTÉE DE POIRES

燉洋梨碎屑
（見上方食材）

用電動攪拌機將燉洋梨碎屑攪打至形成平滑均勻的質地，裝入滴瓶中，保存於陰涼處。

巧克力醬
SAUCE CHOCOLAT

水 40 克
鮮奶油 50 克
全脂牛乳 60 克
鹽之花 1 撮
黑巧克力 90 克
牛奶巧克力 40 克

在平底深鍋中將水、鮮奶油、牛乳和鹽之花煮沸。將巧克力放入沙拉攪拌盆中，接著倒入上述的熱液體，用打蛋器輕輕混合。裝入滴瓶中，接著保存於陰涼處。

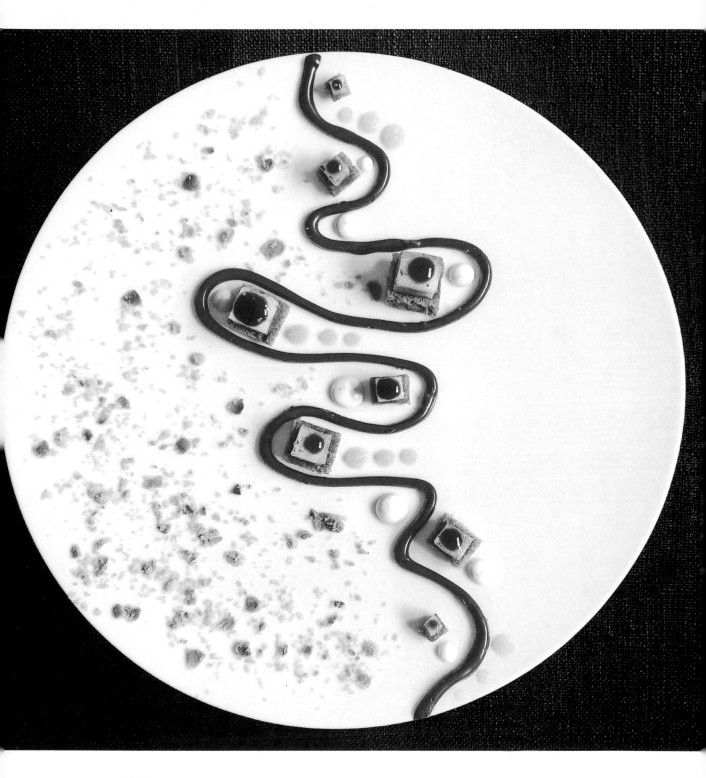

擺盤

用用裝有巧克力醬的滴瓶製作蜿蜒小徑。在餐盤左側撒上核桃奶酥。用香料麵包塊沾取少量的洋梨烹煮糖漿，接著擺在餐盤中。在香料麵包塊上加上洋梨塊。沿著巧克力醬形成的小徑，加上幾點的洋梨果漬和香緹鮮奶油。最後在洋梨塊上加上紅酒糖漿小點。在常溫下品嚐。

紅果與貢布胡椒
FRUITS ROUGES & *kampot*

4人份

蛋白霜條
MERINGUES TUBE

蛋白 200 克
糖 170 克

將烤箱預熱至80℃。用手
持式電動攪拌棒或電動攪拌
機，將蛋白和100克的糖攪
打成泡沫狀。加入剩餘的
糖，將蛋白打至硬性發泡。

填入裝有直徑5公釐花嘴的擠
花袋中。

在鋪有烤盤紙的烤盤上，沿
著烤盤的長邊擠出長條。入
烤箱烤4小時。

香草香緹鮮奶油
CHANTILLY VANILLE

鮮奶油 300 克
糖粉 25 克
香草莢 1/2 根

用刀尖將香草莢從長邊剖
半，接著刮下香草籽。用電
動攪拌機或手持式電動攪拌
棒快速攪打鮮奶油和香草。
在即將完成打發的前一刻再
加入糖粉。繼續攪打至形成
相當稠密的質地，填入裝有
花嘴的擠花袋中，保存於陰
涼處。

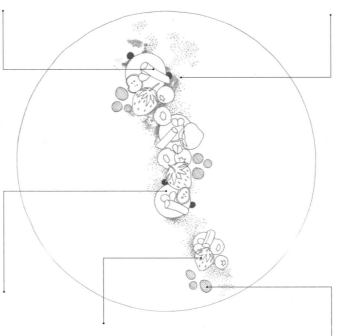

最後修飾

草莓 20 顆
覆盆子 16 顆
藍莓 16 顆
桑葚 8 顆
酢漿草葉幾片

用冷水清洗所有水果，並用鋪有
吸水紙的盤子保存在陰涼處。保
留酢漿草葉作為擺盤用。

貢布胡椒餅
BISCUITS AU POIVRE
DE KAMPOT

蛋 2 顆
糖 40 克
麵粉 15 克
杏仁粉 40 克
貢布紅胡椒
紅色食用色粉

在碗中，用打蛋器混合蛋和
糖。加入麵粉、杏仁粉、用
胡椒研磨器轉約8圈加入貢布
胡椒，並依個人口味進行調
整。混入食用色粉，直到形
成鮮紅色。

將備料倒入奶油槍中，裝上
一枚氣彈。在塑膠紙杯上鑽
一個洞，用噴油瓶或融化奶
油為杯子上油。用奶油槍將
杯子填至3/1滿，接著微波
30秒。

將烤箱預熱至90℃。

將海綿餅乾脫模，接著弄碎
成小塊並以烤箱烘乾。用電
動攪拌機將餅乾打碎，預留
備用。

草莓庫利
COULIS DE FRAISES

草莓 100 克
檸檬汁 15 克
糖 10 克

將草莓洗淨，切成4塊，加
入檸檬汁和糖。拌勻，用電
動攪拌機打碎，並以漏斗型
濾器過濾。預留備用。

擺盤

用漏斗型網篩過濾打碎的貢布胡椒餅，在餐盤上撒成一長條。在餅乾屑上用擠花袋擠出一球球的香草香緹鮮奶油，隨機擺上莓果，並固定在奶油球上。擺上弄碎的蛋白霜條，接著在最後用滴瓶擠出庫利小點。加上幾片酢漿草葉。趁新鮮品嚐。

涼扇
ÉVENTAIL *rafraîchissant*

4人份

奶酥
CRUMBLE

杏仁片 100 克
糖 50 克
粗紅糖 50 克
麵粉 50 克
奶油 50 克
檸檬皮

將奶油放入碗中，置於常溫下1小時，讓奶油軟化。將烤箱預熱至180℃。將剩餘的食材加進奶油中，接著用指尖攪拌混合。備料應形成小球狀，將麵團移至鋪有烤盤紙的烤盤上，但不要擀開。烤10分鐘，接著以烤盤在常溫下放涼。

扇形
ÉVENTAIL

西瓜 1/2 片
甜瓜 1 顆

將西瓜和甜瓜切塊，分別切成半顆檸檬的大小。接著再切成規則薄片。用兩種水果在餐盤周圍交替製作扇形。每個餐盤都重複同樣的步驟。預留備用。

醃漬草莓
MARINADE DE FRAISES

草莓 600 克
糖 50 克
檸檬汁 1 顆（檸檬）
尼泊爾胡椒（baies de Timut）

清洗草莓，去蒂，並切成4塊，在碗中和糖、檸檬汁和少量的尼泊爾胡椒粉（依個人口味調整用量）混合。醃漬1小時並不時攪拌。

最後修飾

草莓雪酪
橄欖油
酢漿草葉幾片

在擺盤前幾分鐘將雪酪從冷凍庫中取出。保留酢漿草葉作為擺盤用。

擺盤

以法式塔圈輔助,將奶酥擺在餐盤中央。在上面擺上醃漬草莓。用滴瓶在草莓周圍滴上一些橄欖油點點。用泡過熱水的湯匙擺上一球梭形雪酪。分散地擺上幾片酢漿草葉。趁新鮮品嚐。

美味彩虹
RAINBOW *gourmand*

4人份

瓜納拉甘那許
GANACHE GUANAJA

鮮奶油 150 克
瓜納拉 (Guanaja)
黑巧克力 150 克

在平底深鍋中將鮮奶油煮沸，接著離火，加入巧克力，一邊以打蛋器混合。保存於陰涼處，接著填入裝有花嘴的擠花袋中。

馬卡龍
MACARONS

糖 150 克
糖粉 150 克
杏仁粉 150 克
食用巧克力色粉
蛋白 50 克＋50 克
水 50 克

用手持式電動攪拌棒攪打過篩的杏仁粉和糖粉。將50克的蛋白打發成泡沫狀，但不要過度打發。在平底深鍋中將水和糖煮沸，接著煮至115℃，一邊控管溫度。將熱糖漿倒入打發蛋白中，一邊攪打。加入一刀尖的食用色粉，用電動攪拌棒攪打至蛋白霜達40至50℃之間。

將杏仁粉和糖的混料倒入蛋白霜，加入剩餘的生蛋白，接著用橡皮刮刀攪拌至麵糊形成緞帶狀。用擠花袋在烤盤上擠出40個直徑4公分的馬卡龍（使用6公釐的花嘴）。在通風處晾乾1小時。將烤箱預熱至140℃，接著將馬卡龍放入烤箱烤15分鐘。移去烤盤，讓馬卡龍在烤盤紙上放涼。為馬卡龍填入乳霜內餡，並在其中一個餅殼上擺上一大顆的核桃，接著蓋上另一個餅殼，並輕輕按壓，將甘那許內餡壓至餅殼邊緣。

在陰涼處靜置6小時後再品嚐。

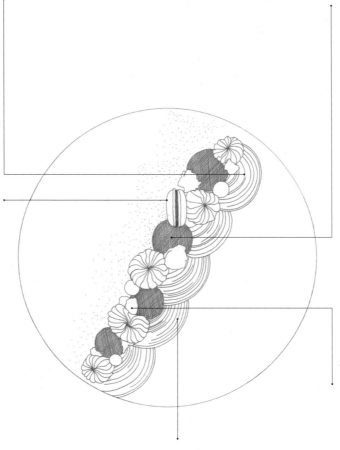

焦糖打發甘那許
GANACHE MONTÉE CARAMEL

糖 120 克
水 50 毫升
半鹽奶油 45 克
鮮奶油 480 克
白巧克力 150 克

焦糖醬部分，加熱180克的鮮奶油，但不要煮沸。將糖和水煮沸，但不要攪拌。在糖開始變為金黃色時，搖動平底深鍋，讓顏色均勻。煮至形成淺棕色焦糖就離火，加入奶油。緩緩倒入熱的鮮奶油，一邊以打蛋器攪拌至形成平滑的焦糖醬。預留備用。

加熱75克的鮮奶油，但不要煮沸。將白巧克力隔水加熱至融化。用刮刀混合，並緩緩倒入熱的鮮奶油，形成乳化液。混入焦糖醬。

一次倒入剩餘225克的冷鮮奶油，用打蛋器混合。在陰涼處靜置2小時。將奶油醬攪打至如香緹鮮奶油般的質地。填入裝有星形花嘴的擠花袋中，保存於陰涼處。

香豆巧克力乳霜
CRÉMEUX CHOCOLAT TONKA

鮮奶油 150 克
吉利丁 1 片
蛋黃 40 克
糖 20 克
黑巧克力 100 克
零陵香豆 (fève tonka) 1/4 顆

在平底深鍋中加熱鮮奶油，接著離火，加入用水泡軟並瀝乾的吉利丁，攪打至吉利丁溶解。

在碗中將蛋黃和糖攪打至泛白。將熱的奶油醬倒入混料中，接著用平底深鍋煮沸。移至碗中，接著加入塊狀巧克力，一邊以打蛋器攪拌。加入刨碎的香豆。保存於陰涼處，在乳霜表面貼上保鮮膜，接著在擺盤時填入裝有花嘴的擠花袋中。

榛果奶酥
CRUMBLE NOISETTES

榛果 50 克
糖 25 克
粗紅糖 25 克
麵粉 25 克
奶油 25 克
糖粉
可可粉

將烤箱預熱至180℃。用平底深鍋的鍋底將去殼榛果壓碎。將奶油放入碗中，在常溫下靜置1小時。在奶油中加入糖粉和可可粉以外的剩餘食材，接著用手搓揉。將麵團移至烤盤上，但不要擀開。入烤箱烤10分鐘，在常溫下放涼。將糖粉和可可粉預留備用。

擺盤

將1大匙的瓜納拉甘那許微波加熱,接著在盤子上擺上5點約直徑1公分的巧克力醬,形成一直線。用糕點刷從餐盤上方的第一個點開始刷出半圓形。接著擠出香豆巧克力乳霜,然後是焦糖打發甘那許。接著擺上馬卡龍和榛果奶酥塊。撒上可可粉和糖粉。趁新鮮品嚐。

半生熟胡椒蜜桃
CRU-CUIT *de pêches poirevrées*

4人份

百里香蛋糕體
BISCUIT AU THYM

白巧克力 60 克
膏狀奶油 70 克
蛋黃 15 克
橄欖油 50 毫升
糖粉 30 克
杏仁粉 40 克
麵粉 80 克
鹽之花 2 克
百里香 1/2 小匙

將白巧克力隔水加熱至融化。在這段時間，在不銹鋼盆中攪打膏狀奶油、橄欖油和糖粉。加入杏仁粉、麵粉、鹽和百里香，接著以刮刀混合。混入融化的白巧克力和蛋黃，接著始終以刮刀攪拌至形成均勻的備料。

將烤箱預熱至180℃。用擀麵棍將夾在兩張烤盤紙之間的麵糊擀至1公分厚，接著入烤箱烤十幾分鐘。

在室溫下放涼，接著用切割器切成4個8公分的圓。

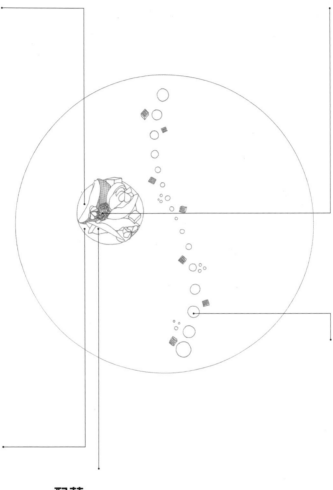

橄欖油慕斯
MOUSSE HUILE D'OLIVE

鮮奶油 200 克
糖粉 15 克
橄欖油 2 大匙

用電動攪拌機或手持式電動攪拌棒快速將鮮奶油打發。在鮮奶油開始變得濃稠時，加入糖和橄欖油，一邊持續攪拌。鮮奶油必須具一定的稠密度，填入裝有花嘴的擠花袋，保存於陰涼處。

配菜

成熟桃子 6 顆
橄欖油 30 毫升
春蜜 1 大匙
胡椒粉

清洗桃子並切成4塊，一半保留作為擺盤用。在熱的平底煎鍋中，倒入橄欖油，並加入一半的桃子。立刻關火並加入蜂蜜，讓桃子在鍋中放涼，一邊不時攪拌，撒上胡椒。桃子必須直立醃漬少許時間。預留備用。

杏仁奶酥
CRUMBLE AMANDES

杏仁片 50 克
糖 25 克
粗紅糖 25 克
麵粉 25 克
奶油 25 克

將奶油放入碗中，置於室溫下約1小時，讓奶油軟化。

將烤箱預熱至180℃。

將剩餘的食材加入奶油中，接著用指尖搓揉至充分混合。備料應形成小球狀。

將麵團移至鋪有烤盤紙的烤盤上，但不要擀開。用烤箱烘烤10分鐘。將烤盤置於常溫下放涼。

蜜桃覆盆子庫利
COULIS PÊCHE-FRAMBOISE

成熟桃子 1 顆
水 100 克
糖 50 克
覆盆子 10 顆

清洗桃子並去皮，一半保留備用，另一半切塊。

在平底深鍋中將水和糖煮沸，加入桃子塊和覆盆子，繼續以小火煮十幾分鐘。放涼後用電動攪拌機攪打並以漏斗型網篩過濾，質地應濃稠至能附著於匙背上。若備料過於濃稠，可加入少許冷水。裝入滴瓶中，保存於陰涼處。將另一半桃子切成5公釐的小方塊，保存於陰涼處，作為裝飾餐盤用。

擺盤

在餐盤上用庫利滴出一條曲線。沿著庫利擺上桃子方塊，有皮的一側朝上。
在餐盤的一側擺上百里香蛋糕體，用擠花袋將橄欖油慕斯擠在蛋糕體表面，
接著擺上生熟桃子塊。最後擺上杏仁奶酥塊。趁新鮮品嚐。

蛋白霜俄羅斯娃娃

MATRIOCHKA *meringuées*

4人份

白巧克力酥餅
SABLÉ CHOCOLAT BLANC

白巧克力 60 克
膏狀奶油 80 克
糖粉 30 克
杏仁粉 40 克
麵粉 80 克
鹽之花 2 克
蛋黃 15 克

將白巧克力隔水加熱至融化。在這段時間，在不銹鋼盆中用打蛋器攪打膏狀奶油和糖粉。加入杏仁粉、麵粉、鹽，接著用刮刀混合。加入融化的白巧克力和蛋黃，接著再以刮刀混合。

將烤箱預熱至180℃。

用擀麵棍將夾在兩張烤盤紙之間的麵糊擀至1公分厚，放入180℃的烤箱烤10分鐘。

在室溫下放涼，接著用直徑4公分的切割器裁成迷你酥餅。

法式蛋白霜
MERINGUE FRANÇAISE

蛋白 200 克
糖 200 克
糖粉 150 克

用配方一半的材料製作酥脆的蛋白霜，另一半用來製作柔軟的蛋白霜。用電動攪拌機以中速攪打100克的蛋白和100克的糖。在蛋白霜形成鳥嘴狀時，加入75克的糖粉，繼續快速攪打至形成會附著在碗上的稠度。

將烤箱預熱至80℃。將蛋白霜鋪在烤盤紙上約2至3公釐的厚度，以烤箱烤5小時（酥脆蛋白霜）。預留備用。

擺盤時，重複同樣的步驟，製作第2塊蛋白霜，但不烘烤（柔軟的生蛋白霜），用來裝飾盤底。

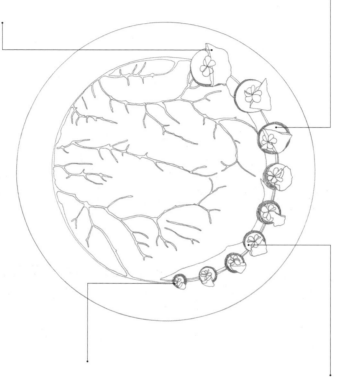

最後修飾

酢漿草葉幾片

保留葉片作為擺盤用。

檸檬奶油醬
CRÈME CITRON

蛋 4 顆
奶油 125 克
糖 220 克
檸檬汁 75 克
吉利丁 2 片

將奶油加熱至融化，加入全蛋、糖和檸檬汁。以中火煮沸，接著煮1分鐘。加入預先泡冷水軟化並瀝乾的吉利丁。用手持式電動攪拌棒攪打混料，形成均勻平滑的質地，接著填入裝有花嘴的擠花袋，保存於陰涼處。

擺盤

在平坦的餐盤中擺上直徑10公分的塔圈。在塔圈內鋪上3大匙的生蛋白霜。移去塔圈,接著用派盤按壓蛋白霜,小心地移去派盤,以形成樹枝狀圖案(第8頁)。用噴槍小心地炙烤餐盤表面。在蛋白霜周圍勻稱地擺上酥餅,接著用擠花袋擠上冷的檸檬奶油醬。在檸檬奶油醬上擺上酥脆的蛋白霜塊,接著是小片的酢漿草葉。趁新鮮品嚐。

瓜納拉巧克力馬卡龍
MACARONS *guanaja*

4人份

瓜納拉甘那許
GANACHE GUANAJA

鮮奶油 150 克
瓜納拉黑巧克力 150 克
（Guanaja）

在平底深鍋中將鮮奶油煮沸，接著離火，加入巧克力，一邊以打蛋器混合。移至碗中，接著保存於陰涼處。將混料填入裝有花嘴的擠花袋中。

馬卡龍
MACARONS

糖粉 150 克
杏仁粉 150 克
食用巧克力色粉
蛋白 50 克＋ 50 克
水 50 克
糖 150 克

用手持式電動攪拌棒攪打過篩的杏仁粉和糖粉。將50克的蛋白打發成泡沫狀，但不要過度打發。

在平底深鍋中將水和糖煮沸，接著煮至115℃。將熱糖漿倒入打發蛋白中，一邊攪打。加入一刀尖食用色粉，用電動攪拌棒全速攪打至溫度達40至50℃之間。

將杏仁粉和糖的混料倒入蛋白霜，加入剩餘的生蛋白，接著用橡皮刮刀攪拌至麵糊形成緞帶狀。

用擠花袋在鋪有烤盤紙的烤盤上擠出40個直徑4公分的馬卡龍（6公釐的花嘴）。在通風處晾乾1小時。將烤箱預熱至140℃，將馬卡龍放入烤箱，烤15分鐘。移去烤盤，讓馬卡龍在烤盤紙上放涼。填入甘那許，並在其中一個餅殼上擺上一大顆的核桃，接著蓋上另一個餅殼，並輕輕按壓。在陰涼處靜置6小時後再品嚐。

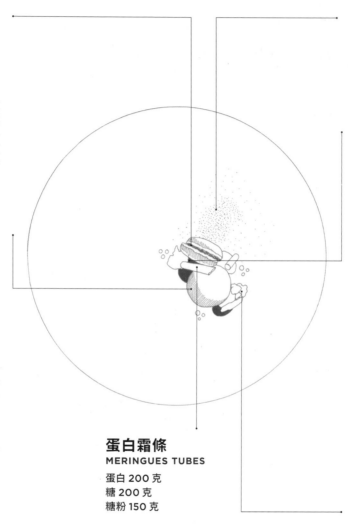

蛋白霜條
MERINGUES TUBES

蛋白 200 克
糖 200 克
糖粉 150 克

將烤箱預熱至80℃。

用電動攪拌機以中速將蛋白和糖打發，加入糖粉，攪打至形成「鳥嘴」狀的質地。將蛋白霜填入裝有直徑4公釐平口花嘴的擠花袋中。在鋪有烤盤紙的烤盤上，沿著長邊擠出長條。入烤箱烤5小時，預留備用。

最後修飾

無糖可可粉

保留可可粉作為擺盤用。

占度亞
榛果巧克力乳霜
CRÉMEUX GIANDUJA

鮮奶油 150 克
吉利丁 1 片
蛋黃 40 克
糖 20 克
占度亞榛果巧克力 150 克

在小型平底深鍋中加熱鮮奶油，接著離火，加入軟化並瀝乾的吉利丁片。用打蛋器攪拌至吉利丁溶解。在碗中將蛋黃和糖快速攪打至泛白。將熱的奶油醬倒入蛋黃和糖的混料中，接著在平底深鍋中煮沸。移至碗中，接著加入弄成小塊的占度亞榛果巧克力，一邊以打蛋器攪拌。將碗保存在陰涼處，直接在奶油醬表面貼上保鮮膜，以免結皮。在擺盤時填入裝有花嘴的擠花袋。

榛果奶酥
CRUMBLE NOISETTES

榛果 50 克
糖 25 克
粗紅糖 25 克
麵粉 25 克
奶油 25 克

用平底深鍋的鍋底將去殼榛果壓碎。將奶油放入碗中，在常溫下靜置約1小時，讓奶油軟化。在奶油中加入剩餘的食材，接著用手搓揉，讓食材充分混合。

烤箱預熱至180℃。將麵團移至鋪有烤盤紙的烤盤上，但不要擀開。烤10分鐘，接著讓烤盤在常溫下放涼。

擺盤

用漏斗型網篩撒上少許可可粉，在餐盤中擺上2塊馬卡龍。在馬卡龍周圍擠上
2球的占度亞榛果巧克力乳霜，接著擺上幾塊奶酥和蛋白霜條。以占度亞榛果
巧克力乳霜小點進行裝飾。趁新鮮品嚐。

栗子南瓜與茴香餅

POTIMARRON & *canistrelli*

4人份

焦糖煉乳醬
CONFITURE DE LAIT

煉乳1罐（400克）

將煉乳罐泡在一大鍋水中，煮沸，接著以中火煮2小時。烹煮過後，將罐子保存於陰涼處。

栗子南瓜乳霜
CRÉMEUX POTIMARRON

栗子南瓜1顆
焦糖煉乳醬100克
（見上述食材）

將南瓜削皮，切半，去籽。

切丁，接著在一鍋煮沸的熱水中浸泡十幾分鐘。瀝乾，和焦糖煉乳醬一起以電動攪拌機攪打。填入裝有花嘴的擠花袋，保存於陰涼處。

焦糖栗子南瓜
POTIMARRON CARAMÉLISÉ

栗子南瓜1顆
奶油25克
粗紅糖25克

將栗子南瓜去皮，切半，接著去籽。用水果刀切成長條，將剩餘的南瓜切成1公分的丁。在平底煎鍋中，以中火加熱奶油，接著加入南瓜條和南瓜丁。撒上粗紅糖，接著以小火煎5分鐘，直到略為形成焦糖。以平底煎鍋保存在常溫下。

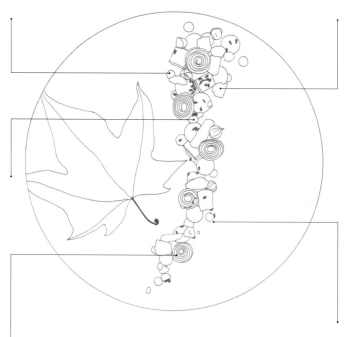

茴香餅
CANISTRELLI

麵粉250克
糖80克
葵花油70毫升
白酒100毫升
泡打粉1/2包
撒在表面用糖

在沙拉攪拌盆中混合麵粉、80克的糖和泡打粉。加入油和白酒，接著以刮刀混合。在烤盤紙上鋪上3至4公釐厚的麵糊。撒上表面用糖。將烤箱預熱至180℃。將茴香餅切成1公分的方塊，擺在烤盤上。入烤箱烤10分鐘。保存在常溫下。

配菜

榛果50克
亞麻仁籽20克

將烤箱預熱至180℃。烘烤去殼榛果10分鐘。保存在常溫下。保留亞麻仁籽作為擺盤用。

擺盤

將南瓜條捲起,接著和焦糖南瓜丁一起擺在餐盤上。加上幾點的栗子南瓜乳霜,接著同樣加上幾點的焦糖煉乳醬。撒上茴香餅碎屑。加上一些榛果和亞麻仁籽。在常溫下品嚐。

三劍客
LES 3 *mousquetaire*

4人份

巧克力醬
SAUCE CHOCOLAT

水 40 克
鮮奶油 50 克
全脂牛乳 60 克
鹽之花 1 撮
黑巧克力 90 克
牛奶巧克力 40 克

在平底深鍋中加熱水、鮮奶油、牛乳和鹽之花,但不要煮沸。將巧克力放入沙拉攪拌盆中,接著倒入上述的熱液體,一邊以打蛋器輕輕攪拌。裝入滴瓶,接著保存於陰涼處。

香草香緹鮮奶油
CRÈME CHANTILLY VANILLE

鮮奶油 200 克
香草莢 1/2 根
糖粉 15 克

將香草莢從長邊剖半,接著用刀尖刮下香草籽,並和鮮奶油混合。用電動攪拌機或手持式電動攪拌棒快速攪打香草鮮奶油。在即將完成打發的前一刻再加入糖粉。繼續攪打至形成相當稠密的質地,填入裝有花嘴的擠花袋中,保存於陰涼處。

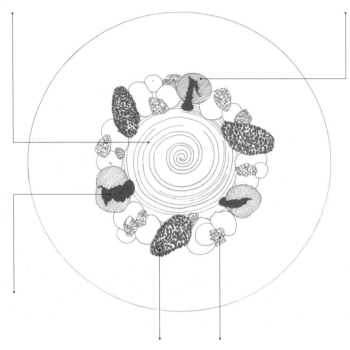

黑炫風冰淇淋球
QUENELLE DE GLACE PANÉE

黑巧克力冰淇淋 300 克
OREO® 奧利奧餅乾 12 塊

用電動攪拌機將餅乾打碎,保存在碗中。製作幾球梭形的巧克力冰淇淋,接著以碎餅乾包覆。以鋪有烤盤紙的烤盤冷凍保存。

杏仁奶酥
CRUMBLE AMANDES

奶油 50 克
杏仁片 100 克
糖 50 克
粗紅糖 50 克
麵粉 50 克

將奶油微波加熱至軟化,但不要融化。在沙拉攪拌盆中,用指尖混合所有食材。

將烤箱預熱至180℃。將碎麵團移至鋪有烤盤紙的烤盤上,以烤箱烘烤7至8分鐘。保存在常溫下。

熔岩巧克力蛋糕
MOELLEUX CHOCOLAT

奶油 300 克
黑巧克力 420 克
蛋 6 顆
糖 150 克
麵粉 120 克

將奶油切塊,和巧克力一起隔水加熱至融化,混料應平滑均勻。

在沙拉攪拌盆中攪打蛋和糖。加入麵粉,再度攪打至混料均勻。結合兩種備料,用打蛋器拌勻。填入裝有花嘴的擠花袋。

將烤箱預熱至180℃。為圓形矽膠小蛋糕烤模(模槽直徑2至3公分)上油,接著撒上麵粉。在模型中填入料糊至3/4滿,接著烤4分鐘,讓內餡保持流動。出爐後保存在常溫下。

擺盤

用巧克力醬製作直徑10至12公分的螺旋形（第6頁）。在熔岩巧克力蛋糕擺在盤中，將蛋糕稍微剝開，讓巧克力流出。用裝有花嘴的擠花袋加上幾球不同大小的香緹鮮奶油。撒上小塊的杏仁奶酥。最後再放上黑炫風冰淇淋球。在常溫下品嚐。

致謝

感謝Instagram和我所有的訂戶。

感謝Emmanuel Le Vallois和 Rose-Marie Di Domenico信任我的計畫。

感謝Corinne Battesti每日的協助。

感謝Robin Girard，因為他就像一位和你享有同樣熱忱的兄長一樣，這對我來說無價。

感謝Sébastien Plu設計出代表Cuisinaddicte擺盤藝術的商標。

感謝Julien Soria珍貴的建議圖片。

感謝Anne Nocera出類拔萃的蔬菜，因為好的食譜首先必須要有好的食材。

感謝Jean-Baptiste Pieri讓我能夠在 A Terrazza餐廳的美食餐桌上推出我的料理。

感謝我的兒子Ghjulianu，我將這本書獻給你。

擺盤藝術

構圖比例×色彩設計×創意發想，39道Fine Dining擺盤基礎全圖解

Les assiettes de Cuisinaddicte

作者	亞烈士·維諾里（Alexis Vergnory）	總經銷	聯合發行股份有限公司
翻譯	林惠敏	電話	02-29178022
責任編輯	謝惠怡	傳真	02-29156275
封面設計	Aikoberry		
內頁排版	郭家振	製版印刷	凱林彩印股份有限公司
行銷企劃	蔡函潔	定價	新台幣420元／港幣140元

2018年12月初版 1 刷
2022年11月初版 3 刷・Printed In Taiwan
ISBN　978-986-408-432-6(精裝)
版權所有・翻印必究（缺頁或破損請寄回更換）

發行人　何飛鵬
事業群總經理　李淑霞
副社長　林佳育
副主編　葉承享

出版　城邦文化事業股份有限公司 麥浩斯出版
E-mail　cs@myhomelife.com.tw
地址　104台北市中山區民生東路二段141號6樓
電話　02-2500-7578

發行　英屬蓋曼群島商家庭傳媒股份有限公司城邦分公司
地址　104台北市中山區民生東路二段141號6樓
讀者服務專線　0800-020-299（09:30～12:00；13:30～17:00）
讀者服務傳真　02-2517-0999
讀者服務信箱　Email: csc@cite.com.tw
劃撥帳號　1983-3516
劃撥戶名　英屬蓋曼群島商家庭傳媒股份有限公司城邦分公司

香港發行　城邦（香港）出版集團有限公司
地址　香港灣仔駱克道193號東超商業中心1樓
電話　852-2508-6231
傳真　852-2578-9337

馬新發行　城邦（馬新）出版集團Cite（M）Sdn. Bhd.
地址　41, Jalan Radin Anum, Bandar Baru Sri Petaling, 57000 Kuala Lumpur, Malaysia.
電話　603-90578822
傳真　603-90576622

國家圖書館出版品預行編目（CIP）資料

擺盤藝術：構圖比例×色彩設計×創意發想,39道
Fine Dining擺盤基礎全圖解 / 亞烈士·維諾里(Alexis
Vergnory)作；林惠敏譯. -- 初版. -- 臺北市：麥浩斯出
版：家庭傳媒成邦分公司發行, 2018.12
　面；　公分
譯自：Les assiettes de Cuisinaddicte
ISBN 978-986-408-432-6(精裝)

1.烹飪

427.32　　　　　　　　　　　　　107017728

· 暢 銷 普 及 版 ·

看 圖 學 甜 點
烘焙技巧自學全書

LE GRAND MANUEL
DU PÂTISSIER

積木文化

五味坊 79

看圖學甜點 烘焙技巧自學全書（暢銷普及版）

原 著 書 名	Le grand manuel du pâtissier
作 者	梅蘭妮‧杜普（Mélanie Dupuis）、安‧卡佐（Anne Cazor）
攝 影	皮耶‧加維爾（Pierre Javelle）
插 圖	亞尼斯‧瓦胡奇科斯（Yannis Varoutsikos）
譯 者	韓書妍
內 文 審 訂	李芹

總 編 輯	王秀婷
主 編	洪淑暖
責 編	張倚禎
版 權	徐昉驊
行 銷 業 務	黃明雪

發 行 人	凃玉雲
出 版	積木文化
	104 台北市民生東路二段 141 號 5 樓
	官方部落格：http://cubepress.com.tw/
	電話：(02) 2500-7696　　傳真：(02) 2500-1953
	讀者服務信箱：service_cube@hmg.com.tw
發 行	英屬蓋曼群島商家庭傳媒股份有限公司城邦分公司
	台北市民生東路二段 141 號 2 樓
	讀者服務專線：(02)25007718-9　24 小時傳真專線：(02)25001990-1
	服務時間：週一至週五上午 09:30-12:00、下午 13:30-17:00
	郵撥：19863813　　戶名：書虫股份有限公司
	網站：城邦讀書花園　網址：www.cite.com.tw
香港發行所	城邦（香港）出版集團有限公司
	香港灣仔駱克道 193 號東超商業中心 1 樓
	電話：852-25086231　　傳真：852-25789337
	電子信箱：hkcite@biznetvigator.com
馬新發行所	城邦（馬新）出版集團
	Cite (M) Sdn Bhd
	41, Jalan Radin Anum, Bandar Baru Sri Petaling,
	57000 Kuala Lumpur, Malaysia.
	電話：603-90578822　　傳真：603-90576622
	email: cite@cite.com.my

封 面 完 稿	曲文瑩
製 版 印 刷	上晴彩色印刷製版有限公司

Le grand manuel du pâtissier
© Marabout(Hachette Livre), Paris, 2014
Complex Chinese edition published through Dakai Agency Limited.

【印刷版】
2016 年 3 月 29 日 初版一刷
2022 年 7 月 12 日 二版二刷
售價／ 880 元
版權所有‧翻印必究
ISBN 978-986-459-254-8
Printed in Taiwan.

【電子版】
2016 年 3 月
EISBN 978-986-459-030-8（EPUB）

國家圖書館出版品預行編目資料

看圖學甜點：烘焙技巧自學全書（暢
銷普及版）/ 梅蘭妮. 杜普 (Mélanie
Dupuis), 安. 卡佐 (Anne Cazor) 著；亞尼
斯. 瓦胡奇科斯 (Yannis Varoutsikos) 插
圖；韓書妍譯. -- 二版. -- 臺北市：積木
文化出版：英屬蓋曼群島商家庭傳媒股
份有限公司城邦分公司發行, 2020.11
　面；　公分. -- (五味坊；79)
譯自：Le grand manuel du pâtissier
ISBN 978-986-459-254-8(平裝)

1. 點心食譜

427.16　　　109017466

· 暢 銷 普 及 版 ·

看圖學甜點
烘焙技巧自學全書

MÉLANIE DUPUIS   ANNE CAZOR

梅蘭妮‧杜普 & 安‧卡佐 著

PIERRE JAVELLE

皮耶‧加維爾 攝影

YANNIS VAROUTSIKOS

亞尼斯‧瓦胡奇科斯 插圖

韓書妍 譯

SOMMAIRE

目錄

如何使用本書

基礎技法

此章收錄各式甜點的基礎技法，以麵團、淋面、裝飾以及醬汁等作為分類。每一篇食譜皆搭配結構分析圖，以及製作過程的圖解。

甜點製作

在此章中，我們將運用上一章所學的基礎技法製作出完整的甜點。每一篇食譜皆有基礎技法訣竅、以分析圖呈現蛋糕組成結構，以及搭配照片圖說，解釋每一個製作步驟與蛋糕組合技巧。

圖解專有名詞

解釋食材及使用方式，並對所需技巧進一步說明，解答疑惑。

CHAPITRE 1
LES BASES
DE LA PÂTISSERIE
基礎技法

PÂTE SUCRÉE BRISÉE
甜脆塔皮

大解密
Comprendre

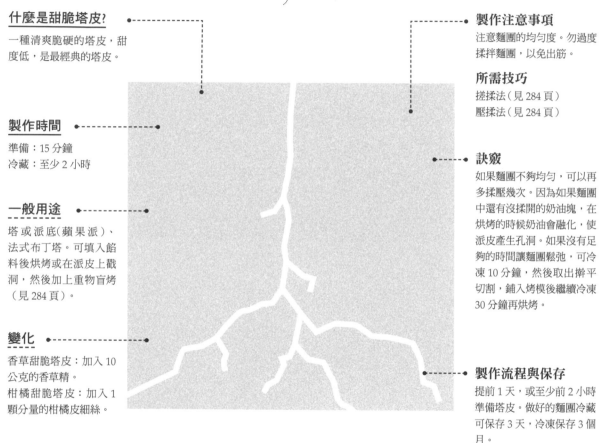

什麼是甜脆塔皮?

一種清爽脆硬的塔皮,甜度低,是最經典的塔皮。

製作時間

準備:15 分鐘
冷藏:至少 2 小時

一般用途

塔 或 派 底(蘋果派)、法式布丁塔。可填入餡料後烘烤或在派皮上戳洞,然後加上重物盲烤(見 284 頁)。

變化

香草甜脆塔皮:加入 10 公克的香草精。
柑橘甜脆塔皮:加入 1 顆分量的柑橘皮細絲。

製作注意事項

注意麵團的均勻度。勿過度揉拌麵團,以免出筋。

所需技巧

搓揉法(見 284 頁)
壓揉法(見 284 頁)

訣竅

如果麵團不夠均勻,可以再多揉壓幾次。因為如果麵團中還有沒揉開的奶油塊,在烘烤的時候奶油會融化,使派皮產生孔洞。如果沒有足夠的時間讓麵團鬆弛,可冷凍 10 分鐘,然後取出擀平切割,鋪入烤模後繼續冷凍 30 分鐘再烘烤。

製作流程與保存

提前 1 天,或至少前 2 小時準備塔皮。做好的麵團冷藏可保存 3 天,冷凍保存 3 個月。

為什麼甜脆麵團既有黏性卻又易碎?

甜脆麵團中並沒有蛋,但壓揉的過程使得麵粉顆粒裹上一層油脂,烘烤時麵粉維持顆粒分明的狀態,烤好後也不會變成硬邦邦的一片。烘烤過程中,麵粉中所含的澱粉會膨脹,奶油也會融化,並連結澱粉顆粒。奶油在麵團中發揮連結的功能,支撐易碎的塔皮。

製作1個24公分或8個8公分塔模的分量

麵粉 200 公克
奶油 100 公克
鹽 1 公克
糖 25 公克
水 50 公克
蛋黃 15 公克

1. 將冰冷的奶油切成小方塊,加入麵粉中。

2. 以指尖搓揉成細砂狀(見 284 頁)。

3. 加入水、鹽、糖及蛋黃,並以指尖混合。

4. 以手掌壓揉(見 284 頁)麵團兩次。確認麵團是否揉和均勻,不可殘留奶油塊。

5. 將麵團攤平,並以保鮮膜包好,放入冰箱冷藏鬆弛至少 2 小時,隔夜更佳。

1

2

2

3

4

5

PÂTE SABLÉE
沙布雷塔皮

大解密

Comprendre

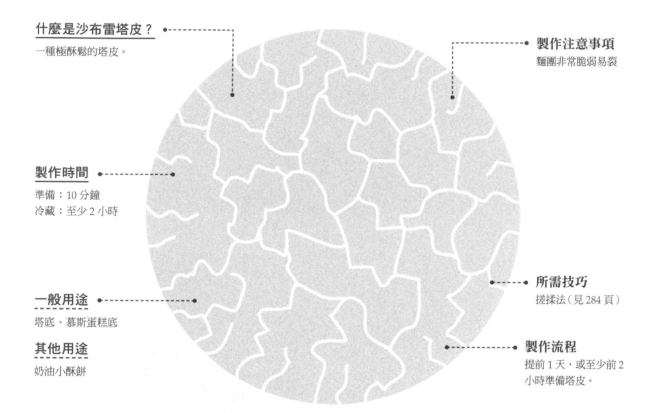

什麼是沙布雷塔皮？
一種極酥鬆的塔皮。

製作注意事項
麵團非常脆弱易裂

製作時間
準備：10 分鐘
冷藏：至少 2 小時

所需技巧
搓揉法（見 284 頁）

一般用途
塔底、慕斯蛋糕底

其他用途
奶油小酥餅

製作流程
提前 1 天，或至少前 2
小時準備塔皮。

**為什麼沙布雷麵團如此酥鬆
易碎？**

因為僅以搓揉法混合麵團，避免材料
之間產生過多鏈結，因此麵團非常易
碎。以搓揉法製作的麵團不會過度出
筋，因此麵團也不會有彈性。麵團中
的糖也不溶於油脂，有一部分的糖會
保持結晶狀態，讓麵團有鬆脆的質地。

**製作1個24公分或8個8公分塔
模的分量**

麵粉 200 公克
奶油 70 公克
鹽 1 公克
糖粉 70 公克
全蛋 50 公克（1 顆）

1. 混合麵粉與鹽，然後加入冰冷的奶
油丁。使用搓揉法（見 284 頁），在雙
手之間搓混麵團，但不可壓捏。
2. 加入糖粉與蛋液。以橡膠刮刀混合，
直到整體攪拌均勻。
3. 將麵團攤平，並以保鮮膜包好，放
入冰箱冷藏鬆弛至少 2 小時，隔夜更
佳。

1

2

3

PÂTE SUCRÉE
甜塔皮

大解密
Comprendre

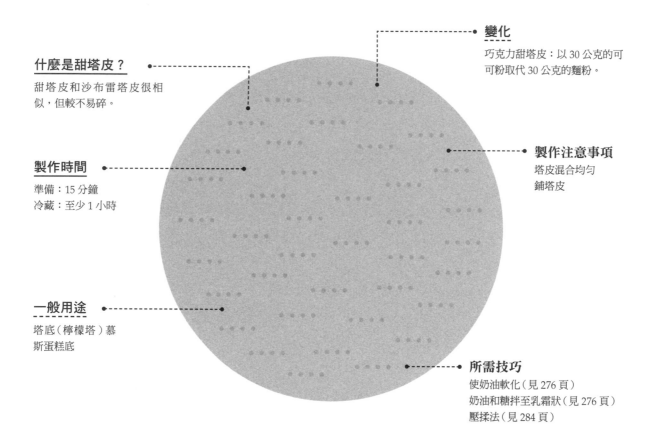

什麼是甜塔皮？

甜塔皮和沙布雷塔皮很相似，但較不易碎。

製作時間

準備：15 分鐘
冷藏：至少 1 小時

一般用途

塔底（檸檬塔）慕斯蛋糕底

變化

巧克力甜塔皮：以 30 公克的可可粉取代 30 公克的麵粉。

製作注意事項

塔皮混合均勻
鋪塔皮

所需技巧

使奶油軟化（見 276 頁）
奶油和糖拌至乳霜狀（見 276 頁）
壓揉法（見 284 頁）

甜塔皮的質地？

在加入麵粉與杏仁粉之前，先將奶油、糖粉與蛋混合，所以質地不若甜脆塔皮與沙布雷塔皮鬆碎。烘烤時，蛋會受熱凝固，可稍微黏合塔皮。

訣竅

如果麵團不夠均勻，可以多壓揉幾次。麵團中若留有奶油塊，烘烤時奶油會融化，並在塔皮中留下孔洞。

製作流程

提前 1 天，或至少前 1 小時準備塔皮。

<u>4</u>

<u>2</u>

<u>3</u>

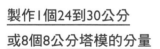

製作1個24到30公分
或8個8公分塔模的分量

麵粉 250 公克
杏仁粉 25 公克
奶油 140 公克
糖粉 100 公克
蛋 50 公克(全蛋 1 個)
精鹽 1 公克

1. 將奶油與糖粉以橡皮刮刀攪拌至乳霜狀。

2. 加入蛋與鹽。

3. 加入麵粉與杏仁粉,以刮刀混合。

4. 壓揉(見 284 頁)麵團 1 至 2 次。將麵團攤平,以保鮮膜包好,放入冰箱冷藏鬆弛至少 1 小時,隔夜更佳。

PÂTE FEUILLETÉE
千層麵團

大解密
Comprendre

什麼是千層麵團？

千層麵團非常薄脆，富含油脂，製作時在麵團中加入奶油層重複折疊，烘烤時便會產生層次。

製作時間

準備：1 小時 10 分鐘（水麵團 *10 分鐘＋折疊兩次 20 分鐘＋折疊兩次 20 分鐘＋折疊兩次 20 分鐘）
烘烤時間：20 至 40 分鐘
冷藏：2 至 3 天
＊在麵粉中加水混合後的麵團，通常之後會再加入其他材料，最常見的是做千層的基礎麵團。

製作注意事項

折疊派皮時必須非常小心，奶油不可溢出，每次折疊時都必須保持方形，以確保每一部分的層次數目相同。

所需技巧

三折法

所需工具

擀麵棍

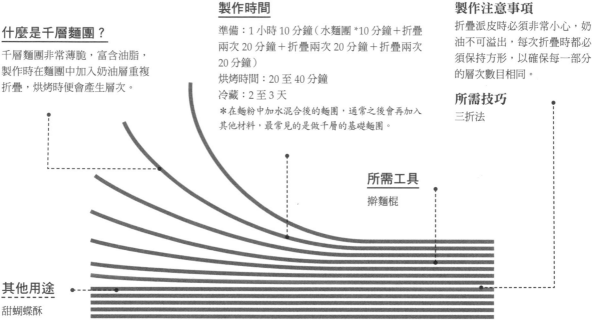

其他用途

甜蝴蝶酥

千層是如何產生的？

千層麵團的原理是將奶油層包入麵團，烘烤的時候，派皮中蒸發的水分被保留在奶油層中，蒸氣會使派皮膨脹。

為什麼麵團需要鬆弛？

當水和麵粉混合時，水分會使澱粉分子膨脹。隨之加入的奶油會待在膨脹的澱粉分子之間，而麵粉中的蛋白質也會形成麩質網。麵團鬆弛的時候，原本在混合時拉長的麩質網會回縮，麵團質地就不會那麼硬了。

變化

反向折疊法：當製作環境的溫度不會過高時（18℃），可操作反向折疊法——以奶油包裹麵團。這個方法做出的奶油層會多於麵團層，成品會更加酥脆。
發酵千層麵團：在發酵麵團中以同樣手法加入奶油，做出千層質地。

一般用途

塔底、千層餡餅、國王派、千層派、皇冠杏仁派。可以填入餡料後烘烤，也可平鋪在烤盤上盲烤（千層派）。

訣竅

注意！不可過度揉拌麵團，混合均勻後就要停止。若是麵團太有彈性，擀開後會回縮。
派皮要切得俐落，不可揉成團。
最多折疊 6 次，若超過 6 次，麵團層與奶油層便會混合，整體就會變得接近甜酥塔皮，而非分明的層次。
可用指尖在麵團上做記號，幫助記憶折疊次數。

製作流程與保存

水麵團－加入奶油－折疊兩次－折疊兩次－折疊兩次
依分量切好後，覆上保鮮膜，可冷凍保存 3 個月。

製作1公斤的千層派皮

水麵團
麵粉 500 公克
水 230 公克
白醋 20 公克
鹽 10 公克
融化奶油 60 公克

奶油層
奶油 300 公克

製作千層派皮
Faire la pâte feuilletée

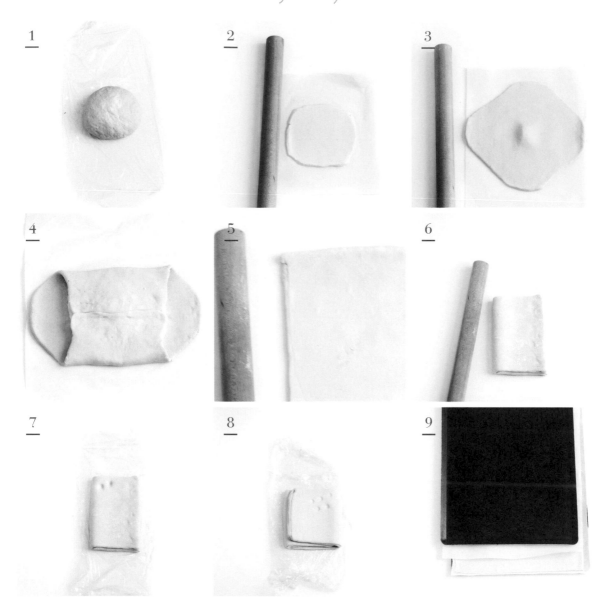

1. 在麵粉堆中挖一個凹洞，在凹洞中放入其餘製作麵團的材料。以指尖慢慢揉入麵粉，直到麵團質地變得均勻。蓋上保鮮膜，讓麵團冷藏鬆弛 2 小時，此步驟可使麵團變得柔軟。

2. 在 300 公克的奶油上下各放置一張烘焙紙，並以擀麵棍塑成邊長 15 公分，厚 1 公分的方形。冷藏備用。

3. 2 小時後，將麵團和奶油塊取出，稍待 30 分鐘後再開始操作（回至室溫）。用擀麵棍在工作檯上將麵團擀成邊長 35 公分的正方形。讓麵團中心的厚度比周邊稍厚些，像座小山丘，以免奶油從下方溢出。

4. 將奶油塊錯開 45 度，置於麵皮中央。將麵皮的四個角向中心折，蓋住奶油。麵皮的厚度必須一致。

5. 進行第一次折疊。將麵皮均勻地擀成長方形，擀麵皮的方向必須在自己的正前方來回。

6. 將矩形的麵皮像皮夾一樣折三摺：將最下方三分之一的麵皮往上折，最上方三分之一向下折。逆時鐘方向轉動派皮 90 度。第一次折疊完成。

7. 如果奶油沒有透出麵團，便可進行第二次折疊。如果透出的話，那就繼續冷藏鬆弛 2 至 3 小時。擀麵團的方向一樣是在自己的正前方。再次以皮夾的形式折疊三等份，接著逆時鐘轉 90 度。第二次折疊後將

麵團放入冰箱冷藏鬆弛 3 至 4 小時，放至隔夜更理想。

8. 折疊兩次後。使用前可再折疊 1 次，至多 2 次。

9. 烤箱以 180℃ 預熱，烤盤鋪上烘焙紙。將麵團擀成 2 毫米厚的派皮，放在烤盤上。再蓋上一層烘焙紙，然後壓上一個烤盤，使派皮的層次在烘烤時均勻地膨脹。送入烤箱。烘烤 15 分鐘後，每 5 分鐘檢查一次烘烤程度。派皮表面和層次都應該呈金黃色。取出烤箱後放在網架上冷卻。

布里歐修發酵麵團

大解密
Comprendre

什麼是布里歐修發酵麵團？

布里歐修發酵麵團富含奶油，質地蓬鬆柔軟。

製作時間

準備：1 小時
發酵：1.5 至 2 小時
冷藏鬆弛：2 至 24 小時

所需工具

附鉤狀攪拌器的桌上型攪拌機

所需技巧

壓按麵團（以排出第一次發酵所產生的氣體，見 284 頁）

變化

香草布里歐修：在麵團中加入 15 公克的香草精。
柑橘布里歐修：在麵團中加入 1 顆柳橙皮細絲。

為什麼要壓按麵團？

第一次發酵後，酵母從鄰近的糖與水分子得到養分。壓按麵團可改變酵母周圍環境，並幫助其重新分散。由於周圍再度充滿養分，酵母得以再次進行生長與繁殖。

為什麼第一次發酵要在涼爽處進行？

溫度較低的環境可減緩發酵速度，同時避免過度發酵。若是過度發酵，麩質網與麵團結構便無法同時穩定下來。

為什麼麵包變得像橡皮一樣？

這是由於攪拌過度導致麵團出筋。布里歐修不該有過度的筋性。

麵團過度發酵會發生什麼狀況？

當布里歐修送進烤箱烘烤時，熱度會使二氧化碳氣泡變大，並讓攪拌時混入麵團的空氣膨脹，使水氣蒸發。這三個現象會讓麵包內的氣孔變得更多。要是麵團在準備過程中過度發酵，麩質網便可能無法支撐因膨脹而產生的拉扯，空氣也會散逸出麵團，導致布里歐修塌陷。

一般用途

各種不同造型口味的布里歐修。

其他用途

卡士達甜麵包、聖傑尼克斯麵包（gâteau de Saint-Génix）、義大利水果甜麵包（panettone）、聖托佩奶油塔（tarte tropézienne）、咕咕霍夫。

製作注意事項

麵團攪拌程度

訣竅

麵團若太黏稠，可以撒上少許麵粉或放入冰箱冷藏。如果奶油在加入麵團的時候融化，且麵團在攪拌過程中升溫，可冷藏 2 小時後取出，再加入剩下的奶油。

製作900公克的麵團

新鮮酵母 20 公克
麵粉 400 公克
鹽 10 公克
糖 40 公克
全蛋 250 公克（5 顆）
奶油 200 公克

1. 在開始製作前，將所有材料冷藏至少 1 小時。在攪拌缸中依序加入剝成小塊的酵母、麵粉、鹽、糖及蛋。啟動攪拌機，以低速攪打。持續攪拌到麵團不再沾黏攪拌缸內壁。麵團會變得有彈性，但溫度不可過高。

2. 慢慢加入切成小丁的奶油，一邊繼續攪拌，直到完全混合。

3. 停止攪拌，將布里歐修麵團倒入撒上麵粉的鋼盆中，然後撒點麵粉在麵團上避免表面乾硬。蓋上布或包上保鮮膜，不可碰到麵團。冷藏 1.5 至 2 小時

PÂTE À BABA
巴巴麵團

大解密
Comprendre

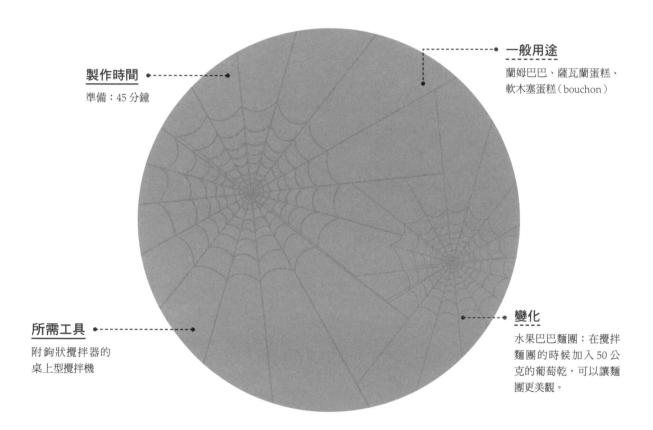

製作時間
準備：45 分鐘

一般用途
蘭姆巴巴、薩瓦蘭蛋糕、
軟木塞蛋糕（bouchon）

所需工具
附鉤狀攪拌器的
桌上型攪拌機

變化
水果巴巴麵團：在攪拌
麵團的時候加入 50 公
克的葡萄乾，可以讓麵
團更美觀。

為何麵團會被拉成「蜘蛛網」狀？
麵粉由澱粉粒子與蛋白質（麩質）構
成。麵粉與其他材料攪拌時，例如本食
譜中所使用的牛奶，蛋白質會形成有彈
性的網絡，使麵團拉長時產生蜘蛛網般
的結構。

為什麼要冷藏所有的材料？
為了使麵團產生彈性，所有的材料必須
攪拌到足夠的時間，但麵團的溫度卻不
能太高，否則不利於酵母作用，也會影
響麵團質地。以冰涼的材料製作可確保
麵團溫度不會過高。

製作注意事項
長時間的攪拌（30 至 45 分鐘）

訣竅
開始製作麵團前將所有材料冷藏至少 1
小時，材料溫度夠低，麵團溫度才不會
上升太快。

1

2

3

製作10個50公克的蘭姆巴巴或1個大型巴巴

新鮮酵母 15 公克
麵粉 250 公克
全蛋 100 公克
鹽 5 公克
糖 15 公克
牛奶 130 公克
奶油 75 公克

1. 開始製作前，將所有材料冷藏至少 1 小時。在攪拌缸中依序加入剝成小塊的酵母、麵粉、鹽、糖、牛奶及蛋。

2. 啟動攪拌機，以低速攪打，持續攪拌直到麵團不再沾黏攪拌缸內壁，並會拍擊缸壁發出聲響（攪拌 30 至 45 分鐘後）。麵團產生彈性，並形成細緻的蜘蛛網狀，但不會斷裂。注意麵團不可過熱。

3. 慢慢加入切成小丁的奶油，直到全體混合均勻，停止攪拌。完成後立即使用。

PÂTE À CROISSANT
可頌麵團

大解密
Comprendre

什麼是可頌麵團？
一種發酵麵團，用製作千層派皮的手法加入奶油。

所需工具
擀麵棍

製作時間
準備：2 小時
冷藏：24 小時

可頌麵團的特性是什麼？
可頌結合了兩種不同的製作技法：發酵麵團與千層。發酵麵團帶來空氣感，千層則增添酥脆口感。

一般用途
可頌、巧克力麵包、葡萄乾麵包捲

製作注意事項
厚薄均勻地折疊

所需技巧
壓按麵團排出氣體（見 284 頁）
單折（見 18 頁）

訣竅
可使用桌上型攪拌器及攪拌鉤製作麵團

製作流程
水麵團－鬆弛－折疊－捲成可頌形－再度發酵

製作550公克可頌麵團

水麵團

麵粉 250 公克
酵母 18 公克
水 65 公克
牛奶 65 公克
蛋液 15 公克
鹽 15 公克
糖 25 公克

製作層次的奶油

無水奶油(見 276 頁)或傳
統奶油

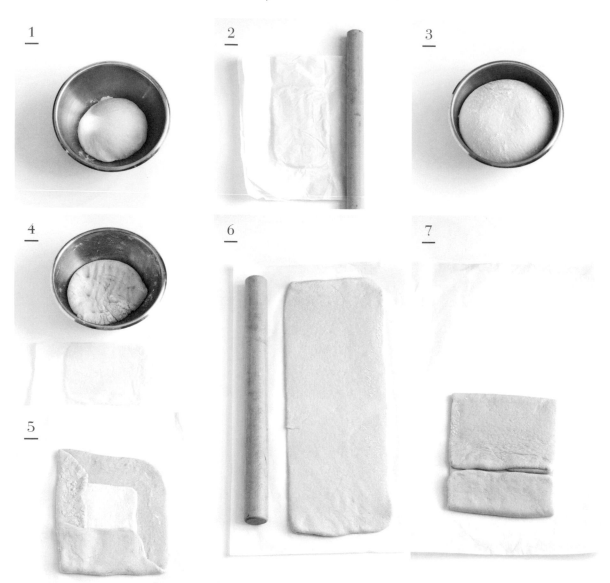

1. 用水和牛奶溶化調和酵母。在麵粉堆中挖一個凹洞，倒入調和酵母的水及牛奶、蛋液、鹽及糖。以指尖慢慢混入麵粉，直到麵團混合均勻。注意不要過度揉捏麵團。將麵團放入鋼盆中，直接將保鮮膜覆蓋在麵團上。冷藏麵團發酵至隔天。

2. 在 250 公克的奶油上下各放一張烘焙紙，以擀麵棍塑成邊長 25 公分的正方形。冷藏鬆弛至隔天。

3. 第二天，從冰箱取出水麵團，這時麵團的體積已增加一倍。

4. 壓按麵團（見 284 頁）排出氣體。從冰箱取出奶油，放置 30 分鐘回至室溫後再操作。

5. 用擀麵棍將水麵團擀成 40 公分見方。將奶油放在麵團中央，然後將麵團的四個角向內折，蓋住奶油。厚度必須一致。

6. 將麵團擀成厚 7 毫米的長方形。在自己的正前方來回擀，擀的方向必須一致。

7. 進行三次單折。冷藏保存至需要使用時。

PÂTE À CHOUX
泡芙麵團

大解密
Comprendre

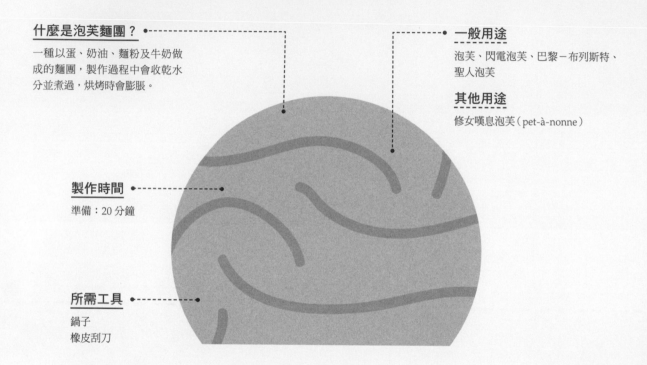

什麼是泡芙麵團？ •-------•
一種以蛋、奶油、麵粉及牛奶做成的麵團，製作過程中會收乾水分並煮過，烘烤時會膨脹。

製作時間 •-------•
準備：20 分鐘

所需工具 •-------•
鍋子
橡皮刮刀

•-------• **一般用途**
泡芙、閃電泡芙、巴黎－布列斯特、聖人泡芙

其他用途
修女嘆息泡芙（pet-à-nonne）

為什麼在烘烤時必須打開烤箱氣孔釋出水氣？

為了能在乾燥的環境中繼續烘烤，並達到足夠的溫度才能上色。

為什麼泡芙會膨脹？

麵團中殘存的水分在烘烤時會從液態轉為氣態並蒸發。水蒸氣就是讓麵團膨脹的原因，它會改變麵團的形狀使之膨起。麵團製作過程中所形成的麩質網絡會凝固，使泡芙保持膨脹的形狀。

製作注意事項

掌握蛋的重量：液體（水＋牛奶）必須和蛋液的重量相等（例如 200 公克的液體需搭配 200 公克的蛋）。如果蛋的分量多於液體，那麼就將蛋打散，保留多餘的蛋液作為烘烤上色用。

所需技巧

收乾／糊化麵糊（見 282 頁）
製作泡芙麵糊（見 282 頁）

訣竅

不要將泡芙放在矽膠烤墊上烘烤，空氣將無法正確地循環，泡芙下方會形成空洞。確實地加熱麵糊使之糊化，以利麵糊吸收蛋液，才能膨脹得更好。趁糊化後的麵糊還溫熱時加入蛋液，使泡芙麵糊在烘烤時能有更好的支撐性。

製作400公克的麵糊

水 100 公克
牛奶 100 公克
奶油 90 公克
鹽 2 公克

糖 2 公克
麵粉 110 公克
蛋 200 公克

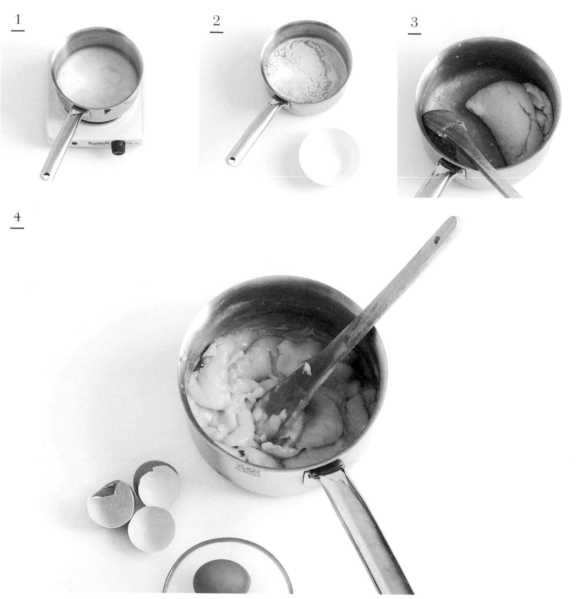

1. 烤箱以230℃預熱。在鍋中注入牛奶、水、鹽、糖及奶油,煮至沸騰,奶油必須完全融化。

2. 步驟1沸騰時,鍋子離火,一口氣倒入麵粉,並以橡皮刮刀混合。這個初步的混合物稱作麵糊(見282頁)。

3. 麵糊混合均勻後,將之攤平在鍋底,並再度加熱,途中不要攪拌。當麵糊開始發出劈啪聲時,搖晃傾斜鍋子以觀察鍋底:若鍋底出現一層薄薄的麵糊膜,代表麵糊已經收乾糊化了。

4. 鍋子離火,用刮刀攪拌至水分收乾成團狀。加入第一顆蛋,混合均勻後再加入第二顆蛋,重複此步驟至加入所有的蛋,直到麵團攪拌均勻。立即使用。

GÉNOISE
全蛋海綿蛋糕

大解密
Comprendre

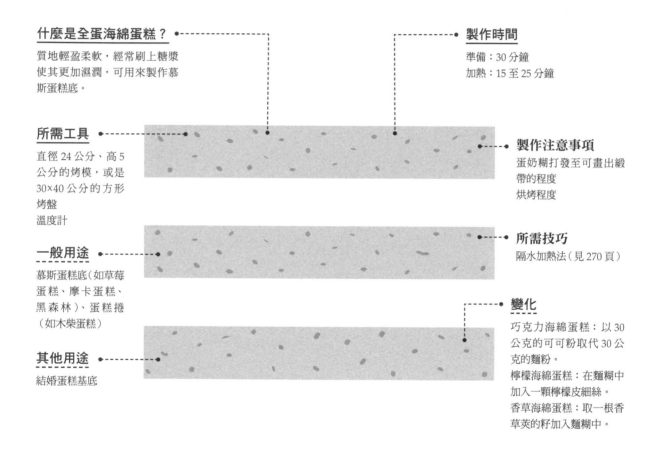

什麼是全蛋海綿蛋糕？

質地輕盈柔軟，經常刷上糖漿
使其更加濕潤，可用來製作慕
斯蛋糕底。

所需工具

直徑 24 公分、高 5
公分的烤模，或是
30×40 公分的方形
烤盤
溫度計

一般用途

慕斯蛋糕底（如草莓
蛋糕、摩卡蛋糕、
黑森林）、蛋糕捲
（如木柴蛋糕）

其他用途

結婚蛋糕基底

製作時間

準備：30 分鐘
加熱：15 至 25 分鐘

製作注意事項

蛋奶糊打發至可畫出緞
帶的程度
烘烤程度

所需技巧

隔水加熱法（見 270 頁）

變化

巧克力海綿蛋糕：以 30
公克的可可粉取代 30 公
克的麵粉。
檸檬海綿蛋糕：在麵糊中
加入一顆檸檬皮細絲。
香草海綿蛋糕：取一根香
草莢的籽加入麵糊中。

為什麼要隔水加熱蛋與糖？

這種加熱方式較為溫和，可避免雞蛋中
的蛋白質受熱凝結成塊。

為什麼鋼盆底部不可接觸到隔水加熱的水？

這是為了避免加熱溫度過高。隔水加熱
是以水蒸氣傳遞溫度，而非直接透過水
加熱，因此熱傳導也較為溫和。

訣竅

手指碰觸麵糊以檢視加熱程度：如果手
指會留下印記，代表蛋糕還沒烤熟。如
果手指按壓後蛋糕恢復原狀，就可以將
蛋糕取出烤箱，並立刻脫模，以免餘溫
繼續加熱蛋糕。

製作一個海綿蛋糕

24公分圓形烤模1個（或30x40公分的烤盤1個）

蛋 200 公克（4 顆）
糖 125 公克
麵粉 125 公克

1. 以 180℃ 預熱烤箱。烤模或烤盤上油。

2. 準備隔水加熱（見 270 頁），鋼盆底不可碰到水。將蛋與糖倒入鋼盆中。水沸騰時，把鋼盆放在鍋子上方。以攪打方式盡可能拌入大量空氣，直到蛋糊溫度達到 50℃。

3. 鋼盆離開鍋子，持續攪打直到冷卻。如果蛋糊打發成功，從高處落下時會形成緞帶般的形狀（見 279 頁）。倒入事先過篩的麵粉，用刮刀混合均勻。

4. 立即將麵糊倒入預備好的烤模中，可用刮刀將麵糊抹平。依照烤模高度，烘烤 15 至 25 分鐘。

BISCUIT JOCONDE
杏仁海綿蛋糕

大解密
Comprendre

什麼是杏仁海綿蛋糕？

杏仁海綿蛋糕因為加入蛋白霜而充滿空氣感，可做為多款慕斯蛋糕的基底。

一般用途

歐培拉與木柴蛋糕基底

其他用途

提拉米蘇

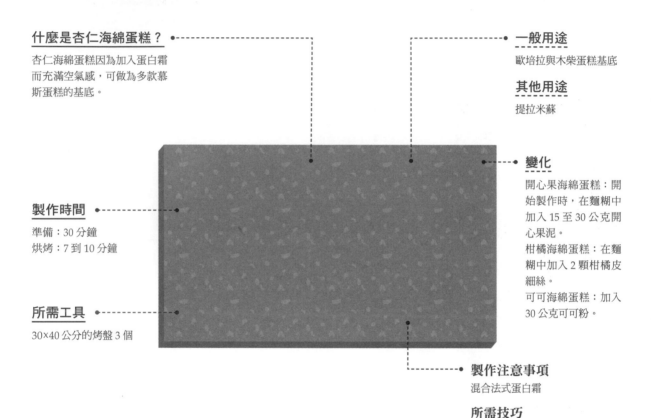

製作時間

準備：30 分鐘
烘烤：7 到 10 分鐘

變化

開心果海綿蛋糕：開始製作時，在麵糊中加入 15 至 30 公克開心果泥。
柑橘海綿蛋糕：在麵糊中加入 2 顆柑橘皮細絲。
可可海綿蛋糕：加入 30 公克可可粉。

所需工具

30×40 公分的烤盤 3 個

製作注意事項

混合法式蛋白霜

所需技巧

蛋白打至全發（見 279 頁）
以橡皮刮刀混合蛋白（見 270 頁）

為什麼蛋糕能夠保有鬆軟的口感？

若蛋糕沒有烤得太乾，就能維持鬆軟度。蛋糕中所含的糖與烘烤方式，對於保存蛋糕的鬆軟度扮演著重要的角色。糖能夠捕捉水分，我們稱之為吸濕性。而烘烤時間短則能避免蒸散過多水分，使蛋糕保有鬆軟口感。

為什麼蛋糊體積會增加？

攪打蛋液可使其中所含的蛋白質發泡，蛋糊的體積因此變大了。

訣竅

若蛋糕過熟，可用微濕的布將蛋糕捲起幾分鐘，使蛋糕變得柔軟。

製作流程

基本麵糊－蛋白霜－混合麵糊－抹平－烘烤

1

2

3

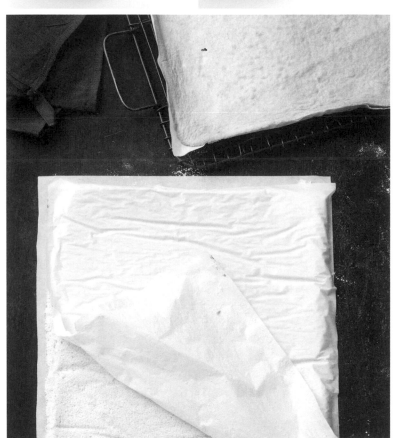

4

製作30 x 40公分的烤盤3個

1. 麵糊

杏仁粉 200 公克
糖粉 200 公克
蛋 300 公克（6 顆）
麵粉 30 公克

2. 蛋白霜

蛋白 200 公克
細砂糖 30 公克

1. 以 190℃ 預熱烤箱。用電動打蛋器攪打糖粉、杏仁粉及 200 公克的蛋至整體體積膨脹一倍。加入剩下的蛋，繼續攪打 5 分鐘。

2. 慢速攪打回至室溫的蛋白，直到產生綿密的氣泡。提高攪拌機的速度攪打，一邊加入四分之一的細砂糖。當蛋白的質地開始變得更加綿滑細緻時，再加入四分之一的細砂糖。當攪打時產生的波浪清晰可見時，加入剩餘的細砂糖，使整體質地更加綿密緊緻（見 279 頁），繼續攪打 2 分鐘後停止。

3. 用刮刀將三分之一的蛋白霜倒入步驟 1 中，然後加入篩過的麵粉。混合均勻後，再小心加入剩餘的蛋白霜。

4. 將麵糊均勻倒入三個已鋪上烘焙紙的烤盤中（每盤約 300 公克），立即送入烤箱，烘烤 7 至 10 分鐘。蛋糕烤好時必須保有濕潤度。

BISCUIT À LA CUILLÈRE
手指餅乾

大解密
Comprendre

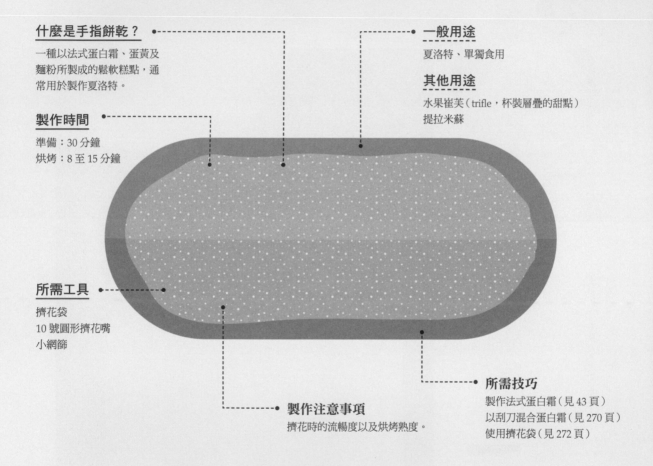

什麼是手指餅乾？

一種以法式蛋白霜、蛋黃及麵粉所製成的鬆軟糕點，通常用於製作夏洛特。

製作時間

準備：30 分鐘
烘烤：8 至 15 分鐘

所需工具

擠花袋
10 號圓形擠花嘴
小網篩

一般用途

夏洛特、單獨食用

其他用途

水果崔芙（trifle，杯裝層疊的甜點）
提拉米蘇

所需技巧

製作法式蛋白霜（見 43 頁）
以刮刀混合蛋白霜（見 270 頁）
使用擠花袋（見 272 頁）

製作注意事項

擠花時的流暢度以及烘烤熟度。

製作過程中會產生什麼變化？

法式蛋白霜中會混入空氣，手指餅乾烘烤的時候，雞蛋所含的蛋白質會開始凝結，麵粉中所含的澱粉也會產生膠化作用（澱粉膨脹），將氣泡困在手指餅乾裡。

製作流程與保存

法式蛋白霜－麵糊－擠花－烘烤
烘烤後冷藏可保存 1 天，冷凍保存 3 個月。

製作30個手指餅乾或兩個
直徑24公分的圓形或兩排
40公分長的帶狀

1. 麵糊

麵粉 100 公克
太白粉 25 公克
蛋黃 80 公克

2. 法式蛋白霜

蛋白 150 公克
糖 125 公克

3. 裝飾

糖粉 30 公克

1. 麵粉與太白粉過篩。

2. 製作法式蛋白霜（見 43 頁），確實打發至硬性發泡。以刮刀拌入打散的蛋黃液，然後加入步驟 **1**。

3. 烤盤鋪上烘焙紙。若要製作個別獨立的餅乾，以擠花袋擠出約 6 公分長的條狀（見 272 頁），每條麵糊之間須預留足夠空間。若要製作排狀手指餅乾，以烤盤的長邊為基準，擠出 6 公分長，緊鄰的麵糊條。若要製作圓形的手指餅乾，用擠花袋從內向外擠出螺旋狀的規律麵糊條（見 272 頁）。篩上糖粉，靜置 5 分鐘後再篩第二次糖粉。

4. 依照形狀烘烤 8 至 15 分鐘。烤好時餅乾可以輕易從烤紙取下。

BISCUIT SUCCÈS
堅果蛋白餅

大解密

Comprendre

一般用途
杏仁蛋白奶油蛋糕

什麼是堅果蛋白餅？
一種以蛋白霜及堅果粉製成的
糕點，用來製作慕斯蛋糕底。

製作時間
準備：30 分鐘
烘烤：15 至 25 分鐘

變化
以等量榛果粉或核
桃粉取代杏仁粉。

所需工具
30×40 公分烤盤（或可做
兩個直徑 20 公分圓形）
擠花袋
10 號圓形擠花嘴

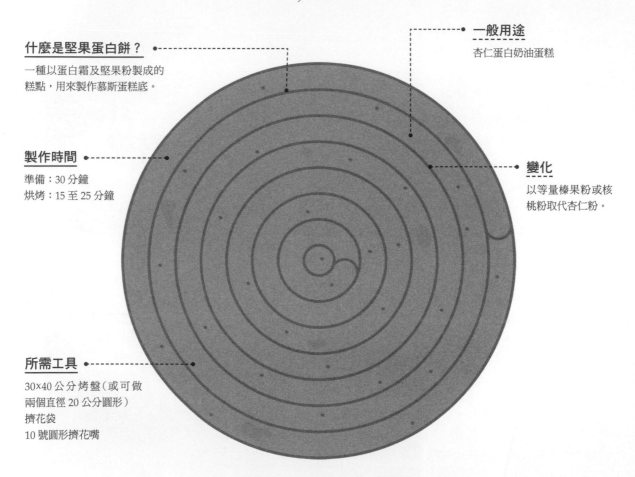

**為什麼這款糕餅質地如此細緻
易碎？**
這是由於麵糊中沒有使用雞蛋，麵粉含
量低的原因。蛋白霜中所含的蛋白質是
支撐蛋糕體的唯一材料。

所需技巧
以橡皮刮刀混合蛋白霜（見 270 頁）
使用擠花袋（見 272 頁）

製作流程
法式蛋白霜－蛋糕麵糊－擠花－烘烤

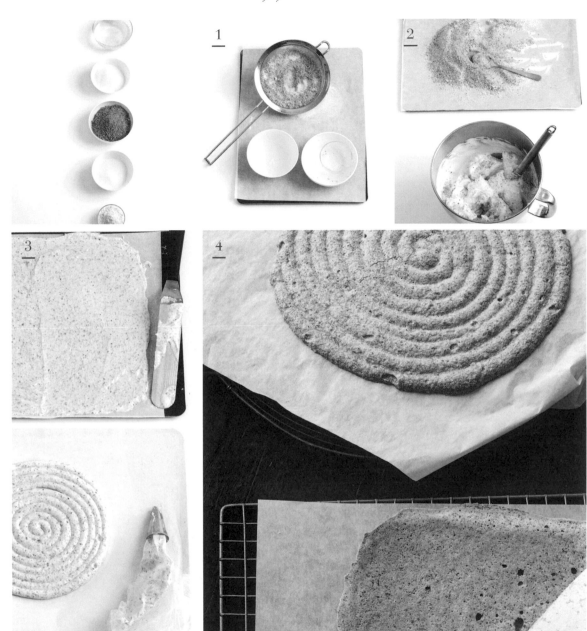

**製作30 x 40公分烤盤1盤或
2個直徑20公分的圓形**

1. 麵糊

麵粉 40 公克
核桃粉 115 公克
糖 130 公克

2. 法式蛋白霜

蛋白 190 公克
糖 70 公克

1. 以 180℃ 預熱烤箱。將所有粉狀材料過篩。

2. 製作法式蛋白霜（見 43 頁）。與步驟 1 混合，並用橡皮刮刀拌勻。

3. 若要製作 2 個圓盤狀糕餅：在烘焙紙上畫出 2 個直徑 20 公分的圓形。裝填擠花袋，搭配 10 號圓形擠花嘴。從中心開始向外畫螺旋填滿。

若要鋪滿 1 個烤盤：將麵糊抹平在鋪了烘焙紙的烤盤上。

4. 烘烤 15 至 25 分鐘後，稍稍掀起烘焙紙觀察底部，應略帶金黃色。

無麩質巧克力蛋糕

大解密
Comprendre

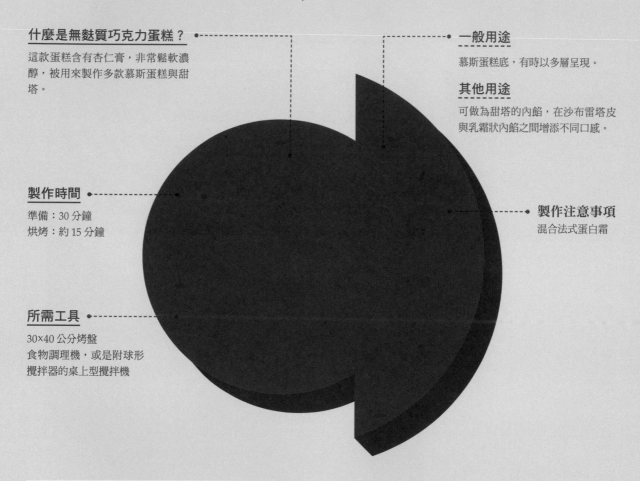

什麼是無麩質巧克力蛋糕？

這款蛋糕含有杏仁膏，非常鬆軟濃醇，被用來製作多款慕斯蛋糕與甜塔。

一般用途

慕斯蛋糕底，有時以多層呈現。

其他用途

可做為甜塔的內餡，在沙布雷塔皮與乳霜狀內餡之間增添不同口感。

製作時間

準備：30 分鐘
烘烤：約 15 分鐘

製作注意事項
混合法式蛋白霜

所需工具

30×40 公分烤盤
食物調理機，或是附球形攪拌器的桌上型攪拌機

如何製作無麩質蛋糕？

製作蛋糕時，麵粉中的澱粉會膠化（膨脹），烘烤後得以支撐蛋糕。若希望蛋糕在增添輕盈感的同時也能保有良好的支撐力，訣竅就在於以杏仁膏取代麵粉：杏仁膏擁有類似澱粉膠化的作用。此外，由於蛋糕中不含來自麵粉的麩質，對有些人來說較容易消化。

所需技巧

隔水加熱（見 270 頁）
製作法式蛋白霜（見 43 頁）
以刮刀混合（見 270 頁）

製作流程

融化巧克力－基底麵團－法式蛋白霜－
烘烤

製作30 × 40公分的烤盤 1 個

1. 巧克力麵糊

奶油 40 公克
66% 巧克力 140 公克
杏仁膏 70 公克
蛋黃 30 公克

2. 法式蛋白霜

蛋白 160 公克
糖 60 公克

1. 以 180℃預熱烤箱。隔水加熱（見 270 頁）慢慢融化巧克力與奶油。

2. 將杏仁膏放入食物調理機的容器，或是桌上型攪拌機的鋼盆中。以中速攪拌，一邊慢慢加入蛋黃。不時以橡皮刮刀刮下黏在容器壁上的糖膏，攪拌均勻後，徐徐加入步驟 1。均勻混合，倒入大鋼盆。

3. 製作法式蛋白霜（見 43 頁）。先將三分之一的蛋白霜加入步驟 2 充分混合。再將剩下的蛋白霜用橡皮刮刀小心地拌入混合（見 270 頁）。

4. 混合均勻後，將烤盤鋪上烘焙紙，倒入麵糊。

5. 烘烤 12 分鐘後取出，撕去底部烘焙紙，將蛋糕放在工作檯上冷卻，以免變得乾燥。

MERINGUE FRANÇAISE
法式蛋白霜

大解密
Comprendre

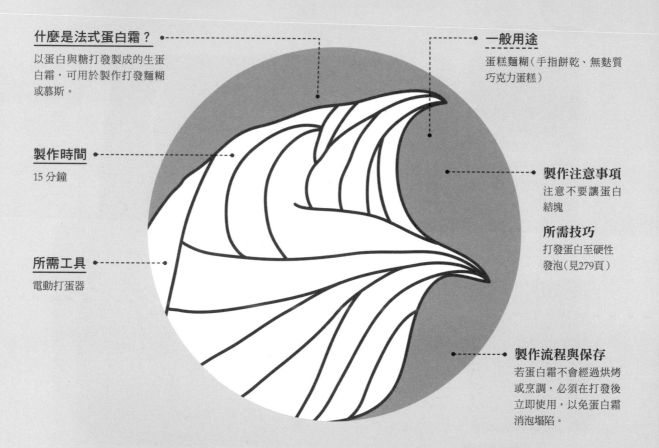

什麼是法式蛋白霜？
以蛋白與糖打發製成的生蛋白霜，可用於製作打發麵糊或慕斯。

一般用途
蛋糕麵糊（手指餅乾、無麩質巧克力蛋糕）

製作時間
15 分鐘

製作注意事項
注意不要讓蛋白結塊

所需技巧
打發蛋白至硬性發泡（見279頁）

所需工具
電動打蛋器

製作流程與保存
若蛋白霜不會經過烘烤或烹調，必須在打發後立即使用，以免蛋白霜消泡塌陷。

為什麼蛋白霜的質地充滿綿細的氣泡？

慕斯般的質地是藉由在液體中打入氣泡所製成。當蛋白打至硬性發泡時，其中的蛋白質藉由攪打的動作被展開，並分布在空氣與水之間。在蛋白霜中加入糖則可提高液體的黏稠度，降低流動性，並使氣泡體積變小。

為什麼蛋白會結塊？

當蛋白過度打發時便會結塊。攪打蛋白時，其中的蛋白質會展開，利於混入與穩定氣泡。要是蛋白打發過度，蛋白質會重新接觸並結合，蛋白霜就會出現結塊的狀況。

為什麼要使用室溫且放置較久的蛋？

這不是絕對必要，但這樣能讓蛋白更容易打發，因為其中的蛋白質鏈結會舒展得更開，能更快穩定氣泡。

1

2

4

3

製作275公克的蛋白霜

蛋白 150 公克
糖 125 公克

1. 將蛋白與四分之一的糖倒入電動攪拌機的鋼盆中。

2. 以低速攪打，這時蛋白會開始出現氣泡。

3. 將攪打速度提高到中速。當蛋白表面開始出現波浪紋路時，再加入四分之一的糖。

4. 將攪打速度轉為中高速，當蛋白緊貼著球狀攪拌器的時候，倒入剩餘的糖，並將攪拌機調到最高速攪打 2 分鐘。提起攪拌器的時候，蛋白霜呈現挺立的尖角。

MERINGUE ITALIENNE
義式蛋白霜

大解密
Comprendre

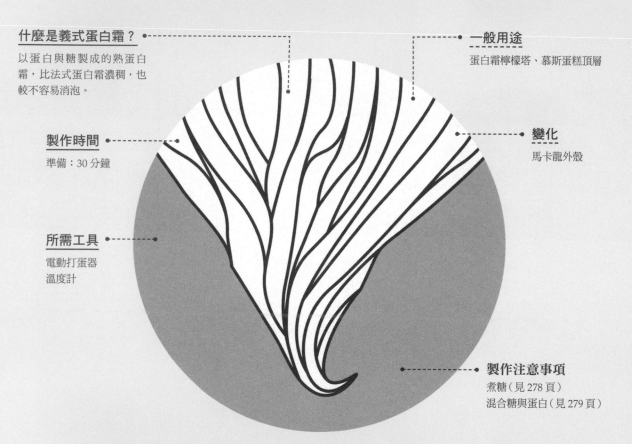

什麼是義式蛋白霜？
以蛋白與糖製成的熟蛋白霜，比法式蛋白霜濃稠，也較不容易消泡。

製作時間
準備：30 分鐘

所需工具
電動打蛋器
溫度計

一般用途
蛋白霜檸檬塔、慕斯蛋糕頂層

變化
馬卡龍外殼

製作注意事項
煮糖（見 278 頁）
混合糖與蛋白（見 279 頁）

為何糖漿要煮至121℃？
當加熱至121℃時，糖漿可以充分混入打發的蛋白中。它可以使發泡的蛋白膨脹，其熱度也可讓蛋白中一部分的水分蒸發，黏稠度也足以支撐蛋白氣泡的結構。因此使用煮沸的糖比起沒有煮沸的糖，可做出更理想的蛋白霜。

義式蛋白霜的特性是什麼？
這是一種熟的蛋白霜，可以直接使用在已烘烤的甜點上，比起其他蛋白霜更適合作為甜塔或蛋糕的餡料。如此可避免與蛋糕同時烘烤時，蛋白霜會過熟的問題。

所需技巧
製作糖漿（見 278 頁）
將蛋白打發至發泡（見 279 頁）

製作流程
糖漿－打發蛋白－糖漿加入蛋白－攪打至冷卻

1

2

3

4

製作400公克的義式蛋白霜

蛋白 100 公克
水 80 公克
糖 250 公克

1. 將水倒進乾淨的鍋子中,接著小心加入糖,避免濺起水花。

2. 以溫度計監控煮糖,溫度計不可碰到鍋邊或鍋底。

3. 當糖漿到達 114℃時,以高速打發蛋白。

4. 當糖漿到達 121℃時,將鍋子離火。待糖漿不再有氣泡,將糖漿細細倒入蛋白中,一邊持續攪拌直到整體冷卻。

MERINGUE SUISSE
瑞士蛋白霜

大解密
Comprendre

什麼是瑞士蛋白霜？

瑞士蛋白霜是以蛋白與糖製成，在攪打的同時加熱，較法式與義式蛋白霜濃稠穩定。

製作時間

準備：15 分鐘

所需工具

電動攪拌器
溫度計

一般用途

可擠花烘烤成單獨食用的蛋白霜、帕芙洛娃，或以蛋白霜為主的慕斯蛋糕。

變化

橙花蛋白霜：在蛋白糊中加入 15 公克的橙花水。
巧克力蛋白霜：蛋白霜烘烤後，蘸上融化的黑巧克力，放在網架上冷卻。

為什麼要用隔水加熱法打發蛋白？

以 50℃隔水加熱打發蛋白，可以讓其中的蛋白質舒展開，抓住更多空氣，形成更細小的氣泡。也因此瑞士蛋白霜比起其他蛋白霜要來得更為濃厚緊緻。

所需技巧

準備隔水加熱（見 270 頁）
蛋白打至全發（見 279 頁）

製作注意事項

打發與加熱同時進行

製作300公克瑞士蛋白霜

蛋白 100 公克
糖 100 公克
糖粉 100 公克

1. 準備隔水加熱（見 270 頁）。水開始沸騰時，將蛋白與糖放在隔水的鋼盆中。攪打時盡可能混入空氣，使蛋白轉為濃稠。以溫度計監控溫度，當溫度到達 50℃ 時停止攪打。

2. 將鋼盆移開滾水的鍋，繼續攪打直到整體冷卻，且蛋白霜變得黏密。

3. 將已過篩的糖粉用刮刀拌入蛋白霜中。

CARAMEL
焦糖

大解密
Comprendre

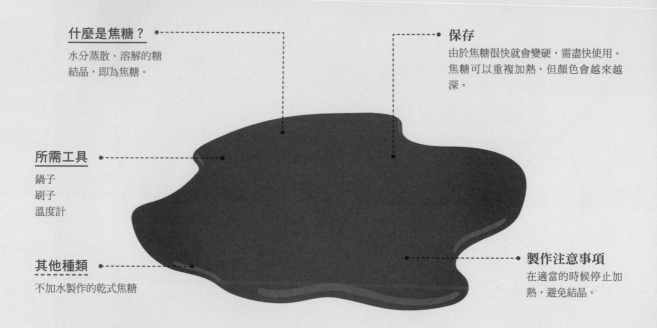

什麼是焦糖？
水分蒸散、溶解的糖
結晶，即為焦糖。

保存
由於焦糖很快就會變硬，需盡快使用。
焦糖可以重複加熱，但顏色會越來越
深。

所需工具
鍋子
刷子
溫度計

其他種類
不加水製作的乾式焦糖

製作注意事項
在適當的時候停止加
熱，避免結晶。

傳統焦糖與乾式焦糖的差別是什麼？

傳統焦糖（以糖與水煮成）用來製作糖
飾及泡芙糖衣。乾式焦糖（無水）則用
來為甜點增添焦糖風味（焦糖慕斯）。
後者的風味更強烈。

為何溫度適合做為煮糖程度的指標？

煮糖時，水分蒸發，溫度上升。因此溫
度是糖漿濃縮程度的理想指標。

為何糖會反砂？

糖加熱不完全時，會開始形成晶體，並
逐漸讓整體結晶。當糖沒有完全溶解，
或是鍋壁上的糖結晶掉入糖液中時，就
會造成反砂。

製作700公克的焦糖

水 125 公克
糖 500 公克
葡萄糖漿 100 公克

1. 仔細清潔鍋子（若使用銅鍋，可在鍋中加入粗鹽與白醋，以鋼刷摩擦）。準備一大盆冷水，放置火源旁備用。先秤水然後秤糖，開火加熱，小心保持鍋壁乾淨。
2. 煮開後倒入葡萄糖漿。以沾濕的刷子清潔鍋壁，一邊繼續加熱至165℃。千萬不要攪拌糖漿。達到所需溫度後，將鍋子拿離火源，底部浸入預先準備的冷水。

乾式焦糖

糖放入鍋中，以電爐的中強火加熱。當糖開始融解形成焦糖時，用打蛋器混合。

NOUGATINE
奴軋汀
（堅果焦糖片）

大解密
Comprendre

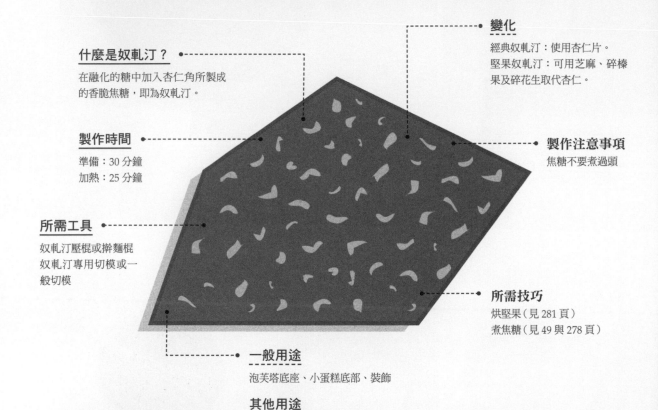

什麼是奴軋汀？
在融化的糖中加入杏仁角所製成
的香脆焦糖，即為奴軋汀。

製作時間
準備：30 分鐘
加熱：25 分鐘

所需工具
奴軋汀壓棍或擀麵棍
奴軋汀專用切模或一
般切模

變化
經典奴軋汀：使用杏仁片。
堅果奴軋汀：可用芝麻、碎榛
果及碎花生取代杏仁。

製作注意事項
焦糖不要煮過頭

所需技巧
烘堅果（見 281 頁）
煮焦糖（見 49 與 278 頁）

一般用途
泡芙塔底座、小蛋糕底部、裝飾

其他用途
巧克力糖果配料

為何不使用糖，而用葡萄糖漿？
葡萄糖漿與蔗糖不同，它不會結晶，因
此常用於各類糖果，特別是製作奴軋
汀。

訣竅
如果沒有立刻使用做好的奴軋汀，或是
奴軋汀變得太硬無法操作時，可放入
140℃的烤箱中幾分鐘，並隨時注意加
熱狀況。在器具及工作檯上抹一些油，
可避免奴軋汀沾黏。

製作流程與保存
烘堅果－製作焦糖－鋪平－烘烤－切塊
保存在乾燥處，不宜冷藏。

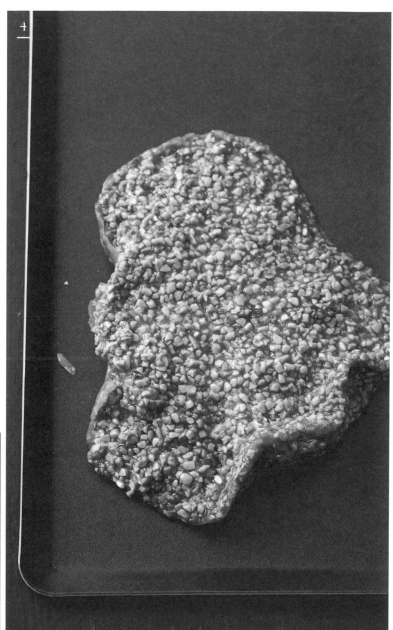

製作800公克奴軋汀

杏仁角 250 公克
翻糖 300 公克
葡萄糖漿 250 公克

1. 以 180℃ 預熱烤箱。烤盤鋪烘焙紙或烘焙用矽膠墊，放上杏仁角。稍微烘烤 15 至 20 分鐘至金黃色。

2. 翻糖與葡萄糖漿放入乾淨的大鍋子裡加熱，不時以橡皮刮刀攪拌。當焦糖轉為淡金黃色時，倒入烤香的杏仁角，混合均勻。

3. 當焦糖煮至想要的色澤時，倒在烘焙紙上。用刮板將周圍的奴軋汀鏟回中央，使整體溫度一致。

4. 可放在 140℃ 的烤箱中保溫，或倒在上油的工作檯上立即使用。

CRÈME PÂTISSIÈRE
卡士達醬

大解密
Comprendre

製作注意事項
加熱

所需技巧
打發蛋黃（見 279 頁）

什麼是卡士達醬？
一種以牛奶與蛋黃加熱製成，質地濃稠的奶醬，習慣上以香草增添香氣。

製作時間
準備：15 分鐘
加熱：1 公升的牛奶需時 3 分鐘
冷卻：1 小時

保存
冷藏可保存 3 天

所需工具
鍋子

一般用途
奶油泡芙、閃電泡芙、修女泡芙與千層派內餡

訣竅
使用玉米粉或奶醬專用粉（poudre a crème）取代麵粉，可讓質地更輕盈。
使用前須攪拌回軟：快速攪拌奶醬，使整體變得柔軟。

變化
慕斯林奶油
外交官奶油
杏仁奶油
席布斯特奶油

為什麼要將蛋黃與糖打發？

將蛋黃與糖一起打發可使整體均勻。加熱時，糖扮演保護蛋白質的角色。如果糖與蛋黃中的蛋白質充分混合，就可降低加熱時結塊的可能。

為什麼卡士達醬冷卻時表面會結皮？

這是由於蛋白質受熱凝結（就像加熱牛奶時表面會結皮），以及表面脫水的緣故。

麵粉製作的卡士達醬和玉米粉製作的卡士達醬有什麼不同？

改變材料就會改變卡士達醬的濃稠度，如果改變澱粉的來源，那麼卡士達醬的質地也會改變。每種澱粉的特性都不盡相同，若要做出同樣的質地，比起麵粉（小麥澱粉），使用較少的玉米粉（玉米澱粉）就可達成。兩份分量相等的卡士達醬，以玉米粉製作的會比用麵粉製作的要輕。

製作800公克的卡士達醬

牛奶 500 公克
蛋黃 100 公克
糖 120 公克
玉米粉 50 公克
奶油 50 公克
香草莢 1 根

1. 在鋼盆中打發蛋黃與糖（見 279 頁）。

2. 再加入玉米粉。

3. 牛奶與香草莢及刮出的香草籽一起放入鍋中煮至沸騰，然後將一半的牛奶倒入步驟 2 並攪拌。再全部倒回鍋中，以大火加熱、快速攪打。

4. 待麵糊轉濃稠，繼續攪拌。從煮沸算起，每公升牛奶需煮 3 分鐘。

5. 停止加熱，離火拌入奶油。

6. 倒入烤盤中，使奶醬快速降溫，保鮮膜直接覆蓋在奶醬表面。冷卻後使用。

CRÈME AU BEURRE
奶油霜

大解密
Comprendre

什麼是奶油霜？

濃郁滑順的奶油霜是以加糖的奶油與炸彈蛋黃霜所做成的。跟卡士達醬一樣，在許多經典甜點中都可見到。

製作時間

準備：30 分鐘
加熱：10 分鐘

所需工具

電動打蛋器或
桌上型攪拌器
溫度計

一般用途

木柴蛋糕、歐培拉、摩卡蛋糕、修女泡芙的內餡

其他用途

杯子蛋糕的裝飾

變化

有些食譜會以義大利蛋白霜作為甜味來源，成品會比較厚重。
香草奶油霜：完成後加入 5 公克的香草精。
咖啡奶油霜：完成後加入 30 公克的咖啡濃縮液。
巧克力奶油霜：完成後加入 80 公克的可可粉。

製作注意事項

製作糖漿
加入奶油

所需技巧

準備軟化奶油（見 276 頁）
煮糖漿（見 278 頁）

加熱到115℃的糖會對蛋產生何種影響？

加熱到 115℃時，糖漿中的水會蒸發一部分。當滾燙的糖漿接觸到蛋時，蛋白質會產生質變，換句話說，蛋白質的結構會被改變。可由質地變得濃稠的蛋糖糊中觀察到此一轉變。

製作流程與保存

從冷藏室中取出奶油，放置室溫軟化－打發全蛋－煮糖漿－加入奶油
製作後立即使用最為理想。冷藏可保存 3 天，放在密封盒中可冷凍保存 3 個月。

訣竅

開始製作前 3 小時，從冰箱中拿出奶油，讓奶油回溫軟化（夏天的話則提前 1 小時即可）。混合奶油與蛋的時候，兩者的溫度必須相同。如果奶油霜結粒了，可倒入容器中冷凍，直到奶油霜表面變硬，接著以桌上型攪拌器攪打，一邊用噴火槍稍微加熱。

1

2

3

4

製作450公克的奶油霜

蛋 100 公克（2 顆）
水 40 公克
糖 130 公克
軟化奶油 200 公克

1. 以打蛋器打發全蛋，整體體積會增加兩倍。

2. 水放入小鍋，然後倒入糖。製作糖漿（見 278 頁）。加熱至 115℃後即停止。

3. 糖漿細細地倒入打發的全蛋中，一邊不停攪打。整體會變得濃稠滑順。

4. 冷卻後，慢慢加入奶油，一邊不停攪打。可依喜好為奶油霜增添香味。

CRÈME MOUSSELINE
慕斯林奶油

大解密
Comprendre

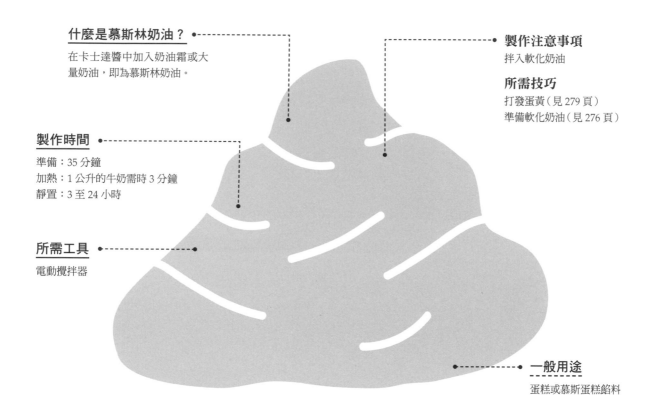

什麼是慕斯林奶油？
在卡士達醬中加入奶油霜或大量奶油，即為慕斯林奶油。

製作注意事項
拌入軟化奶油

所需技巧
打發蛋黃（見 279 頁）
準備軟化奶油（見 276 頁）

製作時間
準備：35 分鐘
加熱：1 公升的牛奶需時 3 分鐘
靜置：3 至 24 小時

所需工具
電動攪拌器

一般用途
蛋糕或慕斯蛋糕餡料

為什麼慕斯林奶油的質地較硬挺？
在冷卻後的卡士達醬中加入軟化奶油，就成為慕斯林奶油了。塗抹在蛋糕上冷卻後，其中所含的奶油會讓整體質地變得較硬挺。

製作流程與保存
製作卡士達醬－加入奶油
冷藏可保存 3 天

製作 I 公斤的慕斯林奶油

I. 卡士達醬

牛奶 500 公克
蛋黃 100 公克
糖 120 公克
玉米粉 50 公克
奶油 125 公克

2. 奶油

軟化奶油 125 公克

1. 製作卡士達醬（見 53 頁）。

2. 離火後加入奶油。倒在烤盤上，將保鮮膜直接覆蓋在卡士達醬上，稍微降溫後，放入冰箱冷藏。

3. 完全冷卻後，攪打卡士達醬 3 到 5 分鐘。加入奶油，一邊不停攪打直到整體混合均勻。立即使用。

APPAREIL À BOMBE
炸彈蛋黃霜

大解密
Comprendre

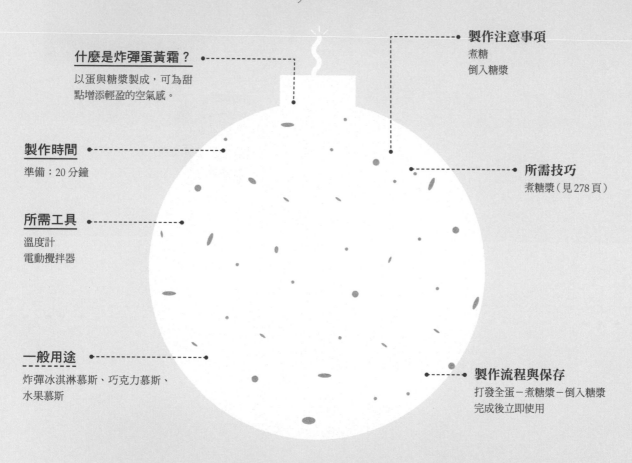

什麼是炸彈蛋黃霜？
以蛋與糖漿製成，可為甜
點增添輕盈的空氣感。

製作注意事項
煮糖
倒入糖漿

製作時間
準備：20 分鐘

所需技巧
煮糖漿（見 278 頁）

所需工具
溫度計
電動攪拌器

一般用途
炸彈冰淇淋慕斯、巧克力慕斯、
水果慕斯

製作流程與保存
打發全蛋－煮糖漿－倒入糖漿
完成後立即使用

此蛋黃霜的特性是什麼？
在打發的全蛋中倒入滾燙的糖，使部分
蛋白質凝結穩定而成的蛋糊。

製作250公克的炸彈蛋黃霜
全蛋 100 公克（2 顆）
水 40 公克
糖 130 公克

1. 將蛋放入攪拌機的攪拌缸中，用最
高速打發至體積增加兩倍。

2. 在小鍋子中加入水與糖，製作糖漿
（見 278 頁）。加熱至 115℃。停止加
熱糖漿。當糖漿裡沸騰的氣泡消失時，
細細地倒入打發的蛋糊中，一邊快速攪
打至冷卻。

3. 完成後立即使用。

CRÈME ANGLAISE
英式蛋奶醬

大解密
Comprendre

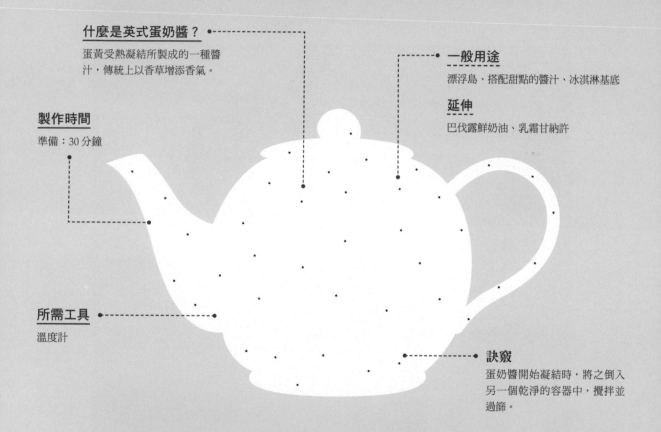

什麼是英式蛋奶醬？
蛋黃受熱凝結所製成的一種醬汁，傳統上以香草增添香氣。

製作時間
準備：30 分鐘

所需工具
溫度計

一般用途
漂浮島、搭配甜點的醬汁、冰淇淋基底

延伸
巴伐露鮮奶油、乳霜甘納許

訣竅
蛋奶醬開始凝結時，將之倒入另一個乾淨的容器中，攪拌並過篩。

為什麼製作英式蛋奶醬時要特別注意溫度控制？
加熱蛋奶糊時，雞蛋中的蛋白質會開始凝結，使得蛋奶糊質地轉為濃稠。當溫度超過 85℃時，凝結的蛋白質過多，做出來的蛋奶醬質地會太過濃稠並失去流動性。

變化
焦糖英式蛋奶醬：以 60 公克的砂糖製作乾式焦糖（預留 20 公克砂糖打發蛋黃），倒入牛奶調和均勻，再依循一般蛋奶醬做法即可。
香料英式蛋奶醬：在牛奶中加入 1 顆八角、10 顆綠荳蔻及 1 根肉桂棒浸泡，再依循一般蛋奶醬做法即可。

製作注意事項
加熱

所需技巧
打發蛋黃（見 279 頁）
過濾（見 270 頁）

保存
冷藏可保存 3 天

1
2
3
5
4

製作650公克的英式蛋奶醬

牛奶 500 公克
蛋黃 100 公克
糖 80 公克
香草莢 1 根

1. 蛋黃中加入糖打發至顏色變淺（見 279 頁）。

2. 香草莢縱剖，刮出香草籽。香草莢與籽與牛奶放入鍋中煮沸。

3. 待牛奶煮至冒泡，將一半的牛奶倒入打發的蛋糖糊中，並輕柔地攪打。攪拌均勻後，將奶蛋糊倒回鍋中與剩餘的牛奶混合。

4. 以中火加熱步驟 3，並不時以橡皮刮刀攪拌，煮至蛋奶醬能夠包裹刮刀的濃稠度，或加熱至 85℃，但不可高於此溫度。

5. 蛋奶醬以篩網過濾（見 270 頁），冷藏保存。

香堤伊鮮奶油

大解密
Comprendre

什麼是香堤伊鮮奶油？

一種加糖打發的鮮奶油，乳脂肪含量 30% 以上，有需要時可加入香精，但不可加入其他添加物。

製作時間

冷藏：30 分鐘
製作：15 分鐘

所需工具

附球形攪拌器的桌上型攪拌機，或是電動打蛋器

一般用途

餡料、搭配甜點

變化

帕林內香堤伊：拌入 30 公克帕林內。
開心果香堤伊：拌入 10 公克開心果醬。
馬斯卡朋香堤伊：拌入 1 大匙馬斯卡朋乳酪。（濃郁，質地比傳統香堤伊鮮奶油要硬挺）

訣竅

確實冷藏鮮奶油與器具，使乳脂肪安定。

製作流程與保存

冷藏器具－打發
冷藏可保存 3 天，若鮮奶油開始消泡塌陷，可以再稍微攪打一下。

為什麼有乳脂肪最低含量限制？

鮮奶油中的乳脂肪會在攪打時混入的氣泡周圍形成結晶。若乳脂肪的含量不夠高，結晶的數量將不足以安定氣泡，就無法安定香堤伊鮮奶油。

何時加入糖？原因是什麼？

為了避免香堤伊鮮奶油在加入糖的時候失去穩定性，所以最好在一開始就加入，如此糖也能溶解得更徹底。

打發過度會發生什麼狀況？

打發過度會生成奶油。乳化質地會失去穩定性，導致油水分離。

為什麼鮮奶油在冰冷時較容易打發？

打發鮮奶油時必須保持低溫，乳脂肪才能形成結晶，否則無法安定香堤伊鮮奶油。

為什麼最好使用冷藏過的不鏽鋼盆？

不鏽鋼可使溫度傳導更容易。使用低溫的鋼盆，可幫助生成乳脂肪結晶，成功打發鮮奶油。如果室溫過高，可將不鏽鋼盆放在裝有冰塊的大盆中打發鮮奶油。

製作550公克的香堤伊鮮奶油

液態鮮奶油（乳脂肪含量 30% 以上）500 公克
糖粉 80 公克

1. 冷藏器具與鮮奶油 30 分鐘。將糖與鮮奶油放入桌上型攪拌機的鋼盆中。
2. 倒入糖時，以慢速攪打混合。
3. 用最高速打發鮮奶油：此時呈現固態狀。立即使用，或冷藏保存。

CRÈME D'AMANDE
杏仁奶油

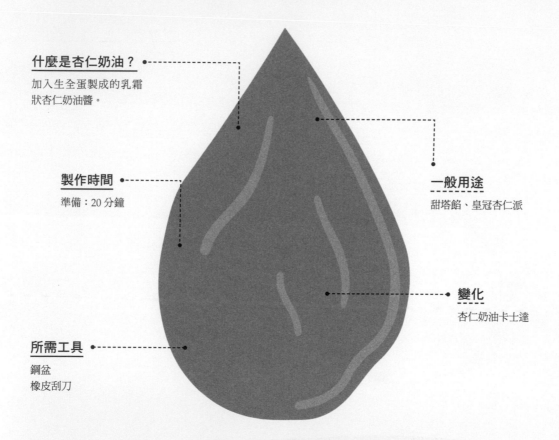

什麼是杏仁奶油？
加入生全蛋製成的乳霜狀杏仁奶油醬。

製作時間
準備：20 分鐘

所需工具
鋼盆
橡皮刮刀

一般用途
甜塔餡、皇冠杏仁派

變化
杏仁奶油卡士達

為什麼杏仁奶油餡加熱時會膨脹？
混合時，混入的氣泡在加熱時體積會變大，使奶油醬膨脹，產生慕斯般的輕盈口感。

訣竅
如果冷藏保存，使用前必須從冰箱取出放置室溫，使其回復乳霜質地。

所需技巧
攪拌至乳霜狀（見 276 頁）

製作注意事項
充分混合

保存
冷藏可保存 2 天。

製作400公克杏仁奶油

奶油 100 公克
糖 100 公克
杏仁粉 100 公克
蛋 100 公克（2 顆）
麵粉 20 公克

1. 開始製作前，從冷藏室取出奶油，放置室溫回軟。奶油與糖放在鋼盆中，以橡皮刮刀攪拌至乳霜狀。

2. 加入杏仁粉、蛋及麵粉。以橡皮刮刀小心攪拌，避免混入太多空氣。立即使用或冷藏保存。

CRÈME CHIBOUST
席布斯特奶油

大解密

Comprendre

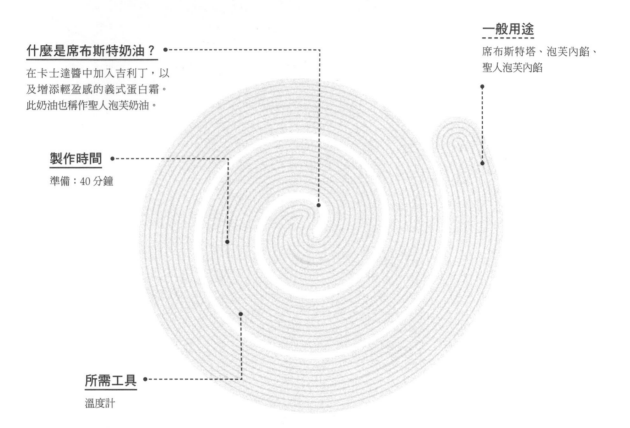

什麼是席布斯特奶油？
在卡士達醬中加入吉利丁，以及增添輕盈感的義式蛋白霜。此奶油也稱作聖人泡芙奶油。

製作時間
準備：40 分鐘

所需工具
溫度計

一般用途
席布斯特塔、泡芙內餡、聖人泡芙內餡

加入蛋白霜有什麼效果？
加入蛋白霜能夠使卡士達醬變得輕盈許多。

製作注意事項
卡士達醬的加熱程度

所需技巧
吉利丁泡水軟化（見 270 頁）
以打蛋器攪拌，再以橡皮刮刀混合（見 270 頁）

製作流程與保存
製作卡士達醬－冷卻－製作義式蛋白霜－混合卡士達醬與蛋白霜
冷藏可保存 3 天

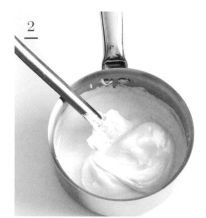

製作600公克席布斯特奶油

1. 卡士達醬

牛奶 250 公克
蛋黃 50 公克
糖 60 公克
玉米粉 25 公克
奶油 25 公克
吉利丁片 8 公克

2. 義式蛋白霜

蛋白 50 公克
水 40 公克
糖 125 公克

1. 製作卡士達醬（見 53 頁），離火後加入事先泡水瀝乾的吉利丁片，混合均勻後靜置降溫。

2. 製作義式蛋白霜（見 45 頁）。攪打降溫至 30℃的卡士達醬，接著倒入三分之一的蛋白霜，一邊以打蛋器攪拌。

3. 倒入剩餘的蛋白霜，小心地用橡皮刮刀混合。完成後立即使用。

CRÈME DIPLOMATE
外交官奶油

大解密
Comprendre

什麼是外交官奶油？
卡士達醬加入吉利丁與打發
鮮奶油，即為外交官奶油。

一般用途
外交官蛋糕夾心、慕斯蛋糕與
小蛋糕內餡。

製作時間
準備：30 分鐘

所需工具
打蛋器
橡皮刮刀

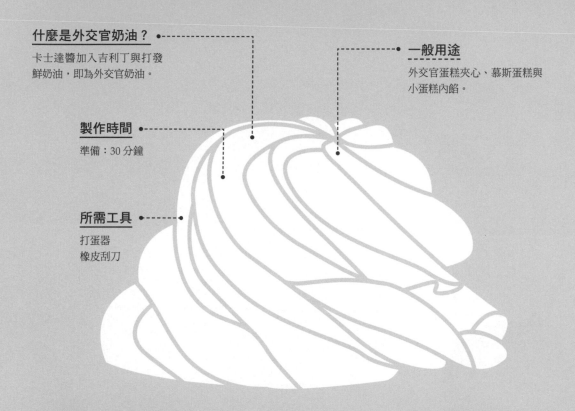

為什麼這款奶油完成後最好立即使用？
在這款乳霜中，卡士達醬的膠著性來自吉力丁，在拌入打發鮮奶油後，外交官奶油得以維持較硬挺的質地。因此在冷卻與凝固成形之前，外交官奶油較容易操作。當慕斯蛋糕組裝完畢後，它的質地也會跟著定型。

製作注意事項
加熱卡士達醬

所需技巧
吉利丁泡水軟化（見 270 頁）
以打蛋器混合，再以橡皮刮刀拌勻（見 270 頁）

製作流程與保存
製作卡士達醬－冷卻－打發鮮奶油－混合卡士達醬與鮮奶油
冷藏可保存 3 天

製作1公斤的外交官奶油

1. 卡士達醬

牛奶 500 公克
蛋黃 100 公克
糖 120 公克
玉米粉 50 公克
奶油 50 公克
吉利丁片 8 公克

2. 打發鮮奶油

液態鮮奶油（乳脂肪含
量 30% 以上）200 公克

1. 吉利丁片泡水軟化（見 270 頁）。

2. 製作香草卡士達醬（見 53 頁）。離火後，同時加入軟化瀝乾的吉利丁片與奶油。靜置冷卻。

3. 以製作香堤伊鮮奶油的方式打發鮮奶油（見 63 頁）。攪打冷卻的卡士達醬，加入三分之一的打發鮮奶油，一邊持續攪打。混合均勻後，倒入剩餘的打發鮮奶油，以橡皮刮刀拌勻。完成後立即使用。

CRÈME BAVAROISE
巴伐露鮮奶油

大解密

Comprendre

什麼是巴伐露鮮奶油？

一種質地細緻的鮮奶油，以
英式蛋奶醬為基底，加入打
發鮮奶油製成。

製作時間

準備：15 分鐘
靜置：30 分鐘

所需工具

溫度計

吉利丁的功用是什麼？

將吉利丁加入還溫熱的英式蛋奶醬中融
化。加入打發鮮奶油並冷卻後，吉利丁
會讓整體凝結，穩定住充滿空氣的巴伐
露鮮奶油。

所需技巧

吉利丁泡水軟化
以打蛋器混合，再以刮刀拌勻

製作注意事項

英式蛋奶醬的加熱程度
拌入打發鮮奶油

製作1公斤的巴伐露鮮奶油

1.英式蛋奶醬

牛奶 250 公克
液態鮮奶油（乳脂肪含
量 30%）250 公克
蛋黃 100 公克
糖 80 公克
香草莢 1 根

2. 打發鮮奶油

液態鮮奶油（乳脂肪含
量 30%）400 公克
吉利丁片 8 公克

1. 吉利丁片泡水軟化（見 270 頁）。製作英式蛋奶醬（見 61 頁）。吉利丁片瀝乾水分，加入英式蛋奶醬中，以打蛋器攪拌均勻。靜置冷卻至室溫（30 ～ 40℃）。

2. 以製作香堤伊鮮奶油的手法打發鮮奶油（見 63 頁）。將三分之一的打發鮮奶油加入略為凝結的英式蛋奶醬中，並以打蛋器混合均勻。

3. 當步驟 2 混合均勻後，加入剩餘的打發鮮奶油，然後小心地以橡皮刮刀拌勻。完成後立即使用，否則巴伐露鮮奶油會完全凝固。

GANACHE CRÉMEUSE
乳霜甘納許

大解密

Comprendre

什麼是乳霜甘納許？
一種在巧克力中加入英式蛋奶醬所做成的濃郁滑順的巧克力甘納許。

一般用途
慕斯蛋糕夾層、馬卡龍內餡

其他用途
巧克力糖內餡

製作時間
準備：30 分鐘

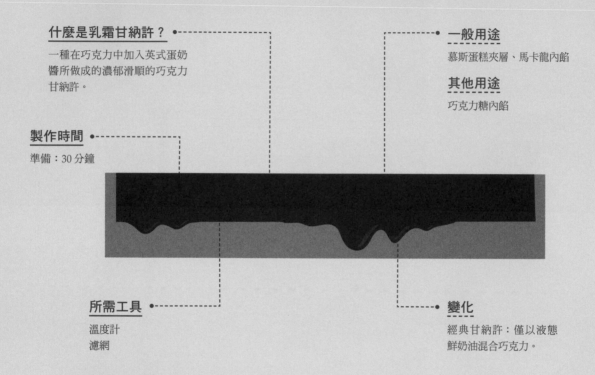

所需工具
溫度計
濾網

變化
經典甘納許：僅以液態鮮奶油混合巧克力。

影響甘納許質地的原因？
當蛋奶巧克力糊冷卻時，可可脂會結晶，並讓蛋奶巧克力糊凝固，直到得出所需的軟硬質地。而質地取決於巧克力的比例：若加入太多巧克力，甘納許會很難切割。

為什麼這款甘納許的質地如此濃郁？
這款甘納許中加入了英式蛋奶醬，大大提升成品的流動性，因此質地特別濃郁滑順。

製作注意事項
英式蛋奶醬的加熱程度

所需技巧
過濾（見 270 頁）
打發蛋黃（見 279 頁）

訣竅
製作某些甜點的時候，可以提高食譜中巧克力的含量，使整體質地較硬挺。

72

製作900公克的甘納許

牛奶 500 公克
蛋黃 100 公克
糖 100 公克
黑巧克力 250 公克

1. 在蛋黃中加入糖打發（見 279 頁）。

2. 將牛奶煮至沸騰。當牛奶開始沸騰冒泡時，將一半的牛奶倒入打發的蛋黃中。混合均勻後，再倒回鍋中，與剩餘的牛奶混合。

3. 以中火加熱奶蛋糊，一面不時以橡皮刮刀攪拌，直到奶蛋糊的濃稠度可以包覆停留在刮刀上（83 ～ 85℃）。

4. 將煮好的英式蛋奶醬過濾（見 270 頁），倒在巧克力上，並混合均勻。若不立即使用，需冷藏保存。

CRÈME CITRON
檸檬凝乳

大解密
Comprendre

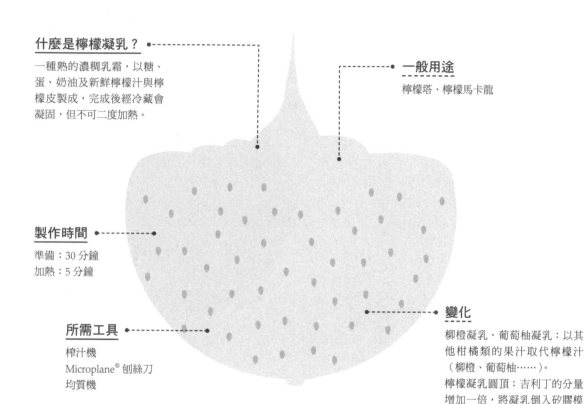

什麼是檸檬凝乳？

一種熟的濃稠乳霜，以糖、蛋、奶油及新鮮檬檬汁與檸檬皮製成，完成後經冷藏會凝固，但不可二度加熱。

一般用途

檸檬塔、檸檬馬卡龍

製作時間

準備：30 分鐘
加熱：5 分鐘

所需工具

榨汁機
Microplane® 刨絲刀
均質機

變化

柳橙凝乳、葡萄柚凝乳：以其他柑橘類的果汁取代檸檬汁（柳橙、葡萄柚……）。
檸檬凝乳圓頂：吉利丁的分量增加一倍，將凝乳倒入矽膠模中，冷凍後脫模。待圓頂裝置完畢，放在冷藏室解凍。

為什麼在榨汁前，檸檬要先揉捏？

這樣做可以擠破檬檬的汁囊，使接下來的榨汁步驟更容易。

為什麼檸檬凝乳的質地會變得濃稠滑順？

加入蛋可以讓整體質地變得濃稠，因為蛋有利於乳化，它可以將奶油所帶來的油脂安定在檸檬汁中。接著，加熱會使雞蛋中的蛋白質凝結，使凝乳變得黏稠。

製作注意事項

加熱程度
拌入奶油

所需技巧

檸檬皮刨細絲（見 281 頁）
吉利丁片泡水軟化（見 270 頁）

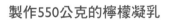

製作550公克的檸檬凝乳

黃檸檬汁 140 公克（約 7 顆）
糖 160 公克
蛋 200 公克（4 顆）
吉利丁片 2 公克
奶油 80 公克

1. 吉利丁片浸泡冷水軟化。以刨刀刨出檸檬皮細絲。

2. 揉擰按壓檸檬，使稍後榨汁更容易。檸檬榨汁，直到榨出 140 公克的汁液。

3. 蛋打入鋼盆，稍微攪打。

4. 將檸檬皮絲、檸檬汁及糖放入鍋中。稍微攪打使糖溶解，開火加熱。

5. 沸騰時，鍋子離火，倒入蛋液中，一邊快速攪打，以免蛋被煮熟。

6. 將步驟 5 倒回鍋中，繼續加熱並一邊攪打。開始沸騰時，立刻將鍋子離火。加入奶油與吉利丁，以打蛋器混合，然後用均質棒攪拌 2 至 3 分鐘。

黑巧克力鏡面淋面

大解密

Comprendre

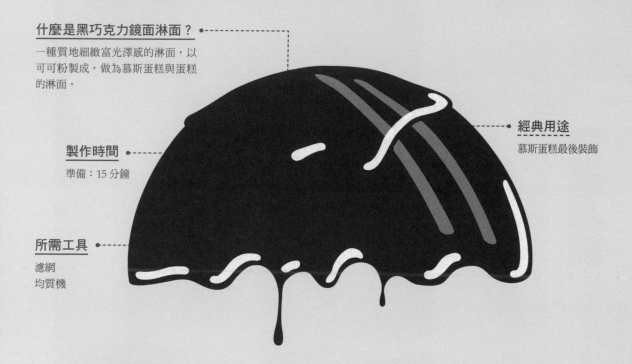

什麼是黑巧克力鏡面淋面？
一種質地細緻富光澤感的淋面，以
可可粉製成，做為慕斯蛋糕與蛋糕
的淋面。

製作時間
準備：15 分鐘

所需工具
濾網
均質機

經典用途
慕斯蛋糕最後裝飾

淋面為何會在蛋糕表面形成膠狀？
淋面中的吉利丁在冷卻時會凝固，但要
到 10℃才會完全凝結。

為何要將淋面過篩？
過篩能讓淋面變得極為細緻，光澤也更
加閃亮。

製作注意事項
充分攪拌

所需技巧
過濾（見 270 頁）

製作流程與保存
製作完畢若沒有馬上使用，可在再度使
用前，以隔水方式加熱。
冷藏可保存 1 星期，冷凍保存 3 個月。

1&2

3

製作500公克黑巧克力鏡面淋面

水 120 公克
鮮奶油 100 公克
糖 220 公克
純可可粉 80 公克
吉利丁片 8 公克

1. 吉利丁片泡水軟化（見 270 頁）。將水、鮮奶油及糖一起煮開並混合均勻。
2. 離火加入吉利丁片與可可粉，並混合。
3. 用均質機充分攪拌，避免可可粉結塊，以濾網過濾。趁溫熱使用。

GLAÇAGE BLANC
白巧克力淋面

大解密
Comprendre

什麼是白巧克力淋面？
一種以白巧克力製成的雪白淋面。

如何將淋面染成白色？
使用二氧化鈦即可。

變化
彩色醬汁：在醬汁中加入極少的食用色素，充分攪拌使整體混合均勻即可。

製作時間
準備：15 分鐘

所需工具
打蛋器
鋼盆

一般用途
慕斯蛋糕或蛋糕淋面

所需技巧
吉利丁片泡水軟化（見 270 頁）
過濾（見 270 頁）
隔水加熱（見 270 頁）

製作250公克白巧克力淋面

牛奶 60 公克
葡萄糖漿 25 公克
吉利丁片 3 公克
白巧克力 150 公克
水 15 公克
二氧化鈦（白色色素）4 公克

1. 吉利丁片泡水軟化（見 270 頁）。隔水加熱融化白巧克力（見 270 頁）。

2. 將牛奶、水及葡萄糖漿放入鍋中加熱。沸騰時即關火。吉利丁片瀝乾水分，加入牛奶糖漿中攪拌均勻。

3. 將步驟 2 倒入白巧克力中，以打蛋器混合。加入二氧化鈦，將鋼盆移開水鍋，並用均質機攪拌數分鐘，然後以濾網過濾（見 270 頁）。冷藏保存或立即使用。

牛奶巧克力淋面

大解密

Comprendre

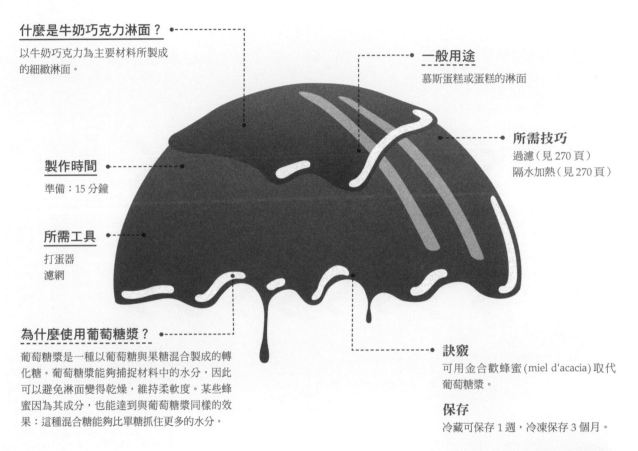

什麼是牛奶巧克力淋面？
以牛奶巧克力為主要材料所製成
的細緻淋面。

一般用途
慕斯蛋糕或蛋糕的淋面

所需技巧
過濾（見 270 頁）
隔水加熱（見 270 頁）

製作時間
準備：15 分鐘

所需工具
打蛋器
濾網

為什麼使用葡萄糖漿？
葡萄糖漿是一種以葡萄糖與果糖混合製成的轉
化糖。葡萄糖漿能夠捕捉材料中的水分，因此
可以避免淋面變得乾燥，維持柔軟度。某些蜂
蜜因為其成分，也能達到與葡萄糖漿同樣的效
果：這種混合糖能夠比單糖抓住更多的水分。

訣竅
可用金合歡蜂蜜 (miel d'acacia) 取代
葡萄糖漿。

保存
冷藏可保存 1 週，冷凍保存 3 個月。

製作550公克的牛奶巧克力淋面

牛奶巧克力 250 公克
黑巧克力 90 公克
液態鮮奶油（乳脂肪含量 30%）225 公克
葡萄糖漿 40 公克

1. 隔水加熱融化黑巧克力與牛奶巧克力
（見 270 頁）。
2. 在鍋中加熱鮮奶油與葡萄糖漿，用打
蛋器攪拌均勻。
3. 當步驟 2 沸騰時，倒入步驟 1 的巧
克力中，並以打蛋器混合。以濾網過濾
即完成。

FONDANT
翻糖淋面

大解密
Comprendre

什麼是翻糖淋面？
一種以糖、葡萄糖漿及水所製成的甜點專用材料，外觀為白色膏狀，需加熱使用。可在甜點材料專門店取得。

製作注意事項
對溫度的掌握。如果翻糖加熱過度，淋面就會失去光澤。

所需工具
溫度計

一般用途
泡芙與千層派淋面

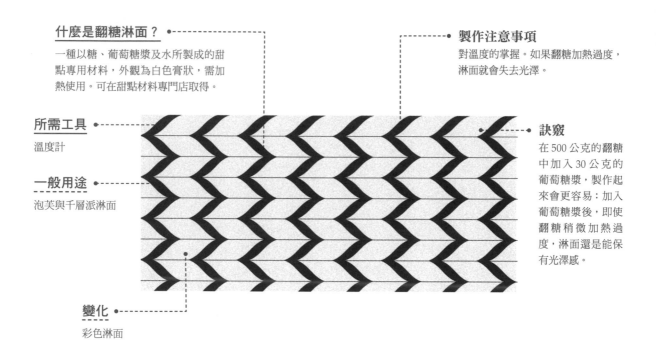

訣竅
在 500 公克的翻糖中加入 30 公克的葡萄糖漿，製作起來會更容易：加入葡萄糖漿後，即使翻糖稍微加熱過度，淋面還是能保有光澤感。

變化
彩色淋面

準備
將翻糖放入鍋中（可加入葡萄糖漿），一邊攪拌一邊慢慢加熱至 32 ～ 34℃，不可超過。如需加入色素，請在加熱前加入。

泡芙淋面
沾浸：泡芙上方浸入翻糖中，瀝乾後以手指抹勻整理。
殼狀淋面：將翻糖注入半圓形矽膠模中，放上泡芙，並以手指輕壓泡芙使其貼合。冷凍 30 分鐘後脫模。

閃電泡芙淋面
用橡皮刮刀翻拌翻糖，當翻糖開始以緞帶狀滴落時，將閃電泡芙放在翻糖下方沾取。
使用齒狀編籃擠花嘴：可使用鋸齒面或扁平面擠出翻糖。

千層派淋面
如果千層派皮的表面沒有焦糖化，可以刷上一層薄薄的翻糖。隔水加熱融化 40 公克的黑巧克力，裝入擠花袋，然後剪開一個小孔。用抹刀將翻糖塗抹在千層派表面。擠上平行的巧克力細線，用刀尖以垂直於巧克力線的方向劃線做出拉花，然後反方向再做一次拉花。

皇家糖霜

大解密
Comprendre

什麼是皇家糖霜？
一種滑順富光澤感的白色糖霜，以蛋白、糖粉及檸檬汁調和而成。

製作時間
準備：15 分鐘

所需工具
篩網
打蛋器

一般用途
蛋糕或慕斯蛋糕裝飾、擠花裝飾（見 273 頁）

變化
彩色皇家糖霜：在糖霜中逐次加入食用色粉（見 281 頁）。

製作注意事項
糖粉須充分過篩，避免結塊。不可接觸空氣（糖霜表面會乾硬結皮）。

為什麼糖霜會變硬？
糖粉是糖與澱粉的混合物。混合製作淋面的材料後，澱粉會吸收水分，糖的水分子會減少而結晶，進而使淋面凝固變硬。

訣竅
可依使用需要調整糖霜的質地。隨著糖粉的分量增加，糖霜的質地也會從較柔軟（擠花線條裝飾、蛋糕塗面）變得較硬挺（擠花嘴裝飾）。

保存
冷藏可保存 1 星期，必須覆蓋保鮮膜。冷凍可保存 3 個月。

製作340公克的皇家糖霜
糖粉 300 公克
蛋白 30 公克
檸檬汁 10 公克

1. 糖粉過篩。

2. 用電動打蛋器以最低速攪打蛋白，一邊逐次加入糖粉，直到整體混合均勻。

3. 加入檸檬汁並混合。蓋上保鮮膜避免接觸空氣。

PÂTE D'AMANDES
杏仁膏
—

大解密
Comprendre

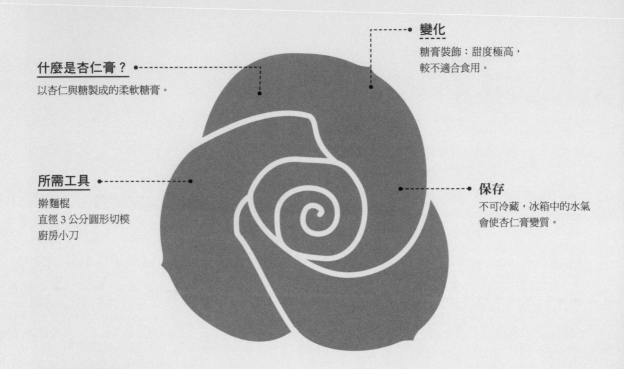

什麼是杏仁膏？
以杏仁與糖製成的柔軟糖膏。

變化
糖膏裝飾：甜度極高，
較不適合食用。

所需工具
擀麵棍
直徑 3 公分圓形切模
廚房小刀

保存
不可冷藏，冰箱中的水氣
會使杏仁膏變質。

杏仁膏的染色

在杏仁膏上撒少許食用色粉，揉至整體
色澤均勻。色粉請逐次少量加入。

擀製杏仁膏

使用太白粉可避免糖膏沾黏。在工作檯
上撒些太白粉，用擀麵棍將杏仁膏擀
成薄片。

裝飾慕斯蛋糕表面

將杏仁膏擀成 2 毫米的薄片。捲在擀
麵棍上，然後小心地放上蛋糕表面。展
開杏仁膏片，但不可壓按。用手修平表
面，然後慢慢將側邊往下輕壓至平整。
用另一隻手輔助糖膏片，避免產生皺
摺。用稍微沾濕的刷子清理多餘的太白
粉。最後用廚房小刀切除下襬多餘的糖
膏。

製作小招牌

將杏仁膏擀至 2 毫米厚。切割成尺寸約 12×8 公分的長方形。在長方形的邊上各切幾道 1 公分長的切口。將切口的角往內捲曲。以噴火槍上色（見 275 頁）。

捏製玫瑰

將杏仁膏擀至 2 毫米厚。用直徑 3 公分的圓形切模切出 7 片糖膏片。用湯匙將糖膏片壓得更薄些。用切片剩下的糖膏捏製花心。做成圓球狀後，其中一端捏尖。將圓形的那一端用手指捏成兩半，

但不捏斷，作成基座，使花心可以直立固定在工作檯上，讓裝置花瓣更容易。取兩片花瓣貼在花心上，幾乎要完全包覆住花心。輕壓底部使花心和花瓣密合，再裝上其他花瓣，每片花瓣要稍微錯開。輕捏玫瑰花底部使花瓣密合。用廚房小刀切去基座。

DÉCORS EN SUCRE
糖飾

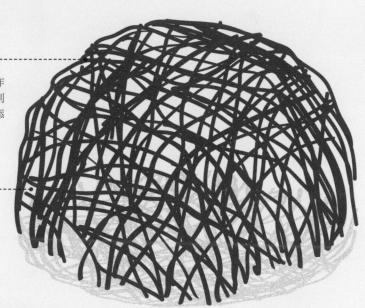

什麼是糖飾？
以傳統焦糖（濕式）製作
的甜點裝飾。乾式焦糖則
用來製作其他甜點，增添
焦糖風味。

保存
焦糖容易受潮，完
成後應盡快使用。

糖絲鳥籠

1. 廚房紙巾沾油，也在湯勺背面薄薄
的擦上一層油。

2. 製作傳統焦糖（見 48 頁）。當焦糖
開始變得有點濃稠時，用湯匙挖取焦
糖，在湯勺背面淋上細細的糖絲。重複
此步驟直到做出想要的效果。

3. 稍待片刻後，輕輕轉動糖絲鳥籠，
將之從湯勺取下。

網狀糖絲片

1. 製作傳統焦糖（見 49 頁）。

2. 用湯匙挖取焦糖，細細地重複交叉
淋在烘焙紙上，做出網狀糖絲片。待完
全凝固後使用。

拉絲榛果

1. 製作傳統焦糖（見 49 頁）。牙籤刺
入榛果固定。

2. 當焦糖開始轉為濃稠時，將榛果浸
入焦糖中。

3. 拉出榛果後，牙籤插在保麗龍板上
固定。待榛果冷卻，取下牙籤即完成。

DÉCORS EN CHOCOLAT
巧克力裝飾

大解密
Comprendre

什麼是巧克力裝飾？
以調溫巧克力製成的裝飾物，必須經過調溫手續，以便後續塑形，並使巧克力製成的裝飾表面平滑充滿光澤感。

所需工具
溫度計
一般調溫面板：大理石板
替代調溫面板：烤盤背面、
矽膠烤墊、調溫用塑膠片
（使用烘焙紙的話，巧克力
的表面較無光澤感）
抹刀
刀子
尺

保存
巧克力裝飾做好後應立即使用，或儲存在盒子裡，放在乾燥陰涼處。冰箱濕度太高，不宜冷藏保存。

表面霧霧的巧克力是不是代表變質了？
不是的，那是代表巧克力的調溫過程不理想。巧克力並沒有變質，但在手中較容易融化，儲存時也較容易變白。

使用微波爐加熱是否會影響巧克力的品質？
如果在融化時沒有過度加熱，微波爐並不會影響巧克力的品質。

巧克力調溫
為巧克力調溫可使巧克力的口感更滑順、表面富有光澤感、咬感清脆，拿在手中也不易融化。若巧克力沒有經過調溫，冷卻時外觀會不太均勻，並且有點變白，倒入模型中也無法脫模。
調溫必須遵循正確的溫度變化曲線（加熱－冷卻－加熱），才能使巧克力穩定。工作檯上鋪上保鮮膜。巧克力放入鋼盆中。

黑巧克力
隔水加熱融化巧克力，溫度控制在 50～55℃。準備另一個較大的鋼盆，裝入冷水，並在盆底放入一個中空塔模作為固定用。將裝有巧克力的鋼盆放入冷水盆中隔水冷卻：外層水盆中水的高度必須和內層巧克力的高度相當。用橡皮刮刀攪拌巧克力，將溫度降至 27 ～ 28℃。接著再將巧克力放回熱水鍋上，10秒鐘就離開鍋子一次，一邊攪拌（重複此步驟），使溫度慢慢上升至 31℃，不可超

過 32℃。完成後立即使用。若要維持溫度，可不時將巧克力放在熱水上加溫，使巧克力維持理想的溫度曲線。

牛奶巧克力
巧克力融化至 45～50℃，冷卻至 26～27℃，再次加熱至 29～30℃。

白巧克力
巧克力融化至 45～50℃，冷卻至 25～26℃，再次加熱至 28～29℃。

1 巧克力水滴

巧克力調溫。取一支湯匙,在調溫用塑膠片或烘焙紙放上分量約 1/2 匙的巧克力,然後用湯匙背面壓著巧克力並拉出線條,形成水滴狀。

2 巧克力木屑

巧克力調溫。用抹刀在烤盤背面塗上薄薄一層的巧克力。當巧克力開始結晶時(約需 30 分鐘),用刀鋒刮刨出木屑狀的巧克力,最好使用魚刀,或尖銳的小刀。也可用三角形的抹刀刮出巧克力細捲。

3 巧克力片

巧克力調溫。將巧克力淋在調溫用塑膠片上,用抹刀抹平至 2 公釐厚。當以手碰觸,巧克力已變得濃稠但尚未變硬時,就可以切割了。用廚房小刀切想要的形狀。之後在巧克力上鋪一張烘焙紙,然後放上烤盤,靜置讓巧克力結晶。待結晶後取下巧克力,並快速操作(巧克力板融化得很快)。

4 蛋糕圍邊

烤盤放入冷凍室 30 分鐘。隔水加熱巧克力至 40℃ 左右。從冷凍室取出烤盤,並快速地用抹刀塗上一層薄薄的巧克力。用廚房小刀和尺切出需要的尺寸,並立即使用在慕斯蛋糕上。

冰淇淋泡芙醬汁

大解密
Comprendre

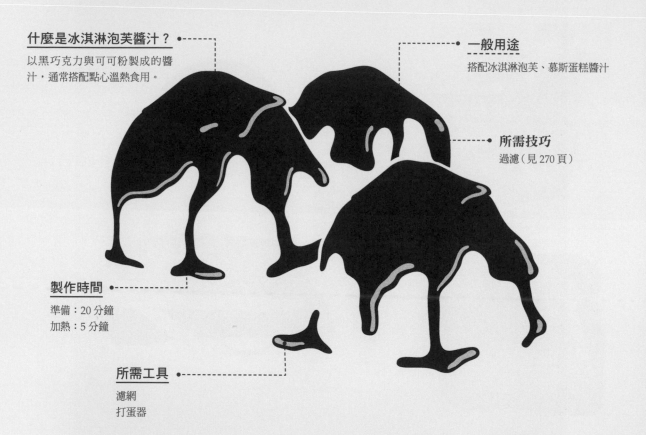

什麼是冰淇淋泡芙醬汁？
以黑巧克力與可可粉製成的醬
汁，通常搭配點心溫熱食用。

一般用途
搭配冰淇淋泡芙、慕斯蛋糕醬汁

所需技巧
過濾（見 270 頁）

製作時間
準備：20 分鐘
加熱：5 分鐘

所需工具
濾網
打蛋器

製作350公克的巧克力醬汁

水 150 公克
糖 50 公克
無糖可可粉 15 公克
黑巧克力 130 公克

水與糖放入鍋中煮至沸騰，加入可可粉並攪
打，再加入巧克力，續煮 2 分鐘，一邊以橡
皮刮刀混合。用濾網過濾。趁熱享用。

SAUCE CHOCOLAT AU LAIT
牛奶巧克力醬汁

大解密
Comprendre

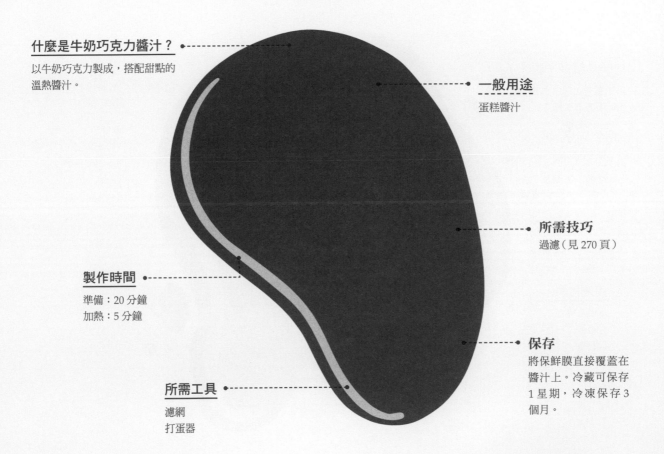

什麼是牛奶巧克力醬汁？
以牛奶巧克力製成，搭配甜點的
溫熱醬汁。

一般用途
蛋糕醬汁

所需技巧
過濾（見 270 頁）

製作時間
準備：20 分鐘
加熱：5 分鐘

保存
將保鮮膜直接覆蓋在
醬汁上。冷藏可保存
1 星期，冷凍保存 3
個月。

所需工具
濾網
打蛋器

製作330公克的牛奶巧克力醬汁

牛奶 150 公克
葡萄糖漿 30 公克
牛奶巧克力 150 公克

牛奶與葡萄糖漿放入鍋中煮至沸騰。加入牛
奶巧克力續煮 2 分鐘，一邊不停攪拌。攪打
至巧克力完全融化。過篩。趁熱使用。

COULIS FRAMBOISE
覆盆子醬汁

大解密
Comprendre

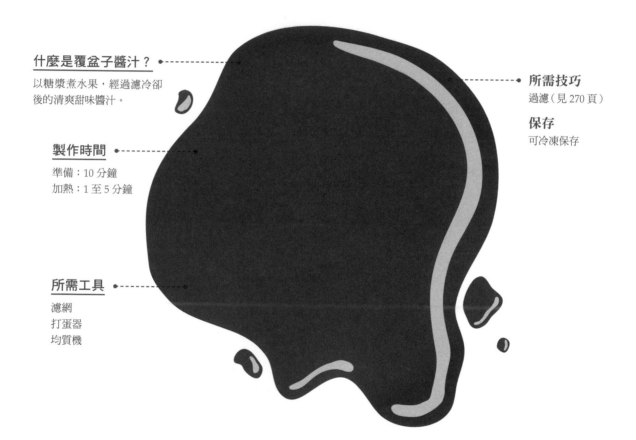

什麼是覆盆子醬汁？

以糖漿煮水果，經過濾冷卻
後的清爽甜味醬汁。

製作時間

準備：10 分鐘
加熱：1 至 5 分鐘

所需工具

濾網
打蛋器
均質機

所需技巧

過濾（見 270 頁）

保存

可冷凍保存

製作700公克的覆盆子醬汁

覆盆子 750 公克
糖 120 公克
水 100 公克

1. 水與糖放入鍋中煮至沸騰，加入覆盆
子續煮 1 分鐘，一邊以打蛋器攪拌。
2. 以均質機攪拌混合，並用濾網過濾即
完成。

SAUCE CARAMEL
焦糖醬

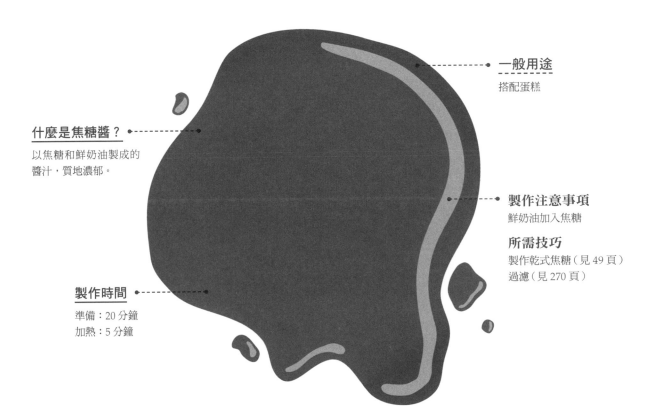

一般用途
搭配蛋糕

什麼是焦糖醬？
以焦糖和鮮奶油製成的
醬汁，質地濃郁。

製作注意事項
鮮奶油加入焦糖

所需技巧
製作乾式焦糖（見 49 頁）
過濾（見 270 頁）

製作時間
準備：20 分鐘
加熱：5 分鐘

為什麼要製作乾式焦糖？
乾式焦糖的風味比濕式焦糖更強烈，因
此更適合作為醬汁。

製作170公克的焦糖醬
糖 100 公克
液態鮮奶油（乳脂肪含量30%）100 公克
鹽花 2 公克

1. 製作乾式焦糖（見 49 頁）。當焦糖顏
色轉深時，鍋子離火，慢慢倒入鮮奶油，
每次倒入都必須混合均勻。小心焦糖和
鮮奶油會濺起。
2. 加入鹽花，繼續加熱，沸騰後續煮30
秒離火。以濾網過濾（見 270 頁）即完
成。

CHAPITRE 2
LES PÂTISSERIES
甜點製作

FORÊT-NOIRE
黑森林

大解密
Comprendre

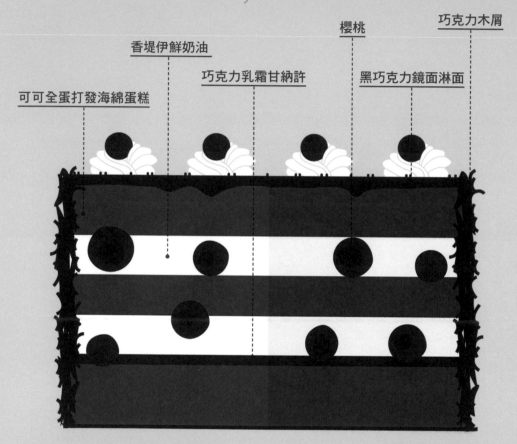

巧克力木屑

櫻桃

香堤伊鮮奶油

黑巧克力鏡面淋面

巧克力乳霜甘納許

可可全蛋打發海綿蛋糕

什麼是黑森林？

以可可全蛋打發海綿蛋糕、甘納許、香堤伊鮮奶油及酸櫻桃或義大利野櫻桃組成的多層次蛋糕。

製作時間

準備：2 小時
烘烤：15 至 25 分鐘
冷藏：30 分鐘
冷凍：40 分鐘

所需工具

長鋸齒刀
直徑 24 公分、高 5 公分的慕斯圈
Rhodoïd® 塑膠圍邊（軟塑膠片，可防止慕斯蛋糕脫模時沾黏在慕斯圈上）

變化

傳統黑森林裝飾：僅以香堤伊鮮奶油塗抹蛋糕外表，並撒滿巧克力木屑即可。

製作注意事項

海綿蛋糕的烘烤程度
淋面

所需技巧

刷防沾巧克力（見 280 頁）
刷酒糖液（見 278 頁）
擠花嘴裝飾（見 272 頁）
以巧克力木屑裝飾蛋糕外表（見 274 頁）

製作流程

酒糖液－全蛋打發海綿蛋糕－甘納許－香堤伊鮮奶油－組裝－淋面－巧克力木屑

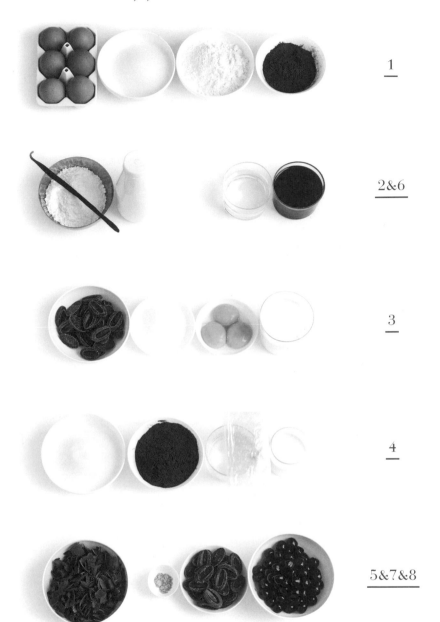

1

2&6

3

4

5&7&8

10人份

1. 可可全蛋海綿蛋糕

蛋 300 公克（6 顆）
糖 190 公克
麵粉 140 公克
可可粉 45 公克

2. 香堤伊鮮奶油

液態鮮奶油（乳脂肪含量
30%）400公克
糖粉 60 公克
香草莢 1 根

3. 乳霜甘納許

牛奶 250 公克
蛋黃 50 公克
糖 50 公克
黑巧克力 125 公克

4. 黑巧克力鏡面淋面

水 120 公克
鮮奶油 100 公克
糖 220 公克
苦可可粉 80 公克
吉利丁片 8 公克

5. 夾心

糖漬罐裝酸櫻桃 125 公克
義大利野櫻桃／酒釀櫻桃
125 公克

6. 櫻桃糖液

櫻桃罐頭糖漿 200 公克
糖 80 公克
水 80 公克

7. 防沾巧克力

烘焙用巧克力 30 公克

8. 裝飾

食用金粉、巧克力木屑（見
274 頁）

1. 製作櫻桃糖液：櫻桃罐頭糖漿與糖一起煮至沸騰後，靜置備用。預留 10 顆櫻桃作為裝飾。製作全蛋海綿蛋糕（見 33 頁），完成後靜置冷卻。烤盤鋪烘焙紙，將慕斯圈放在烤盤上，內側貼上一圈塑膠圍邊。

2. 用鋸齒長刀將海綿蛋糕橫剖為 3 等份。取一片海綿蛋糕，塗上防沾巧克力（見 280 頁），然後將塗有巧克力的那面朝下，放入慕斯圈中。

3. 蛋糕面刷上櫻桃糖液（見 278 頁）。

4. 製作乳霜甘納許（見 73 頁）。用橡皮刮刀或擠花袋將 250 公克的甘納許填入慕斯圈，並放上一半分量的櫻桃，輕壓櫻桃使之稍微陷入甘納許中。冷藏 30 分鐘，使甘納許凝固。

5. 在附擠花嘴的擠花袋中裝入 200 公克的香堤伊鮮奶油（見 63 頁），擠在甘納許上。放上第二片蛋糕片，再刷上櫻桃糖液。填入剩餘的香堤伊鮮奶油，放上另一半的櫻桃。

6. 放上第三片海綿蛋糕，刷上櫻桃糖液，預留 100 公克甘納許，其餘抹在海綿蛋糕上，並用抹刀整平表面（見 274 頁）。冷凍30 分鐘。

7. 製作黑巧克力鏡面淋面（見 77 頁），靜置降溫。取出黑森林蛋糕，拿掉慕斯圈及塑膠圍邊。將預留的 100 公克甘納許用抹刀塗抹在蛋糕側面，放回冷凍庫冷凍 30分鐘。網架下方放置烤盤，將黑森林放上網架，倒上黑巧克力鏡面淋面，並以抹刀輕輕刮平，留下薄薄一層巧克力淋面。冷凍 10 分鐘。

8. 收集剩餘的淋面，隔水加熱或微波重新融化後，裝入擠花袋中。取出黑森林蛋糕，在擠花袋的尖端剪一個小孔，在蛋糕表面擠上線條狀裝飾。蛋糕側面沾上巧克力木屑（見 274 頁），蛋糕表面用擠花袋做出 10 朵香堤伊鮮奶油花，放上預留的 10顆櫻桃。吹上食用金粉即完成。

FRAISIER
法式草莓蛋糕

大解密
Comprendre

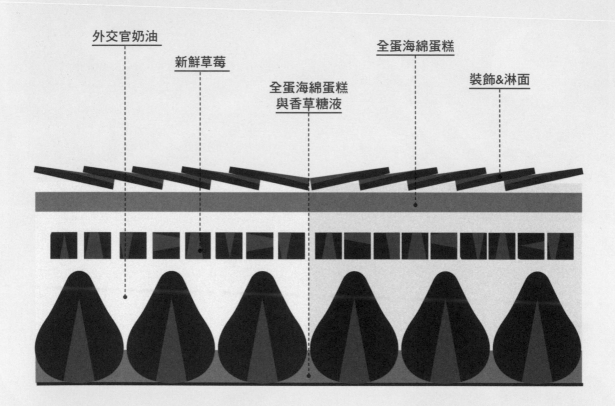

外交官奶油

新鮮草莓

全蛋海綿蛋糕
與香草糖液

全蛋海綿蛋糕

裝飾&淋面

什麼是法式草莓蛋糕？

以全蛋海綿蛋糕為底，加上外交官奶油與新鮮草莓做成的多層次蛋糕。

製作時間

準備：1.5 小時
烘烤：20 至 30 分鐘
冷藏：5 小時

所需工具

直徑 24 公分慕斯圈
Rhodoïd® 塑膠圍邊
附擠花嘴的擠花袋
12 號擠花嘴
抹刀

變化

傳統法式草莓蛋糕：慕斯林奶油、杏仁膏裝飾

製作注意事項

組裝

所需技巧

刷防沾巧克力（見 280 頁）
刷糖液（見 278 頁）
使用附擠花嘴的擠花袋（見 272 頁）

製作流程

卡士達醬－全蛋海綿蛋糕－糖液－外交官奶油－組裝－裝飾

10人份

1. 全蛋海綿蛋糕
蛋 200 公克（4 顆）
糖 125 公克
麵粉 125 公克

2. 外交官奶油
卡士達醬
牛奶 500 公克
蛋黃 100 公克
糖 120 公克
玉米粉 50 公克
奶油 50 公克
香草莢 1 根
打發鮮奶油

液態鮮奶油（乳脂肪含量
30%）200公克
吉利丁片 8 公克

3. 香草糖液
水 320 公克
糖 150 公克
香草莢 2 根

4. 防沾巧克力
巧克力 30 公克

5. 夾心
新鮮草莓 100 公克

6. 鏡面果膠
杏桃果醬或鏡面果膠 100 公克
水 1 湯匙

1. 製作香草糖液：香草莢縱剖，刮出香草籽，兩者一起放入鍋中，和水與糖一起煮至沸騰後熄火。

2. 製作外交官奶油的香草卡士達醬（見53頁）基底，完成後放置冷卻。用直徑24公分的慕斯圈製作全蛋海綿蛋糕，完成後靜置冷卻。製作外交官奶油（見69頁）。取15顆草莓，去掉蒂頭，縱切成兩半，作為草莓蛋糕外圍。

3. 海綿蛋糕橫剖為二。融化巧克力（防沾），塗在其中一片蛋糕的外層。

4. 慕斯圈放在鋪了烘焙紙的烤盤上，內側圍上塑膠圍邊。將步驟3塗了巧克力的海綿蛋糕片放入慕斯圈，巧克力面朝下。

擠花袋（使用12號擠花嘴）中填裝外交官奶油。在慕斯圈與海綿蛋糕片之間的縫隙擠上一條外交官奶油填滿。放上切半的草莓，切面緊貼慕斯圈內壁。

5. 海綿蛋糕刷上糖液（見278頁）。

6. 擠上外交官奶油，覆蓋草莓。用抹刀將草莓上的奶油沿著慕斯圈方向整平。

7. 將做為內餡的草莓切成小丁。在海綿蛋糕底上擠一層外交官奶油，鋪上草莓並輕壓。預留3大匙的外交官奶油留待頂層用，擠入剩下的奶油覆蓋草莓。

8. 第二片海綿蛋糕刷上糖液，然後疊在步驟7上。將剩下的外交官奶油塗在蛋糕表

面，並以抹刀整平。冷藏2小時，使蛋糕凝固。

裝飾

在鍋中放入杏桃果醬或鏡面果膠與1大匙水，稍微加熱。在蛋糕上淋薄薄一層鏡面果膠，以橡皮刮刀整平。拿掉慕斯圈，食用前再移去塑膠圍邊，以防草莓氧化。將剩下的草莓縱切薄片，排列成花型。最後刷上鏡面果膠保護草莓即完成。

OPÉRA
歐培拉

大解密
Comprendre

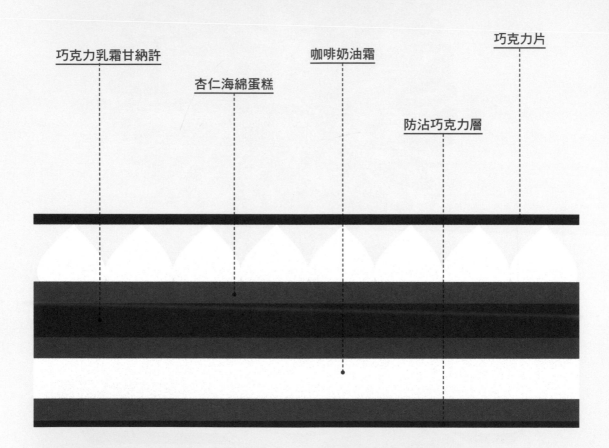

巧克力乳霜甘納許

杏仁海綿蛋糕

咖啡奶油霜

巧克力片

防沾巧克力層

什麼是歐培拉？

以杏仁海綿蛋糕、乳霜甘納許及咖啡奶油霜層疊而成，最後放上一片薄脆的巧克力片。

製作時間

準備：2 小時
烘烤：8 至 15 分鐘
冷藏：4 小時

所需工具

24×24 公分慕斯框
主廚刀
擠花袋（使用 8 號圓形擠花嘴）

變化

香草歐培拉：在糖液中加入 1 根香草莢與刮取出的籽及 20 公克香草精，以及在奶油霜中加入 1 根香草莢與刮取出的籽。

製作注意事項

組裝
擠花

所需技巧

塗防沾巧克力（見 280 頁）
隔水加熱（見 270 頁）
使用擠花袋（見 272 頁）

製作流程

糖液－杏仁海綿蛋糕－甘納許－奶油霜－巧克力片

16人份

1. 杏仁海綿蛋糕

基本麵糊

杏仁粉 200 公克
糖粉 200 公克
全蛋 300 公克
麵粉 30 公克

蛋白霜

蛋白 200 公克
細砂糖 30 公克

2. 巧克力乳霜甘納許

牛奶 200 公克
蛋黃 40 公克
糖 40 公克
黑巧克力 100 公克

3. 咖啡奶油霜

全蛋 200 公克（4 顆）
水 80 公克
糖 260 公克
軟化奶油 400 公克
咖啡濃縮液 60 公克

4. 咖啡糖液

水 320 公克
糖 150 公克
濃縮咖啡液 30 公克

5. 巧克力片

黑巧克力 200 公克

6. 防沾巧克力

烘焙用黑巧克力 30 公克

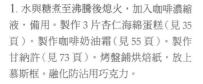

1. 水與糖煮至沸騰後熄火，加入咖啡濃縮液，備用。製作3片杏仁海綿蛋糕（見35頁）。製作咖啡奶油霜（見55頁）。製作甘納許（見73頁）。烤盤鋪烘焙紙，放上慕斯框。融化防沾用巧克力。

2. 切下一片尺寸和慕斯框一樣大的蛋糕片。塗上防沾巧克力（見280頁）後，巧克力面朝下放入慕斯框中。

3. 蛋糕刷上溫熱咖啡糖液（見278頁），讓蛋糕吸飽糖液，手指按壓時會稍微滲出的程度。

4. 將450公克的咖啡奶油霜用抹刀塗在蛋糕片上。

5. 切下第二片蛋糕片，疊上奶油霜層，並刷上糖液。用抹刀塗上甘納許。

6. 切下最後一片蛋糕，疊在甘納許上，刷上糖液（見278頁）。放入冰箱冷藏2小時。取出，邊緣修整切整齊。剩餘的咖啡奶油霜填入擠花袋，在蛋糕層上擠滿奶油花。

7. 隔水加熱（見270頁）融化巧克力片，然後塗平在大理石檯面上。

8. 將巧克力切成 11x2.5 公分的長方片（見87頁）。

最後裝飾

主廚刀浸入熱水，將歐培拉切塊（11x2.5公分）。每塊歐培拉上擺一片巧克力片即完成。

L'opéra

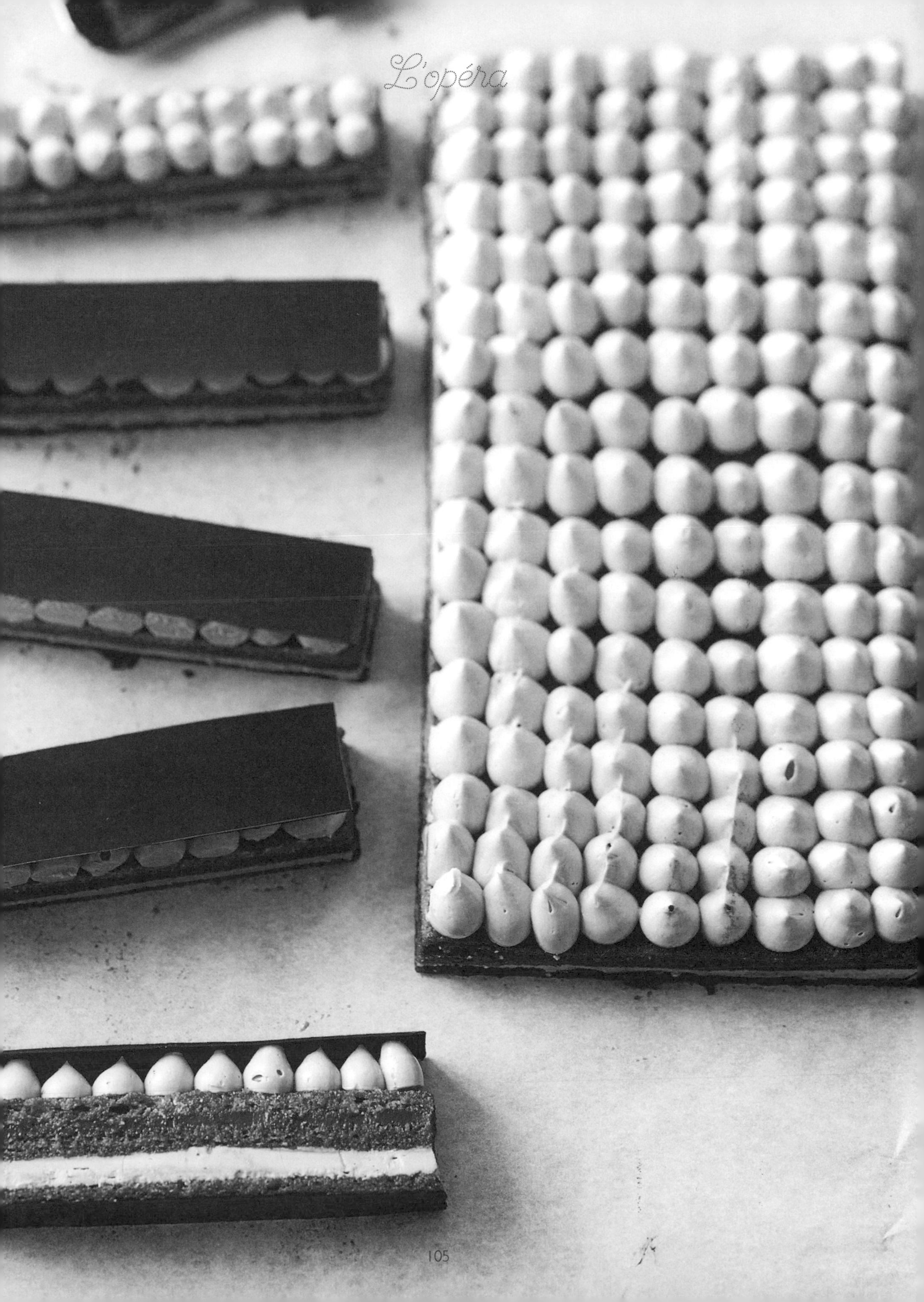

MOKA
摩卡蛋糕

大解密
Comprendre

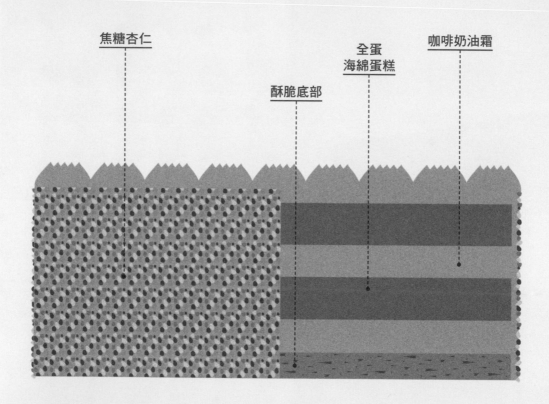

焦糖杏仁

酥脆底部

全蛋
海綿蛋糕

咖啡奶油霜

什麼是摩卡蛋糕？

以全蛋海綿蛋糕與奶油霜，加上酥脆的
底部，表面鋪滿焦糖杏仁的蛋糕。

製作時間

準備：1.5 小時
烘烤：35 分鐘至 1 小時
靜置：4 小時

所需工具

直徑 24 公分慕斯圈 2 個
擠花袋

鋸齒擠花嘴
Rhodoïd® 塑膠圍邊
鋸齒刀

變化

經典摩卡蛋糕：將酥脆的底部換成海綿
蛋糕。
巧克力摩卡蛋糕：以 30 公克的可可粉
取代濃縮咖啡液加入海綿蛋糕糊中，並
在奶油霜中加入 150 公克融化的巧克
力。

製作注意事項

奶油霜的溫度
蛋糕浸潤糖液

所需技巧

製作糖漿（見 278 頁）
烘烤堅果（見 281 頁）
隔水加熱（見 270 頁）
蛋糕塗刷糖液（見 278 頁）

製作流程

酥脆碎粒－酥脆底部－全蛋海綿蛋糕－
咖啡奶油霜－組裝

1

2

3

4&5

10人份

1. 全蛋海綿蛋糕

全蛋 200 公克（4 顆）
糖 125 公克
麵粉 125 公克

2. 咖啡奶油霜

全蛋 300 公克（6 顆）
水 120 公克

糖 420 公克
軟化奶油 600 公克
濃縮咖啡液 30 公克

3. 咖啡糖漿

水 320 公克
糖 150 公克
咖啡濃縮液 30 公克

4. 酥脆底部

杏仁粉 50 公克
奶油 50 公克
麵粉 50 公克
糖 50 公克
白巧克力 60 公克
巴芮脆片或法式薄
捲餅碎片 30 公克
榛果粉 20 公克

帕林內 30 公克

5. 焦糖杏仁

杏仁角 200 公克
水 20 公克
糖 20 公克

1. 製作咖啡糖漿：水與糖一起煮至沸騰後熄火，加入咖啡濃縮液，備用。製作焦糖杏仁：以160℃預熱烤箱，水與糖放在鍋中煮至沸騰，熄火，稍微降溫後，倒在杏仁角上。烤盤鋪烘焙紙，放上裹滿糖漿的杏仁，烘烤15至25分鐘，中途需不時翻動，烘烤至金黃，取出冷卻。製作酥脆底部：以160℃預熱烤箱。用手將杏仁粉、糖、麵粉及奶油混合後搓成細砂狀的酥粒。烤盤鋪烘焙紙，放上一層薄薄的酥粒，烘烤15至20分鐘，中途以橡膠刮刀混合幾次。烘烤至金黃即可取出烤箱，靜置冷卻。

2. 以160℃的烤箱烘烤榛果粉約15分鐘（見281頁）。隔水加熱融化白巧克力後，加入帕林內、烘烤過的榛果粉、巴芮脆片

及酥脆碎粒，並以橡皮刮刀混合均勻。

3. 烤盤鋪上烘焙紙。將直徑24公分的慕斯圈內側鋪上塑膠圍邊，放在烤盤上。將尚未冷卻的酥脆碎粒倒入慕斯圈，以抹刀整平厚度，冷藏。

4. 用直徑24公分的慕斯圈製作全蛋海綿蛋糕（見33頁），完成後靜置冷卻。製作奶油霜：完成後加入咖啡濃縮液（見54頁）。用長鋸齒刀將海綿蛋糕的頂部切除修平，幫助蛋糕吸收糖漿。接著將蛋糕橫剖為二。

5. 將400公克的咖啡奶油霜鋪在酥脆底部上，用抹刀抹平。疊上一片海綿蛋糕，並刷上糖液（見278頁）。重複此步驟，蛋糕層上塗抹400公克咖啡奶油霜，再疊上第

二片蛋糕，刷上糖漿。

6. 取剩餘的咖啡奶油霜的一半分量，填入裝有鋸齒擠花嘴的擠花袋中。將剩餘的另一半咖啡奶油霜用橡皮刮刀塗在蛋糕外表：抹平蛋糕表面，拿掉慕斯圈與塑膠圍邊，並用抹刀將奶油霜塗在蛋糕側面（見274頁）。用鋸齒擠花嘴在蛋糕表面擠出波浪狀花紋裝飾（見273頁）。

7. 用焦糖杏仁裝飾蛋糕側面，手法與裝飾巧克力木屑相同（見274頁）。

巧克力三重奏

大解密
Comprendre

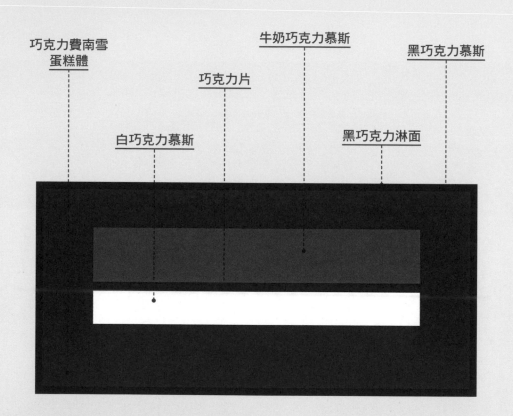

巧克力費南雪
蛋糕體

牛奶巧克力慕斯

黑巧克力慕斯

巧克力片

白巧克力慕斯

黑巧克力淋面

什麼是巧克力三重奏？

一種以巧克力費南雪蛋糕體為底的蛋糕，加上三種不同的巧克力慕斯（黑巧克力、牛奶巧克力、白巧克力）並在每層慕斯之間夾入薄脆的巧克力片。

製作時間

準備：2 小時
烘烤：15 分鐘
冷凍：至少 6 小時

所需工具

12×24 公分慕斯框
8×22 公分磅蛋糕烤模
網架
抹刀

製作注意事項

製作英式蛋奶醬
中間夾入的慕斯層必須確實冷凍以便操作
製作巧克力片

所需技巧

隔水加熱（見 270 頁）
吉利丁片泡水軟化（見 270 頁）
製作巧克力片（見 87 頁）

製作流程

海綿蛋糕－夾心慕斯層（牛奶巧克力慕斯、白巧克力慕斯、巧克力片）－黑巧克力慕斯－淋面

4

6

5

3

1

2

4

8至10人份

1. 巧克力費南雪

杏仁粉 75 公克
糖粉 60 公克
蛋白 110 公克
液態鮮奶油 30 公克
玉米粉 6 公克
黑巧克力 30 公克

2. 防沾巧克力

黑巧克力 30 公克

3. 英式蛋奶醬

液態鮮奶油 105 公克
牛奶 105 公克
蛋黃 40 公克
糖 25 公克

4. 巧克力慕斯

基底
黑巧克力 175 公克
牛奶巧克力 90 公克
白巧克力 80 公克
吉利丁片 1 公克
打發鮮奶油
鮮奶油（乳脂肪含量 30%）
375 公克

5. 黑巧克力鏡面淋面

水 240 公克
鮮奶油（乳脂肪含量 30%）
200 公克
糖 440 公克
苦可可粉 160 公克
吉利丁片 16 公克

6. 巧克力片

黑巧克力 150 公克

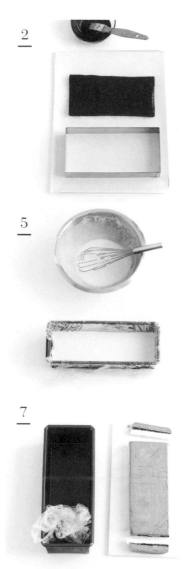

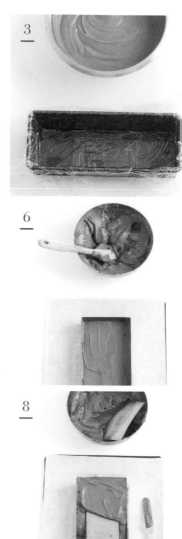

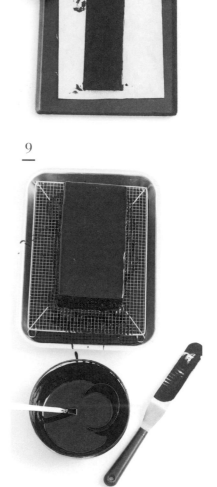

1. 以 180℃ 預熱烤箱。製作蛋糕體：隔水加熱融化巧克力。另取一個鋼盆，放入杏仁粉、糖粉及玉米粉。加入蛋白與液態鮮奶油，以橡皮刮刀混合，再加入融化的巧克力。烤盤鋪上烘焙紙，放上 12x24 公分慕斯框，倒入蛋糕糊。烘烤 14 分鐘，取出靜置冷卻，並移除慕斯框。

2. 隔水加熱防沾巧克力。將蛋糕放在烘焙紙上，撕去底部烘焙紙後塗上巧克力。烤盤鋪烘焙紙，放上慕斯框。待蛋糕底部的防沾巧克力凝固後，將巧克力面朝下放入慕斯框。

3. 磅蛋糕烤模內鋪上保鮮膜。製作夾心慕斯餡：先製作英式蛋奶醬（見 61 頁）。再隔水加熱融化牛奶巧克力，巧克力融化後，

拌入 55 公克的英式蛋奶醬。以香堤伊鮮奶油的手法打發鮮奶油（見 63 頁），並在牛奶巧克力糊中拌入 30 公克的打發鮮奶油，以打蛋器混合均勻，再倒入 45 公克的打發鮮奶油，以橡皮刮刀拌勻，倒入磅蛋糕模，冷凍 30 分鐘。

4. 製作 20x7 公分，厚 9 毫米的巧克力片（見 87 頁）。冷凍 30 分鐘使之凝固。

5. 吉利丁片泡水軟化（見 270 頁）。隔水加熱融化白巧克力。吉利丁片瀝乾水分，加入融化的白巧克力中，以打蛋器攪拌均勻。以步驟 3 的方式製作白巧克力慕斯。取出磅蛋糕模，在牛奶巧克力慕斯層上放巧克力片，接著倒入白巧克力慕斯。冷凍 2 小時，冷凍隔夜更佳。

6. 慕斯冷凍時，以同樣方式製作黑巧克力慕斯，加入剩餘打發鮮奶油的一半分量，以打蛋器混合，再加入另一半，以橡皮刮刀混合。在蛋糕上注入三分之一黑巧克力慕斯，冷凍 30 分鐘。

7. 取出蛋糕底／黑巧克力與冷凍的牛奶／白巧克力夾心。必要時可將冷凍夾心修整成 8x22 公分。將冷凍夾心層放在黑巧克力慕斯上。

8. 注入剩餘的黑巧克力慕斯，冷凍 2 小時。

9. 製作黑巧克力鏡面淋面（見 76 頁），降溫。從冷凍庫中取出慕斯蛋糕，脫模。在網架下放置烤盤，慕斯蛋糕放在網架上。淋上黑巧克力淋面。用抹刀將表面抹薄（見 280 頁）即完成。

ENTREMETS CARAMEL
焦糖慕斯蛋糕

大解密

Comprendre

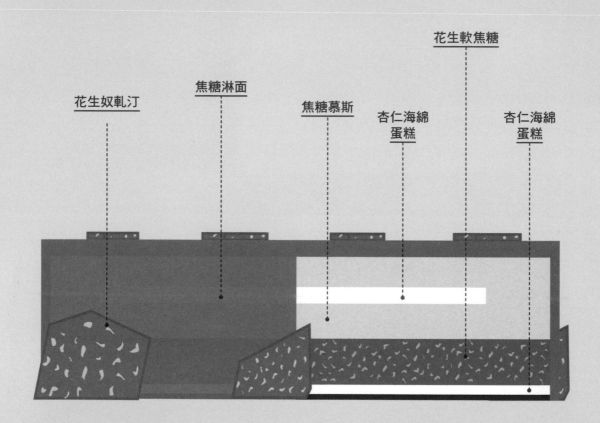

花生軟焦糖

花生奴軋汀

焦糖淋面

焦糖慕斯

杏仁海綿
蛋糕

杏仁海綿
蛋糕

什麼是焦糖慕斯蛋糕？

以杏仁海綿蛋糕、花生軟焦糖、焦糖慕斯組成的蛋糕，表面淋上焦糖淋面，並撒上花生奴軋汀。

製作時間

準備：2 小時
烘烤：15 分鐘
冷凍：至少 6 小時

所需工具

直徑 18 公分慕斯圈
直徑 24 公分慕斯圈
Rhodoïd® 塑膠圍邊
溫度計
網架
抹刀

製作注意事項

製作焦糖

所需技巧

製作乾式焦糖（見 49 頁）
使用附擠花嘴的擠花袋（見 272 頁）

製作流程

軟焦糖－杏仁海綿蛋糕－慕斯－淋面－
奴軋汀

動手做
Apprendre

1

2

6

3

4

5

8人份

I. 杏仁海綿蛋糕

蛋糕麵糊

全蛋 100 公克（2 顆）
杏仁粉 70 公克
糖粉 70 公克
麵粉 10 公克

蛋白霜

蛋白 70 公克
糖 10 公克

2. 花生軟焦糖

糖 100 公克
葡萄糖漿 50 公克
液態鮮奶油（乳脂肪含量
30%）130 公克
奶油 70 公克
鹽烤花生 130 公克

3. 焦糖慕斯

炸彈蛋黃霜

糖 130 公克
水 40 公克

蛋黃 100 公克

焦糖

糖 100 公克
液態鮮奶油（乳脂肪含量
30%）130 公克
鹽花 5 公克
吉利丁片 10 公克

打發鮮奶油

液態鮮奶油（乳脂肪含量
30%）250 公克

4. 焦糖淋面

葡萄糖漿 90 公克

糖 175 公克
吉利丁片 10 公克
奶油 40 公克
杏桃果膠 250 公克

5. 奴軋汀

切碎的鹽烤花生 65 公克
白翻糖 75 公克
葡萄糖漿 65 公克

6. 防沾巧克力

黑巧克力 30 公克

1. 製作花生軟焦糖：用食物調理機將花生稍微打碎。製作乾式焦糖（見 49 頁）。焦糖顏色轉深時，離火加入一些鮮奶油，混合均勻後，再加入一些，攪拌均勻，重複此步驟直到鮮奶油全部加入焦糖中。加入奶油，接著加入碎花生。烤盤鋪烘焙紙，擺上 24 公分的慕斯圈，並將焦糖倒入慕斯圈中，冷凍至少 2 小時。

2. 製作杏仁海綿蛋糕（見 35 頁）。軟焦糖脫模，放回冷凍庫。洗淨慕斯圈。蛋糕完成冷卻後，切下直徑 18 公分與直徑 24 公分的蛋糕圓片各一。融化防沾巧克力，塗在 24 公分的圓片上。

3. 在 24 公分的慕斯圈內側圍圍塑膠圍邊，放在鋪烘焙紙的烤盤上，再放入塗了防沾巧克力的蛋糕，巧克力面朝下，再將軟焦糖疊上蛋糕。

4. 製作焦糖慕斯：吉利丁片泡水軟化（見 270 頁）。製作乾式焦糖（見 49 頁）。當焦糖顏色轉深時，離火倒入鮮奶油，用打蛋器混合均勻。吉利丁片瀝乾水分，加入焦糖中，用濾網過濾後加入鹽花，靜置冷卻至室溫。

5. 以製作香堤伊鮮奶油（見 63 頁）的方式打發 250 公克的鮮奶油。製作炸彈蛋黃霜（見 59 頁）。將三分之一的打發鮮奶油加入焦糖中，並用打蛋器攪拌均勻，接著加入炸彈蛋黃霜，小心地以橡皮刮刀混合。加入剩餘的打發鮮奶油，並繼續以刮刀小心混拌至均勻。

6. 在軟焦糖上倒一層慕斯，接著放上小片的海綿蛋糕圓片，置於中央，再倒入剩餘的慕斯覆蓋蛋糕片，冷凍至少 2 小時，隔夜更佳。

7. 製作焦糖淋面：吉利丁片泡水軟化（見 270 頁）。以糖與葡萄糖漿製作乾式焦糖（見 49 頁）。焦糖顏色轉深時，離火加入杏桃果膠，以打蛋器拌均，再加入奶油。吉利丁片瀝乾水分放入淋面中，用均質機混合均勻後過濾，冷卻至 40℃。取出慕斯蛋糕，脫去慕斯圈與塑膠圍邊，將蛋糕放在網架上，下方放烤盤，再將焦糖淋面淋在蛋糕上，用抹刀整平（見 274 頁）。

8. 製作奴軋汀（見 51 頁），用擀麵棍壓碎成塊後，放在蛋糕側面與表面即完成。

TIRAMISU
提拉米蘇

大解密

Comprendre

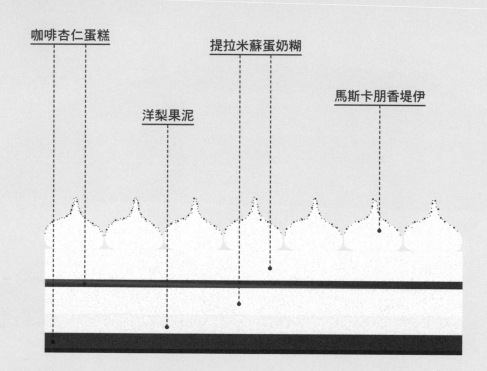

咖啡杏仁蛋糕

提拉米蘇蛋奶糊

洋梨果泥

馬斯卡朋香堤伊

什麼是提拉米蘇？

以咖啡杏仁蛋糕、提拉米蘇蛋奶糊及洋
梨果泥組成的慕斯蛋糕。

製作時間

準備：2 小時
烘烤：15 至 25 分鐘
冷凍：4.5 小時

所需工具

12×24 公分慕斯框
食物調理機
附球狀攪拌器的桌上型攪拌機，或均質
機
擠花袋
V 字擠花嘴

製作注意事項

組裝

所需技巧

使用 V 字擠花嘴（見 273 頁）

訣竅

可省略洋梨果泥層，製作較快速的版
本。

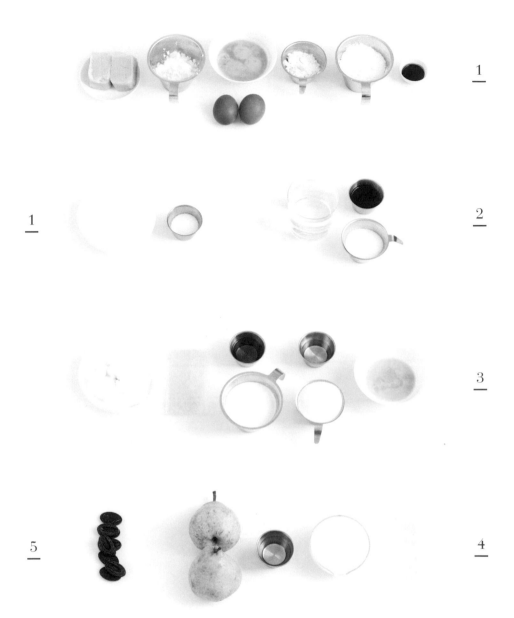

6至8人份

1. 咖啡杏仁蛋糕

50% 生杏仁膏 75 公克

糖粉 45 公克

蛋黃 40 公克

全蛋 50 公克

玉米粉 30 公克

麵粉 15 公克

咖啡濃縮液 10 公克

法式蛋白霜

蛋白 125 公克

糖 20 公克

2. 咖啡糖液

水 320 公克

糖 150 公克

咖啡濃縮液 30 公克

3. 提拉米蘇蛋奶糊

馬斯卡朋 375 公克

吉利丁片 6 公克

液態鮮奶油（乳脂肪含量 30%）225 公克

瑪薩拉酒 30 公克

炸彈蛋黃霜

水 30 公克

糖 110 公克

蛋黃 70 公克

4. 洋梨果泥

洋梨 400 公克

水 30 公克

糖 60 公克

吉利丁片 6 公克

5. 防沾巧克力

黑巧克力 30 公克

6. 裝飾

可可粉 30 公克

1. 製作咖啡杏仁蛋糕：以180℃預熱烤箱。用食物調理機混合杏仁膏、蛋黃及全蛋後，倒入桌上型攪拌器的鋼盆中。加入糖粉，攪打數分鐘，直到整體變得鬆軟。加入咖啡濃縮液，慢慢攪打至均勻，倒入備料鋼盆中。

2. 製作法式蛋白霜（見43頁）。將三分之一的蛋白霜倒入步驟1，並用橡皮刮刀小心地混合。加入已過篩的麵粉及玉米粉，用刮刀拌勻。倒入剩餘的蛋白霜，並用刮刀混合均勻。

3. 將麵糊倒在鋪了烘焙紙的烤盤上，以抹刀抹平表面。烘烤15至25分鐘後取出冷卻。

4. 洋梨削皮切成2公分立方的小丁，和水

與糖放入鍋中。吉利丁片泡水軟化（見270頁）。大火加熱洋梨與糖水，煮至水分收乾，洋梨幾乎像糖漬一般，中途不時用刮刀攪拌。瀝乾吉利丁片水分，放入洋梨中混合。

5. 切下兩片和慕斯框一樣大的咖啡杏仁蛋糕。隔水加熱融化防沾巧克力。製作咖啡糖液：水和糖煮至沸騰後熄火，加入咖啡濃縮液。準備一個12x24公分的慕斯框，放在鋪了烘焙紙的烤盤上。取一片蛋糕，塗上防沾巧克力醬。

6. 蛋糕片放入慕斯框中，巧克力面朝下。刷上糖液（見278頁）。將洋梨果泥平均鋪在蛋糕層上，用刮刀整平。冷凍3小時，讓果泥凝固。

7. 製作提拉米蘇蛋奶糊：吉利丁片泡冷水軟化。用電動攪拌器打發馬斯卡朋與鮮奶油。冷藏備用（先預留210公克，加入糖粉，做表面擠花裝飾用）。製作炸彈蛋黃霜（見59頁）。瑪薩拉酒稍微加熱後，放入瀝乾水分的吉利丁片。將瑪薩拉酒小心地拌入打發的馬斯卡朋鮮奶油中，加入三分之一的炸彈蛋黃霜，用打蛋器混合，接著倒入剩餘的蛋黃霜，用刮刀小心地拌勻。

8. 用刮刀將250公克的提拉米蘇蛋奶糊抹在洋梨果泥層上，冷凍30分鐘。放上第二片吸飽咖啡糖液的蛋糕（見278頁）。倒入剩餘的提拉米蘇蛋奶糊，冷凍1小時。

9. 移去慕斯框。用V字擠花嘴在提拉米蘇表面擠花裝飾，撒上可可粉即完成。

Le tiramisu

榛果巧克力慕斯蛋糕

大解密
Comprendre

檸檬皮絲

巧克力片

巧克力香堤伊

檸檬姜杜亞乳霜

巧克力蛋糕

脆餅

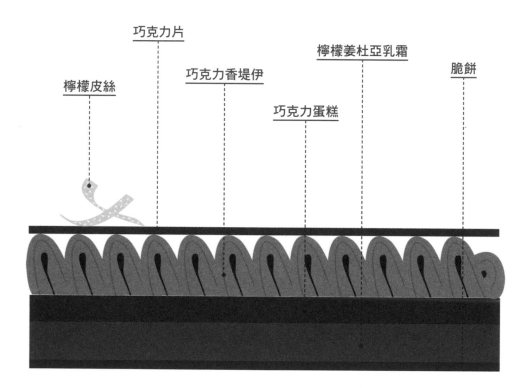

什麼是榛果巧克力慕斯蛋糕？

脆餅為底，加上榛果巧克力與檸檬，配
上巧克力香堤伊的慕斯蛋糕。

為什麼巧克力香堤伊比傳統香
堤伊鮮奶油要容易結塊？

結塊有時候是和巧克力冷卻後的結晶有
關。充分混合材料讓巧克力的乳化狀態
維持穩定，就可避免結塊。

製作時間

準備：2 小時
烘烤：15 分鐘
靜置：4 小時

所需技巧

使用附擠花嘴的擠花袋（見 272 頁）
隔水加熱（見 270 頁）
製作焦糖（見 49 頁）

所需工具

24×24 慕斯框
擠花袋

8 號鋸齒擠花嘴
牙籤
保麗龍塊
彎形抹刀
主廚刀

製作注意事項

巧克力香堤伊

製作流程

檸檬皮絲－香堤伊－無麩質巧克力蛋
糕－巧克力脆餅－姜杜亞乳霜－組裝－
焦糖榛果片

12份獨立的蛋糕
（12×12公分）

1. 巧克力脆餅

巴芮脆片／薄捲餅碎片
（crepe dentelle 碎片）215
公克
帕林內 370 公克
黑巧克力 150 公克

2. 姜杜亞乳霜

帕林內 120 公克

黑巧克力 120 公克
檸檬汁 100 公克（約 6 顆）
液態鮮奶油（乳脂肪含量
30%）50 公克

3. 無麩質巧克力海綿蛋糕

巧克力蛋糕糊
奶油 40 公克
66% 巧克力 140 公克
普羅旺斯產區 50% 杏仁膏
70 公克

蛋黃 30 公克
法式蛋白霜
蛋白 160 公克
糖 60 公克

4. 巧克力香堤伊

液態鮮奶油（乳脂肪含量
30%）500 公克
牛奶巧克力 200 公克

5. 巧克力片

黑巧克力 200 公克

6. 糖漬檸檬皮絲

水 100 公克
糖 130 公克
檸檬 2 顆

7. 拉絲榛果

去皮榛果 150 公克
水 50 公克
糖 200 公克
葡萄糖漿 40 公克

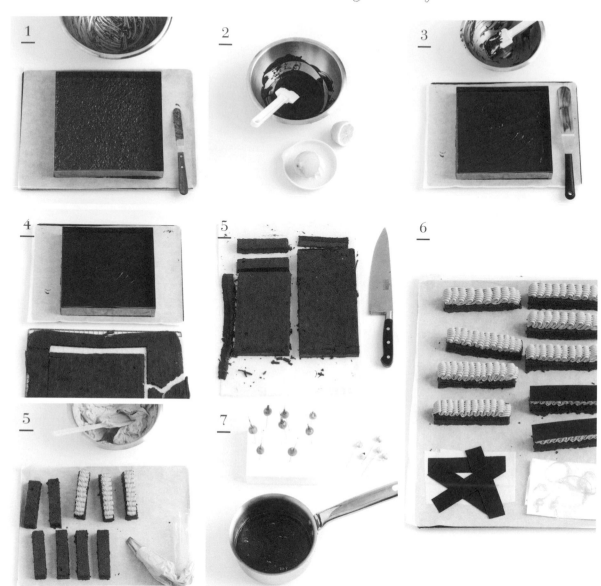

1. 製作無麩質巧克力蛋糕（見 41 頁）。製作巧克力脆餅：隔水加熱融化巧克力（見 270 頁）。在桌上型攪拌機的攪拌缸中放入薄捲餅碎片與帕林內，用漿狀攪拌器低速攪拌，混合均勻後，倒入融化的巧克力，繼續攪拌至均勻。將 24x24 公分的慕斯框放在鋪有烘焙紙的烤盤上，倒入混合完成的巧克力脆餅。

2. 製作姜杜亞乳霜：隔水加熱融化黑巧克力。揉捏檸檬後榨汁。帕林內與融化的巧克力放入鋼盆中，用橡皮刮刀拌勻。鮮奶油加熱後倒入巧克力醬中，最後倒入檸檬汁，混合均勻。

3. 姜杜亞乳霜倒在脆餅上，冷藏 30 分鐘凝固。

4. 從冰箱中取出半成品，移除慕斯框。裁切一片尺寸和慕斯框一樣的無麩質巧克力海綿蛋糕。將蛋糕片疊上乳霜層，放入冰箱冷藏。

5. 製作巧克力香堤伊：鮮奶油煮至沸騰。巧克力放在鋼盆中，倒入煮開的鮮奶油，並用打蛋器混合。倒入容器中，保鮮膜直接覆蓋在巧克力香堤伊上，冷藏一晚以確保香堤伊的溫度夠低。用主廚刀將慕斯蛋糕切成 12x2 公分的尺寸並稍微分開，使每塊蛋糕之間有些許距離。從冰箱中取出巧克力鮮奶油，以製作香堤伊鮮奶油（見 63 頁）的方式打發。擠花袋裝上 8 號鋸齒擠花嘴，填入巧克力香堤伊，擠花裝飾蛋糕表面（見 272 頁）。

6. 製作 12 份尺寸為 12x2 公分的巧克力片（見 87 頁）。製作糖漬檸檬皮絲（見 281 頁），完成後打結做出花樣。

7. 製作拉絲榛果。先煮焦糖（見 49 頁）。牙籤插入榛果。焦糖開始轉為濃稠時，榛果沾浸焦糖，然後插在保麗龍塊上凝固，之後取下牙籤。將巧克力片放在蛋糕上，再平均放上榛果與檸檬皮絲作為裝飾。

CŒUR GRIOTTES DÔME
櫻桃圓頂慕斯

大解密
Comprendre

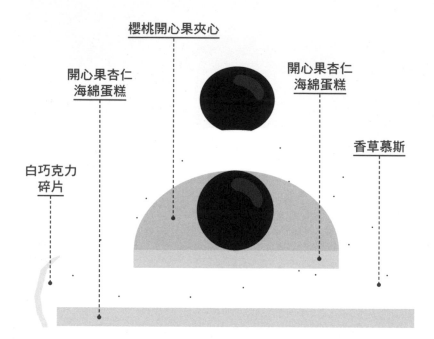

櫻桃開心果夾心

開心果杏仁
海綿蛋糕

開心果杏仁
海綿蛋糕

香草慕斯

白巧克力
碎片

什麼是櫻桃圓頂慕斯？

以圓頂造型的模子製成的慕斯蛋糕，以
鬆軟的開心果杏仁海綿蛋糕為底，加上
香草慕斯及櫻桃開心果夾心。

製作時間

準備：2 小時
烘烤：1 小時
冷凍：至少 6 小時

所需工具

多連半圓矽膠模 2 個（直徑 8 公分與 3
公分各一）
直徑 7 公分圓形切模
直徑 3 公分圓形切模
擠花袋
網架

變化

經典圓頂慕斯蛋糕：巧克力慕斯，香
草夾心（以 1 根香草莢與籽取代開心果
醬）。

製作注意事項

組合

所需技巧

打發蛋黃（見 279 頁）
吉利丁片泡水軟化（見 270 頁）
塗防沾巧克力（見 280 頁）
使用擠花袋（見 272 頁）

製作流程

夾心－海綿蛋糕－慕斯－組合－淋面－
巧克力裝飾

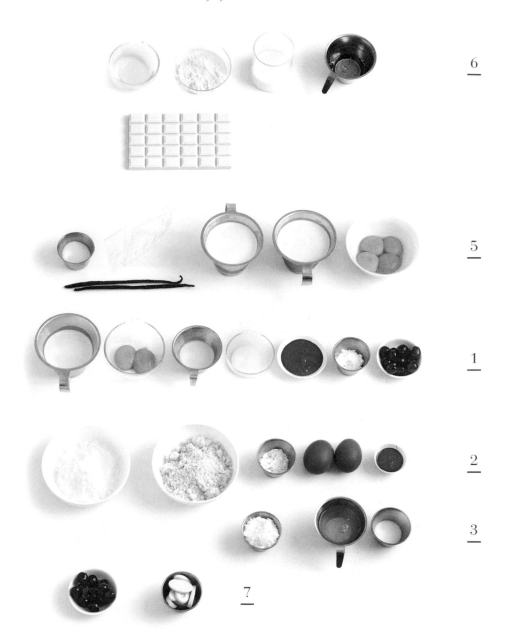

6個圓頂慕斯蛋糕

1. 櫻桃開心果夾心

液態鮮奶油（乳脂肪含量
30%）60公克
牛奶 20 公克
糖 8 公克
玉米粉 3 公克
蛋黃 20 公克
開心果醬 10 公克
酸櫻桃或酒釀櫻桃 6 顆

2. 開心果杏仁海綿蛋糕

杏仁粉 70 公克
糖粉 70 公克
蛋 100 公克（2 顆）
麵粉 10 公克
開心果醬 10 公克
裝飾用糖粉 30 公克

3. 蛋白霜

蛋白 70 公克
糖 10 公克

4. 防沾巧克力

白巧克力 30 公克

5. 香草慕斯

英式蛋奶醬
液態鮮奶油 180 公克
香草莢 2 根
蛋黃 60 公克
糖 30 公克
吉利丁片 5 公克
打發鮮奶油
液態鮮奶油（乳脂肪含量
30%）180 公克

6. 白色鏡面淋面

牛奶 60 公克
葡萄糖漿 25 公克
吉利丁片 3 公克
白巧克力 150 公克
水 15 公克
鈦白粉（食用二氧化鈦）4 公
克

7. 裝飾

義大利酒釀櫻桃 6 顆
白巧克力 50 公克

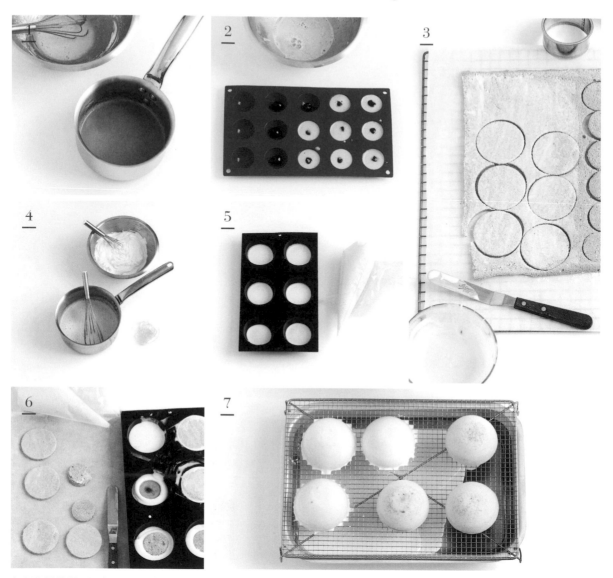

1. 製作櫻桃開心果夾心：以90℃預熱烤箱。蛋黃放入鋼盆，與糖及玉米粉一起打發（見279頁）。在另一鍋中放入牛奶、鮮奶油及開心果醬，一邊加熱一邊用打蛋器攪拌。沸騰後倒入打發的蛋黃中，攪打均勻。

2. 取3公分的多連半圓矽膠模，每格放入一顆櫻桃，再注入開心果奶蛋糊，烤20至30分鐘。搖動烤盤時，奶蛋糊不會晃動就代表烤熟。靜置冷卻至室溫後，冷凍至少3小時以便脫模。

3. 以190℃預熱烤箱。製作杏仁海綿蛋糕（見35頁）的麵糊。取出30公克的麵糊，加入開心果醬混合均勻後倒回麵糊中，以橡皮刮刀混合。烤盤鋪烘焙紙，將蛋糕麵糊均勻地倒在烤盤中，以抹刀整平表面後

烘烤10分鐘。將蛋糕放在網架上冷卻。取一張烘焙紙，撒上糖粉後，將蛋糕在其上倒扣脫模，並撕去烘焙紙。用圓形切模切出6個直徑7公分及6個直徑3公分的蛋糕片。隔水加熱融化防沾用白巧克力，然後將巧克力刷在7公分的蛋糕片上（見280頁）。

4. 製作香草慕斯：吉利丁片泡水軟化（見270頁）。製作英式蛋奶醬（見61頁）。吉利丁片瀝乾，放入英式蛋奶醬中以打蛋器拌勻後，用濾網過濾，保鮮膜直接覆蓋在蛋奶醬表面，靜置冷卻至室溫。以製作堤伊鮮奶油（見63頁）的方式打發液態鮮奶油。將三分之一的英式蛋奶醬倒入打發鮮奶油中，以打蛋器混合，然後倒回其餘的英式蛋奶醬中，以橡皮刮刀拌勻。

5. 擠花袋填入香草慕斯，用剪刀剪去尖端。這樣可以在擠完一個慕斯前往下一個慕斯之間，捏住開口，保持烤盤周圍乾淨。取大的半圓矽膠模，每一格的慕斯填至半滿。

6. 將櫻桃開心果夾心放在香草慕斯中央，疊上3公分的杏仁海綿蛋糕，繼續填入香草慕斯，填至距離邊緣2毫米高。疊上7公分的蛋糕，巧克力面朝外。冷凍至少3小時，隔夜更佳。

7. 製作白色鏡面淋面（見78頁）。網架下方放置烤盤，將圓頂慕斯蛋糕放在網架上，並用大湯勺淋上白色鏡面淋面。側面圍上白巧克力碎片，蛋糕頂部放上1顆櫻桃即完成。

TARTE EXOTIQUE
熱帶水果塔

大解密
Comprendre

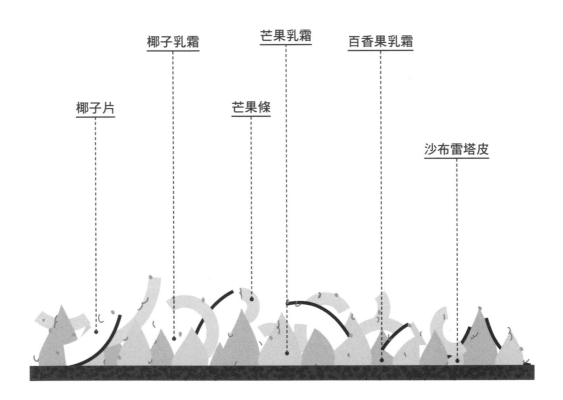

椰子片　　椰子乳霜　　芒果條　　芒果乳霜　　百香果乳霜　　沙布雷塔皮

什麼是熱帶水果塔？

以沙布雷塔皮為底，放上層層椰子奶油、三種熱帶水果乳霜球，以及新鮮水果所製成的甜點。

製作時間

準備：2 小時
烘烤：30 分鐘
冷藏：4 小時

所需工具

擠花袋 3 個
8 號圓形擠花嘴 3 個
22 公分中空塔模
Microplane® 刨絲刀
均質機

製作注意事項

烘烤塔皮
乳霜球擠花

所需技巧

打發蛋黃（見 279 頁）
使用擠花袋（見 272 頁）
檸檬皮刨細絲（見 281 頁）

製作流程

沙布雷塔皮－椰子奶油－百香果乳霜－芒果乳霜－椰子乳霜－水果配料

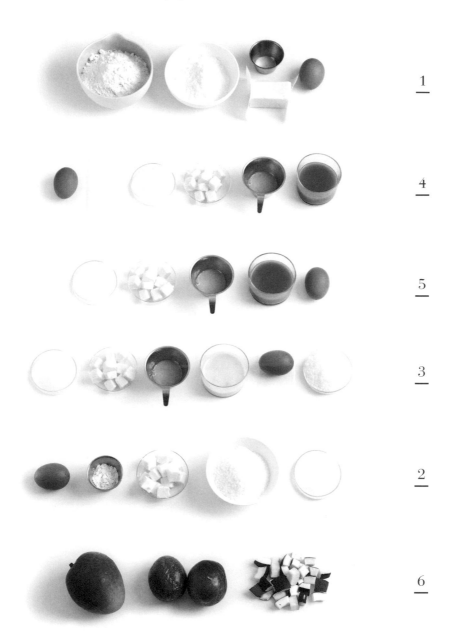

1

4

5

3

2

6

8人份

1. 沙布雷塔皮

麵粉 200 公克
奶油 70 公克
鹽 1 公克
糖粉 70 公克
全蛋 50 公克（1 顆）

2. 椰子奶油

奶油 60 公克
糖 40 公克

椰子粉 60 公克
全蛋 50 公克（1 顆）
麵粉 10 公克

3. 椰子乳霜

椰子果泥 100 公克
蛋黃 25 公克
全蛋蛋液 30 公克
糖 20 公克
吉利丁片 1 公克
奶油 30 公克
椰子粉 30 公克

4. 百香果乳霜

百香果果泥 125 公克
蛋黃 35 公克
全蛋 50 公克（1 顆）
糖 35 公克
吉利丁片 1 公克
奶油 50 公克

5. 芒果乳霜

芒果果泥 125 公克
蛋黃 35 公克
全蛋 50 公克（1 顆）

糖 35 公克
吉利丁片 1 公克
奶油 50 公克

6. 水果配料

新鮮芒果 1 顆
新鮮椰子 1 顆
百香果 2 顆
綠檸檬 1 顆

Faire la tarte exotique

1. 製作沙布雷塔皮（見 13 頁）。麵團鬆弛後，擀成 2 毫米厚。塔模塗上奶油，接著用塔模切下直徑 22 公分的塔皮，塔模留在塔皮上。

2. 以 160℃ 預熱烤箱。參考製作杏仁奶油（見 65 頁）的方式，將杏仁粉換成椰子粉，製作椰子奶油。

3. 椰子奶油倒在沙布雷塔皮上，送入烤箱烘烤 20 至 30 分鐘。用抹刀從烤盤取下塔皮，烤好的派皮應呈現均勻的金黃色。取下塔模，塔皮置於網架上冷卻。

4. 製作百香果乳霜：吉利丁片泡水軟化（見 270 頁）。蛋黃、糖及全蛋一起打發（見 279 頁）。同時間，百香果泥放入鍋中

加熱。沸騰時，將一半的果泥倒入打發的蛋糊中，以打蛋器混合均勻。

5. 將步驟 4 倒回鍋中，一邊加熱一邊以打蛋器攪拌。沸騰時立即離火，加入奶油與瀝乾水分的吉利丁片，以打蛋器攪打 2 至 3 分鐘。倒入容器中冷藏至少 2 小時，使乳霜凝固。

6. 攪打凝固的乳霜使其變得滑順。填入擠花袋中（使用 8 號擠花嘴），在沙布雷塔皮上隨意擠上圓形乳霜擠花。擠上大約塔皮三分之一的面積即可。

7. 製作芒果乳霜，作法同百香果乳霜。在塔皮上擠出圓形的乳霜擠花。

8. 以同樣方式製作椰子乳霜。加入奶油與吉利丁的時候拌入椰子粉。在塔皮上擠出圓形的乳霜擠花。芒果削皮切長條薄片；剖開椰子，用小刀削下大片椰肉；取出百香果粒。將所有材料鋪放在塔上，最後撒上綠檸檬皮絲。

裝飾

用 Microplane® 刨絲刀刨出綠檸檬皮細絲，撒在塔上。

FRUITS ROUGES PISTACHE CHARLOTTE
紅莓開心果夏洛特

大解密
Comprendre

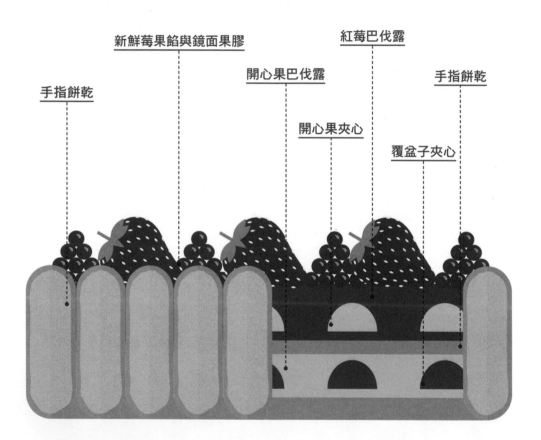

手指餅乾

新鮮莓果餡與鏡面果膠

開心果巴伐露

紅莓巴伐露

手指餅乾

開心果夾心

覆盆子夾心

什麼是紅莓開心果夏洛特？

這款慕斯蛋糕主要以整圈手指餅乾及雙層巴伐露構成：紅梅巴伐露內藏開心果夾心、開心果巴伐露內藏覆盆子夾心。並搭配水果與淋面。

製作時間

準備：2 小時
烘烤：30 分鐘
冷凍：4 小時
冷藏：4 小時

所需工具

擠花袋
10 號圓形擠花嘴
直徑 22 公分慕斯圈
Rhodoïd® 塑膠圍邊
多連半圓矽膠模（內含直徑 3 公分模子 24 個）

所需技巧

使用附擠花嘴的擠花袋（見 272 頁）

製作流程

夾心－手指餅乾－巴伐露－組合－冷藏－裝飾

5

1&4

2&3

6

8人份

1. 開心果巴伐露

英式蛋奶醬
牛奶 125 公克
液態鮮奶油（乳脂肪含量
30%）125 公克
蛋黃 50 公克
糖 40 公克
開心果醬 30 公克
打發鮮奶油
吉利丁片 4 公克
液態鮮奶油（乳脂肪含量
30%）200 公克

2. 紅莓巴伐露

英式蛋奶醬
紅莓果泥 250 公克
蛋黃 50 公克
糖 40 公克
打發鮮奶油
吉利丁片 4 公克
液態鮮奶油（乳脂肪含量
30%）200 公克

3. 覆盆子夾心

覆盆子果泥 200 公克
糖 20 公克
吉利丁片 2 公克

4. 開心果夾心

英式蛋奶醬
牛奶 60 公克
鮮奶油 60 公克
蛋黃 25 公克
糖 15 公克
調味
開心果泥 10 公克
吉利丁片 2 公克

5. 手指餅乾

法式蛋白霜
蛋白 150 公克
糖 125 公克

餅乾麵糊
麵粉 100 公克
太白粉 25 公克
蛋黃 80 公克
裝飾
糖粉 30 公克

6. 新鮮莓果餡

新鮮覆盆子 100 公克
新鮮草莓 100 公克
新鮮藍莓 100 公克
新鮮紅醋栗 50 公克
無鹽完整開心果仁 50 公克
鏡面果膠 50 公克

1. 製作手指餅乾麵糊（見 37 頁）。擠出兩排長 40 公分寬 5 公分的麵糊，以及兩片直徑 22 公分的麵糊。烘烤後，放在網架上冷卻。

2. 製作開心果夾心：吉利丁片泡冷水軟化。製作英式蛋奶醬（見 61 頁），離火前，加入開心果泥與瀝乾水分的吉利丁片。攪打均勻後倒入 12 個半圓矽膠模中，冷凍 2 小時。製作覆盆子夾心：吉利丁片泡冷水軟化。覆盆子果泥與糖一起加熱至沸騰後，離火拌入瀝乾水分的吉利丁片，攪打均勻，倒入 12 個半圓矽膠模中，冷凍 2 小時。

3. 製作巴伐露：以製作香堤伊鮮奶油的方

式（見 63 頁）打發 400 公克的液態鮮奶油後冷藏，稍後拌入兩種巴伐露的材料中。製作開心果巴伐露（見 71 頁）：英式蛋奶醬離火前拌入開心果泥。

4. 以紅莓果泥取代牛奶與鮮奶油，製作紅莓巴伐露（見 71 頁）。

5. 慕斯圈內壁鋪上塑膠圍邊，放在鋪了烘焙紙的烤盤上。將手指餅乾列沿著慕斯圈內側放入，然後放入圓形手指餅乾底。

6. 倒入開心果巴伐露，並用橡皮刮刀抹均勻。覆盆子夾心脫模，將之均勻地放入巴伐露中。

7. 在開心果巴伐露上疊第二片圓形手指餅乾，並倒入紅莓巴伐露。開心果夾心脫模，均勻地放入巴伐露中。冷藏至少 3 小時。

8. 鏡面果膠放入鍋中，加熱至溫熱。離火加入覆盆子、切成四瓣的草莓、藍莓及開心果。

9. 將水果均勻地填入夏洛特中，最後放上成串的紅醋栗即完成。

CHOCO-LAIT BÛCHE
牛奶巧克力木柴蛋糕

大解密
Comprendre

堅果脆底

牛奶巧克力慕斯

乳霜甘納許

牛奶巧克力淋面

海綿蛋糕
捲夾心

巧克力裝飾

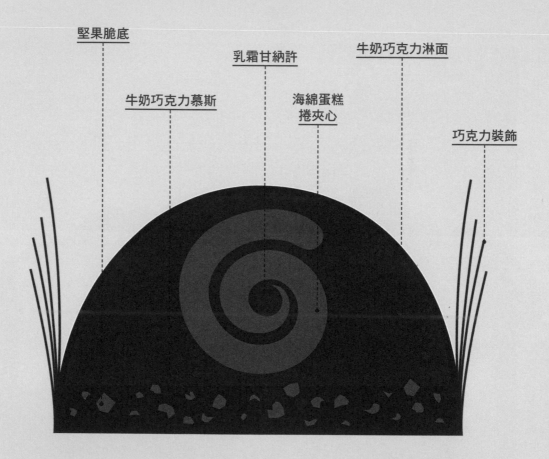

什麼是牛奶巧克力木柴蛋糕？

這款木柴蛋糕是以焦糖堅果脆粒、牛奶
巧克力慕斯及乳霜甘納許蛋糕捲組成的
慕斯蛋糕，外層裹上一層牛奶巧克力與
白巧克力的淋面。

製作時間

準備：2 小時
烘烤：10 至 20 分鐘
冷凍：至少 7 小時

所需工具

半圓長條慕斯模（10×30 公分）
慕斯框（10×30 公分）或磅蛋糕模
（10×30 公分）或烤盤及方形砧板
擠花袋

變化

可用白巧克力慕斯（見 112 頁）取代肉
桂牛奶巧克力慕斯

製作注意事項

淋面

所需技巧

烘烤堅果（見 281 頁）
打發鮮奶油（見 277 頁）
巧克力片（見 87 頁）

訣竅

以熱水沖洗烤模外表幾秒鐘，可使脫模
更容易。

製作流程

脆底－甘納許－全蛋海綿蛋糕－慕斯－
組裝－淋面－裝飾

138

<u>1</u>

<u>2</u>

<u>3</u>

<u>4</u>

10人份

1. 堅果脆底
碎榛果 60 公克
牛奶巧克力 80 公克
帕林內 150 公克
碎核桃 60 公克

2. 全蛋打發海綿蛋糕
蛋 2 顆
麵粉 65 公克
糖 65 公克

3. 牛奶巧克力慕斯
英式蛋奶醬
液態鮮奶油(乳脂肪含量
30%)90 公克
牛奶 90 公克
蛋黃 40 公克
糖 20 公克
牛奶巧克力 410 公克
肉桂 10 公克
打發鮮奶油
液態鮮奶油(乳脂肪含量
30%)340 公克

4. 乳霜甘納許
牛奶 100 公克
蛋黃 20 公克
糖 20 公克
黑巧克力 50 公克

5. 牛奶巧克力淋面
牛奶巧克力 125 公克
黑巧克力 45 公克
液態鮮奶油(乳脂肪含量
30%)110 公克
轉化糖漿 20 公克

6. 白巧克力淋面
牛奶 30 公克
葡萄糖漿 12 公克
吉利丁片 2 公克
白巧克力 75 公克
水 8 公克
二氧化鈦 2 公克

7. 防沾巧克力
黑巧克力 30 公克
白巧克力 30 公克

8. 裝飾
黑巧克力 100 公克

1. 製作堅果脆底：以170℃預熱烤箱，烤盤鋪烘焙紙，放上堅果烘烤（見281頁）15至20分鐘。

2. 隔水加熱巧克力。在鋼盆中以橡皮刮刀混合帕林內與堅果，然後拌入融化的巧克力。倒入10x30公分的慕斯框中，冷藏使之凝固。

3. 製作乳霜甘納許（見73頁），冷藏備用。製作全蛋海綿蛋糕（見33頁）。切下一條10x30公分的蛋糕片，塗上乳霜甘納許，捲成圓柱狀，以保鮮膜包好後冷凍1小時。

4. 製作牛奶巧克力慕斯，隔水加熱牛奶巧克力。肉桂加入牛奶，並和雞蛋與糖製作英式蛋奶醬（見61頁）。牛奶巧克力移開

隔水加熱的鍋子，將英式蛋奶醬倒入巧克力中拌勻。以製作香堤伊鮮奶油的方式（見63頁）打發液態鮮奶油。

5. 在巧克力英式蛋奶醬中拌入100公克的打發鮮奶油，再倒入其餘的打發鮮奶油，以橡皮刮刀拌勻（見270頁），並將一半的分量倒入半圓慕斯模。

6. 取出冷凍的蛋糕捲，放在慕斯上，再倒入剩餘的慕絲。

7. 鋪上堅果脆底，塗上防沾用白巧克力。冷凍至少6小時。

8. 製作牛奶巧克力與白巧克力淋面（見78-79頁），並維持在45℃。木柴蛋糕脫模

放在網架上，淋上牛奶巧克力淋面（見280頁）。擠花袋中填入白巧克力，並在尖端剪一個小孔，在牛奶巧克力淋面上擠線條狀的白巧克力醬。

製作巧克力水滴狀裝飾片

製作巧克力水滴狀裝飾片（見87頁），將之貼在木柴慕斯蛋糕的側邊即完成。

TARTE AU CITRON MERINGUÉE
蛋白霜檸檬塔

大解密
Comprendre

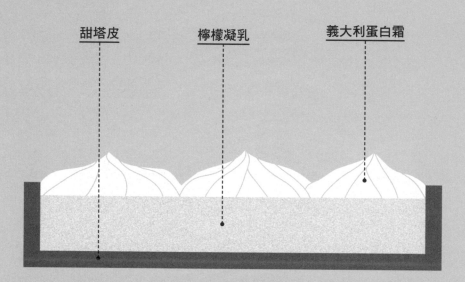

甜塔皮　　　　　檸檬凝乳　　　　　義大利蛋白霜

什麼是蛋白霜檸檬塔？

在甜塔皮中填入冷藏凝固的檸檬凝乳，
放上義大利蛋白霜，並以噴火槍烘烤上
色。

製作時間

準備：1 小時
烘烤 30 分鐘
靜置：1 小時
冷藏：30 分鐘

所需工具

直徑 24 公分中空塔模
擠花袋
V 字擠花嘴
噴火槍

變化

傳統蛋白霜裝飾：以鋸齒擠花嘴製作。
簡易蛋白霜裝飾：以抹刀抹上即可。
青檸檬塔：以青檸檬取代黃檸檬（等重
的青檸檬汁）。
柚子塔：以日本柚子取代黃檸檬（等重
的柚子汁）。

製作注意事項

塔皮烘烤程度
蛋白霜擠花及上色

所需技巧

工作檯撒粉（見 284 頁）
輕舉塔皮（見 284 頁）
鋪塔皮（見 284 頁）
噴火槍上色（見 275 頁）
使用附擠花嘴的擠花袋（見 272 頁）

製作流程

甜塔皮－凝乳－蛋白霜－組裝－烘烤

3

4

1

2

<u>**8人份**</u>

1. 糖漿

水 100 公克
糖 50 公克

2. 甜塔皮

奶油 110 公克
糖粉 80 公克
杏仁粉 20 公克
全蛋 50 公克（1 顆）
精鹽 1 公克
麵粉 200 公克

3. 檸檬凝乳

檸檬汁 140 公克（約 7 顆）
糖 160 公克
蛋 200 公克（4 顆）
吉利丁片 4 公克
奶油 80 公克

4. 義式蛋白霜

蛋白 50 公克
水 40 公克
糖 125 公克

Faire la tarte au citron meringuée

1. 製作甜塔皮（見 15 頁）。使用前 15 分鐘取出冷藏的塔皮。工作檯撒上麵粉（見 270 頁），用擀麵棍（見 284 頁）將塔皮擀至 2 毫米厚，並輕舉塔皮，使塔皮鬆弛。中空塔模塗上奶油，放在鋪了烘焙紙的烤盤上。塔皮鋪入塔模中（見 284 頁）。

2. 以擀麵棍擀過塔模（見 284 頁），或用刀子切去多餘的塔皮。在塔皮底戳洞，並／或填入烘焙重石，預防塔皮烘烤時膨脹（見 284 頁）。

3. 以 170℃ 烘烤 30 分鐘。可以稍微掀起塔底確認烘烤程度：塔皮上色必須均勻。

4. 在小鍋子中將水煮至沸騰。用削皮刀削下檸檬皮，只取有顏色的部分（見 281 頁），然後將檸檬皮切成 2 毫米粗的細絲（或以檸檬皮刨絲刀刨取）。檸檬皮絲在滾水中煮 30 秒後撈起瀝乾。

5. 製作糖漿：水與糖放入鍋中混合，煮至沸騰後離火。檸檬皮絲放入糖漿中浸泡至少 1 小時，加入檸檬凝乳之前須瀝乾水分。

6. 製作檸檬凝乳（見 75 頁）。趁熱倒入烤好的塔底中，冷藏 30 分鐘。

7. 將檸檬皮絲瀝乾放在凝乳上。

8. 製作義式蛋白霜（見 45 頁）。以 V 字擠花嘴在塔上順著圓形由外往內擠花。

9. 以噴火槍為蛋白霜上色（見 275 頁），或將檸檬塔放入烤箱靠近上火，烘烤 30 秒，須注意烘烤火力。

La tarte au citron meringuée

TARTELETTE CITRON VERT
青檸小塔

大解密
Comprendre

青檸檬凝乳

椰子蛋白餅

鏡面果膠&青檸檬皮絲

椰子凍

沙布雷塔皮

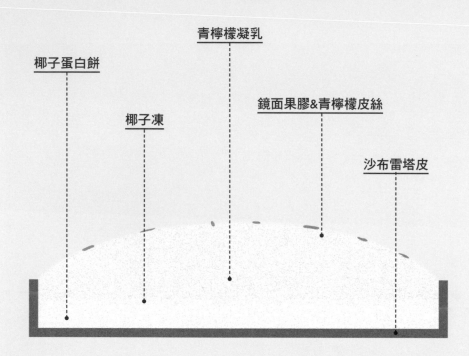

什麼是青檸小塔？

以沙布雷塔皮為底，鋪上一層椰子蛋白餅，再加上濃郁的椰子凍以及青檸檬凝乳。

製作時間

準備：1.5 小時
烘烤：30 分鐘
靜置：4 小時

製作所需工具

直徑 10 公分中空塔模 6 個
直徑 12 公分圓形切模

10 號圓形擠花嘴
抹刀
Microplane® 柑橘皮刨絲刀

變化

檸檬小塔（以等重的檸檬汁取代青檸檬汁）

所需技巧

工作檯撒粉（見 284 頁）
輕舉塔皮（見 284 頁）
鋪塔皮（見 284 頁）
檸檬皮刨細絲（見 281 頁）
使用抹刀製作圓頂（見 275 頁）

訣竅

掀起塔皮底部確認熟度：塔皮的顏色必須均勻。
椰子蛋白餅可平衡小塔中酥鬆與濃醇兩種不同的口感。

製作注意事項

塔皮烘烤程度
以抹刀成形凝乳

製作流程

沙布雷塔皮－檸檬凝乳－椰子蛋白餅－椰子凍－裝飾

6個青檸小塔

1. 椰子蛋白餅

椰絲 75 公克
糖 75 公克
蛋白 30 公克
椰子果泥 50 公克

2. 沙布雷塔皮

麵粉 200 公克

奶油 70 公克
鹽 1 公克
糖粉 70 公克
蛋 50 公克（1 顆）

3. 椰子凍

椰子果泥 100 公克
糖 20 公克
吉利丁片 2 公克

4. 青檸檬凝乳

青檸檬汁 120 公克（約 8 顆）
糖 150 公克
蛋黃 150 公克
奶油 200 公克
吉利丁片 4 公克

5. 裝飾

鏡面果膠250公克＋青檸檬1
顆

1. 製作沙布雷塔皮（見 13 頁）。開始製作前 30 分鐘，將塔皮從冰箱中取出。以 170℃預熱烤箱，工作檯上撒麵粉（見 270 頁），以擀麵棍將塔皮擀至 2 毫米厚，然後輕舉塔皮，使塔皮鬆弛（見 284 頁）。用 12 公分的圓形切模切下 6 片塔皮。

2. 烤盤鋪上烘焙紙。將塗上奶油的中空塔模放在烤盤上，鋪上塔皮，仔細壓緊塔皮以做出直角（見 284 頁）。沿著塔模頂端切去多餘的塔皮。以 170℃盲烤 12 分鐘，靜置冷卻後取下塔模。

3. 製作椰子蛋白餅：在鋼盆中混合所有椰子蛋白餅材料。

4. 每個塔皮中填入 35 公克的椰子蛋白餅，以湯匙整平。放回烤箱續烤 15 分鐘。取出小塔，置於網架上冷卻。

5. 製作椰子凍：吉利丁片泡水軟化（見 270 頁）。取 50 公克的椰子果泥放入鍋中和糖一起加熱至沸騰後，離火拌入瀝乾水分的吉利丁片及其餘的椰子果泥。每個小塔中倒入 30 公克的椰子凍。冷藏。

6. 製作青檸檸檬凝乳（見 75 頁），倒入容器中，保鮮膜直接覆蓋在凝乳上，放入冰箱冷藏凝固至少 2 小時。用打蛋器攪打凝乳使其滑順，然後填入擠花袋，以 10 號圓形擠花嘴在每個小塔上擠出圓頂（見 275 頁）。

7. 以抹刀將圓頂表面整理至光滑，冷凍至少 2 小時。

8. 以檸檬皮刨絲刀刨出青檸檸檬皮絲。鏡面果膠加熱至溫熱，加入檸檬皮絲。從冷凍庫取出小塔，將小塔的圓頂浸入果膠中即完成。

TARTELETTE CHIBOUST FRAMBOISE
覆盆子席布斯特小塔

大解密
Comprendre

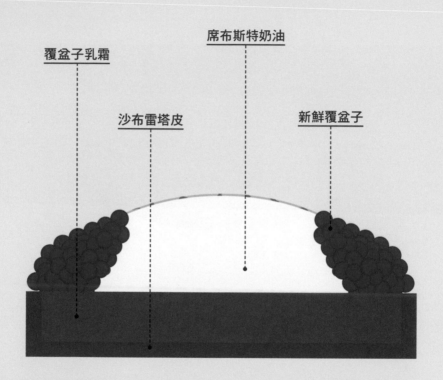

覆盆子乳霜

席布斯特奶油

沙布雷塔皮

新鮮覆盆子

什麼是覆盆子席布斯特小塔？

在沙布雷塔皮中填入覆盆子乳霜與焦糖席布斯特奶油，並綴以新鮮覆盆子的一道甜塔。

製作時間

準備：1.5 小時
烘烤：15 至 25 分鐘
冷藏：30 分鐘
冷凍：4.5 小時

所需工具

直徑 8 公分中空塔模 8 個
多連半圓矽膠模 1 個（直徑 6.5 公分圓模）
均質機
噴火槍
刷子

製作注意事項

塔皮烘烤程度

所需技巧

工作檯撒粉（見 284 頁）

輕舉塔皮（見 284 頁）
鋪塔皮（見 284 頁）
吉利丁片泡水軟化（見 270 頁）

訣竅

若沒有多連半圓矽膠模，也可用擠花袋做出席布斯特奶油圓頂（見 275 頁），但成品效果會略為遜色。

製作流程

沙布雷塔皮－覆盆子乳霜－席布斯特奶油－組裝

1

3

4

2

8人份（或24公分圓塔1個）

1. 沙布雷塔皮

麵粉 200 公克
奶油 70 公克
鹽 1 公克
糖粉 70 公克
蛋 50 公克（1 顆）

2. 席布斯特奶油

卡士達醬
牛奶 250 公克
蛋黃 50 公克
糖 60 公克
玉米粉 25 公克
奶油 25 公克
吉利丁片 8 公克

義式蛋白霜
蛋白 50 公克
水 40 公克
糖 125 公克

3. 覆盆子乳霜
覆盆子果泥 200 公克（或覆盆子醬 40 公克）
蛋黃 60 公克

全蛋 80 公克
糖 60 公克
吉利丁片 2 公克
室溫軟化奶油 80 公克

4. 裝飾配料
新鮮覆盆子 250 公克
鏡面果膠 200 公克

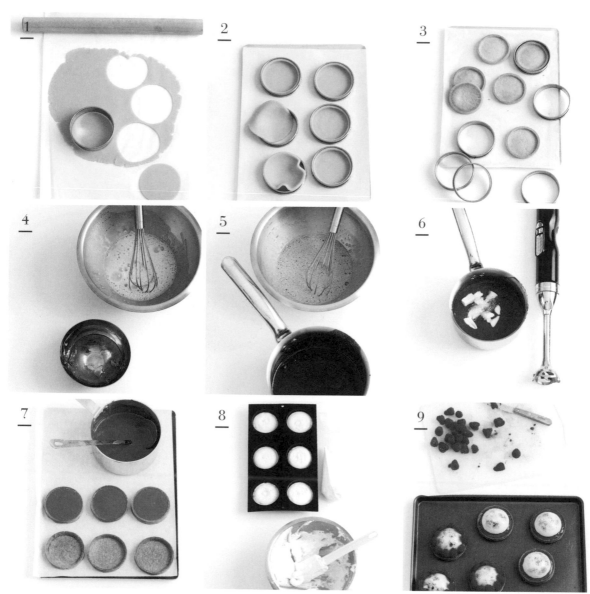

1. 將製作好的沙布雷塔皮麵團在使用前 30 分鐘從冰箱取出。以 170℃ 預熱烤箱，工作檯撒麵粉（見 284 頁），以擀麵棍將塔皮擀至 2 毫米厚，輕舉塔皮，使之鬆弛（見 284 頁）。用中空塔模壓出 6 個塔皮。

2. 中空塔模塗奶油，放在鋪了烘焙紙的烤盤上。鋪入塔皮（見 284 頁），以擀麵棍壓去或用小刀切去多餘塔皮。在塔皮底戳洞，可壓上重物，以免烘烤時膨脹變形。

3. 以 170℃ 烘烤 15 分鐘。稍稍抬起塔皮確

認熟度：塔皮應上色均勻。靜置冷卻後取下模子。

4. 在鋼盆中打發蛋黃與糖至顏色變淺（見 279 頁），吉利丁片泡水軟化（見 270 頁）。

5. 加熱覆盆子果泥至沸騰後，將一半的果泥倒入打發的蛋黃中，用打蛋器拌勻後倒回鍋中，一邊加熱一邊攪打。

6. 沸騰後離火加入切成小丁的奶油與瀝乾水分的吉利丁片。混合後以均質機攪打 2 至 3 分鐘。

7. 步驟 6 倒入塔皮中裝滿，冷藏 30 分鐘。

8. 製作席布斯特奶油（見 67 頁）。倒入半圓矽膠模中冷凍至少 4 小時，隔夜更佳。

9. 席布斯特奶油脫模，放在小塔上，以噴火槍上色（見 275 頁）。冷凍 20 分鐘後，用刷子塗上鏡面果膠，在圓頂周圍放上縱切成半的覆盆子即完成。

TARTE AUX FRAISES
草莓塔

大解密
Comprendre

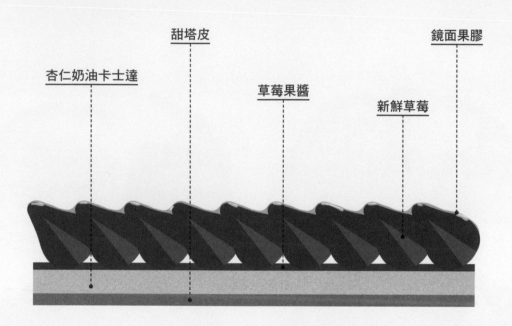

杏仁奶油卡士達　甜塔皮　草莓果醬　新鮮草莓　鏡面果膠

什麼是草莓塔 ?

在甜塔皮中填入杏仁奶油餡與草莓果醬,並放上新鮮草莓。

製作時間

準備:1 小時
烘烤:25 至 35 分鐘
冷藏:1 小時

所需工具

24 公分中空塔模
擠花袋
8 號圓形擠花嘴

變化

可擠上卡士達醬或香堤伊鮮奶油
可用完整或縱切成半的草莓裝飾

製作注意事項

塔皮烘烤程度

所需技巧

工作檯撒粉(見 284 頁)
輕舉塔皮(見 284 頁)
鋪塔皮(見 284 頁)
使用附擠花嘴的擠花袋(見 272 頁)

製作流程

甜塔皮－卡士達醬－組裝

8 人份

1. 甜塔皮

奶油 140 公克
糖粉 100 公克
杏仁粉 25 公克
蛋 50 公克(1 顆)
精鹽 1 公克
麵粉 250 公克

2. 杏仁奶油餡

杏仁奶油
奶油 50 公克

糖 50 公克
杏仁粉 50 公克
蛋 50 公克(1 顆)
麵粉 10 公克

卡士達醬
牛奶 20 公克
蛋黃 5 公克
糖 5 公克
玉米粉 2 公克
奶油 2 公克

3. 裝飾配料

草莓 750 公克
草莓果醬 100 公克
鏡面果膠 50 公克

1. 製作甜塔皮（見 15 頁）。使用前 30 分鐘從冰箱取出塔皮回溫。工作檯撒上麵粉（見 284 頁），以擀麵棍將塔皮擀至 2 毫米厚，並輕舉塔皮（見 284 頁）。將塗了奶油的中空塔模放在鋪了烘焙紙的烤盤上。鋪入塔皮，用擀麵棍或小刀沿著塔模去除多餘塔皮。冷藏 30 分鐘。以 160℃ 預熱烤箱。

2. 製作卡士達醬（見 53 頁），冷藏備用。製作杏仁奶油（見 65 頁），完成後拌入 50 公克的卡士達醬，一邊攪打。填裝擠花袋，用 10 號圓形擠花嘴在塔皮中以螺旋狀填入慕斯。

3. 以 160℃ 烘烤 30 分鐘。確認熟度（見 285 頁）後取出，靜置冷卻取下中空塔模。

4. 將草莓果醬塗抹在杏仁奶油餡上。

5. 保留一顆完整漂亮的草莓。其餘的草莓縱切成半，從塔的最外圈開始排列，草莓的弧面朝上。第二排草莓的切面朝上，以此類推，錯開草莓的排列。最後在塔的中心擺上完整的草莓。

6. 鏡面果膠與 20 公克的水煮至沸騰，刷在草莓上（見 274 頁）即完成。

TARTE PASSION
百香果塔

大解密

Comprendre

榛果脆餅　　　　甜塔皮　　　　百香果乳霜　　　　芝麻奴軋汀

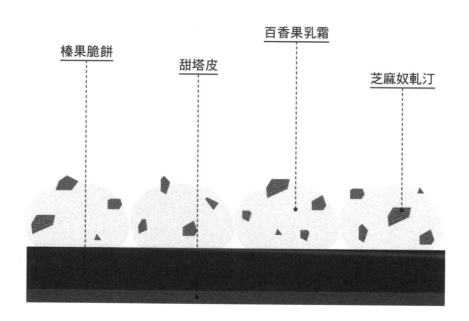

什麼是百香果塔？

甜塔皮填入榛果脆餅，加上一球球百香果乳霜與芝麻奴軋汀脆片。

製作時間

準備：1.5 小時
烘烤：45 至 50 分鐘
冷藏：3 小時

所需工具

12×24 方形慕斯模
擠花袋
12 號圓形擠花嘴
均質機

製作注意事項

塔皮烘烤程度

所需技巧

工作檯撒粉（見 284 頁）
輕舉塔皮（見 284 頁）
使用附擠花嘴的擠花袋（見 272 頁）

製作流程

甜塔皮－榛果脆餅－百香果乳霜－芝麻
奴軋汀

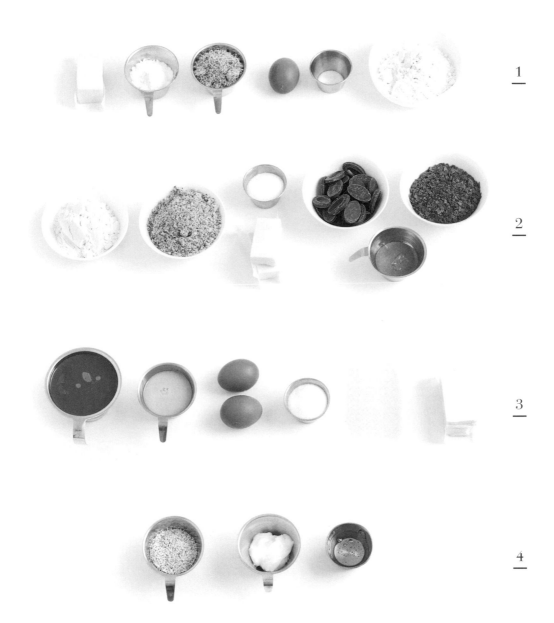

8人份

I. 甜塔皮

奶油 70 公克
糖粉 50 公克
榛果粉 50 公克
蛋 30 公克
精鹽 1 公克
麵粉 125 公克

2. 榛果脆餅

麵粉 100 公克
榛果粉 100 公克
奶油 100 公克
糖 50 公克
牛奶巧克力 100 公克
帕林內 50 公克
巴芮脆片或法式薄捲餅碎片
50 公克

3. 百香果乳霜

百香果泥 250 公克
蛋黃 75 公克
全蛋 100 公克
糖 75 公克
吉利丁片 2 公克
奶油 100 公克

4. 芝麻奴軋汀

芝麻 50 公克
翻糖 60 公克
葡萄糖漿 50 公克

1. 製作甜塔皮（見 15 頁）。使用前 30 分鐘從冰箱取出。以 170℃ 預熱烤箱。工作檯撒麵粉，用擀麵棍將甜塔皮擀成 2 毫米厚的長方形，一邊輕舉塔皮使其鬆弛（見 284 頁）。將塔皮放在鋪了烘焙紙的烤盤上，用方形慕斯模切下一條 12x24 公分大小的塔皮。塔皮底用叉子戳洞（防止塔底受熱膨脹）。

2. 烘烤 20 分鐘至塔皮呈均勻的金黃色。取出，放在網架上冷卻。

3. 製作榛果脆餅：以 170℃ 預熱烤箱，奶油切小丁。麵粉、榛果粉、糖及奶油用手搓成酥粒（見 284 頁），放在鋪烘焙紙的烤盤上，烤 20 至 30 分，須不時以橡皮刮刀

翻動。取出冷卻。

4. 隔水加熱（見 270 頁）融化巧克力，加入帕林內、巴芮脆片與酥粒，用刮刀拌勻。將慕斯框放在烤好的塔皮上，接著用橡皮刮刀鋪上一層榛果脆餅，冷藏使之凝固。

5. 製作百香果乳霜：吉利丁片泡水軟化（見 270 頁）。蛋黃與全蛋加糖打發至顏色變淡（見 279 頁）。同時間加熱百香果泥，沸騰時將一半的果泥倒入蛋糖糊中，一邊攪打。

6. 步驟 5 攪拌均勻後倒回鍋中與剩下的百香果泥混合，一邊加熱一邊攪打。沸騰時，離火加入奶油與瀝乾水分的吉利丁片。用打蛋器混合後，以均質機攪打 2 至 3 分鐘。倒入容器中冷藏至少 2 小時。

7. 準備芝麻奴軋汀：以 180℃ 預熱烤箱。芝麻稍微烘烤 10 至 15 分鐘至金黃色。

8. 以烤香的芝麻取代杏仁製作奴軋汀（見 50 頁）。擀成薄片後靜置冷卻，剝小片備用。

9. 從冰箱中取出塔底，並移除慕斯框。乳霜泥凝固後，用打蛋器攪打使其滑順，填入擠花袋中，使用 12 號圓形擠花嘴，在榛果脆餅上擠出圓球狀的乳霜（見 275 頁），長方形的寬邊約擠四球乳霜。在蛋糕表面擠滿乳霜。若製作一人份蛋糕，請先分切再擠上乳霜。最後以奴軋汀碎片裝飾即完成。

TARTE CHOCOLAT
巧克力塔

—

大解密

Comprendre

甜塔皮

乳霜甘納許

巧克力蛋糕

黑巧克力鏡面淋面

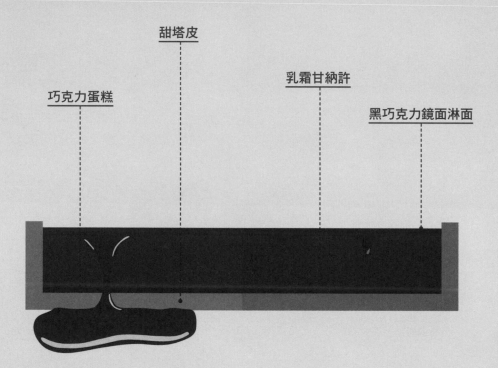

什麼是巧克力塔？

以甜塔皮為底，填入無麩質巧克力蛋糕、乳霜甘納許，最後淋上黑巧克力鏡面淋面。

製作時間

準備：1 小時
烘烤：40 分鐘
冷藏：3 小時

所需工具

24 公分中空塔模 1 個（或 8 公分中空小塔模 8 個）

變化

香草巧克力塔：以香草慕斯（見 126 頁櫻桃圓頂慕斯）取代乳霜甘納許。
可可塔皮：以 30 公克的可可粉取代 30 公克的麵粉。

製作注意事項

淋面

所需技巧

鋪塔皮（見 284 頁）

製作流程

甜塔皮－巧克力蛋糕－烘烤塔皮－甘納許－淋面

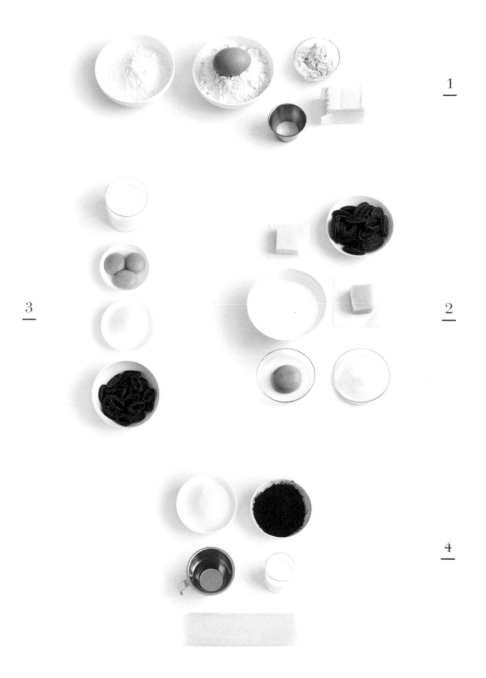

1

3

2

4

8人份

1. 甜塔皮

奶油 140 公克
糖粉 100 公克
杏仁粉 25 公克
蛋 50 公克（1 顆）
精鹽 1 公克
麵粉 170 公克

2. 無麩質巧克力蛋糕

奶油 20 公克
66% 巧克力 70 公克
普羅旺斯產區 50% 杏仁膏 35
公克
蛋黃 15 公克
蛋白 80 公克
糖 30 公克

3. 乳霜甘納許

牛奶 250 公克
蛋黃 50 公克
糖 50 公克
黑巧克力 125 公克

4. 黑巧克力鏡面淋面

水 120 公克
鮮奶油 100 公克
糖 220 公克
苦可可粉 80 公克
吉利丁片 8 公克

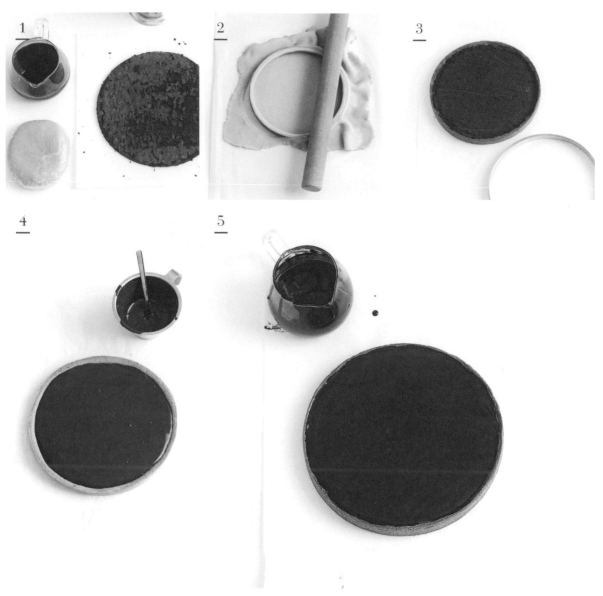

1. 製作甜塔皮（見 15 頁）。製作黑巧克力鏡面淋面（見 76 頁），完成後靜置降溫。製作無麩質巧克力蛋糕，烤好後冷卻，切下一片直徑 23 公分的蛋糕片。

2. 使用前 30 分鐘從冰箱取出甜塔皮。將 24 公分的中空塔模塗上奶油，放在鋪了烘焙紙的烤盤上。以 150℃ 預熱烤箱，工作檯上撒少許麵粉（見 284 頁），用擀麵棍將塔皮擀至 2 毫米厚，鋪入塔模中（見 285 頁）。塔底戳洞，可放上重物（見 285

頁），避免烘烤時塔底膨脹變形。沿塔模邊緣切去多餘的塔皮。以 150℃ 烘烤 25 分鐘。

3. 可用手觸碰塔底確認熟度，烤好的塔底應該是硬的。取出烤好的塔底，冷卻後取下塔模。將無麩質巧克力蛋糕放入塔底。

4. 製作乳霜甘納許（見 73 頁），完成後倒入塔底，預留 2 毫米高的空間。放入冰箱冷藏 1 小時。

5. 用湯勺在塔中心淋上鏡面淋面，然後稍微傾斜轉動塔身，使鏡面淋面覆蓋整個塔面。冷藏凝固即完成。

TARTE VANILLE
香草塔

大解密
Comprendre

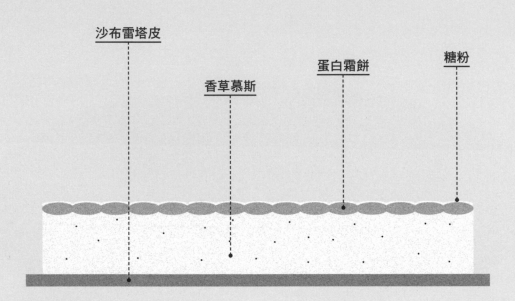

沙布雷塔皮

香草慕斯

蛋白霜餅

糖粉

什麼是香草塔？
由香脆的沙布雷塔皮，加上入口即化的香草慕斯與香軟的蛋白霜餅所組成的甜點。

製作時間
準備：1.5 小時
烘烤：約 35 分鐘
冷凍：4 小時
冷藏：30 分鐘

所需工具
中空塔模 2 個（22 與 24 公分各一）
擠花袋
10 號圓形擠花嘴
Rhodoïd® 塑膠圍邊

製作注意事項
塔皮烘烤程度
英式蛋奶醬

所需技巧
工作檯撒粉（見 284 頁）
輕舉塔皮（見 284 頁）
使用附擠花嘴的擠花袋（見 272 頁）
吉利丁片泡水軟化（見 270 頁）

製作流程
沙布雷塔皮－蛋白霜餅－香草慕斯

8人份

1. 沙布雷塔皮

麵粉 200 公克
奶油 70 公克
鹽 1 公克
糖粉 70 公克
蛋 50 公克（1 顆）

2. 香草慕斯

英式蛋奶醬
液態鮮奶油 180 公克
香草莢 2 根
蛋黃 60 公克
糖 30 公克
吉利丁片 5 公克

打發鮮奶油
液態鮮奶油 180 公克

3. 蛋白霜餅

蛋白 100 公克
糖 70 公克
香草莢 1 根
杏仁粉 60 公克
糖粉 60 公克
麵粉 15 公克

4. 裝飾

糖粉 50 公克

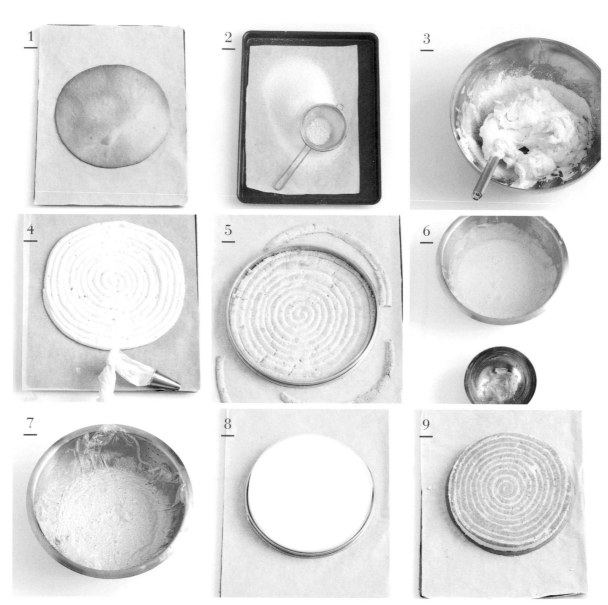

1. 製作沙布雷塔皮（見 13 頁）。使用前 30 分鐘從冰箱取出。工作檯撒上麵粉（見 284 頁），用擀麵棍將塔皮擀至 3 毫米厚，輕舉塔皮（見 284 頁）。以 24 公分慕斯圈切下塔皮，放在鋪了烘焙紙的烤盤上，冷藏鬆弛 30 分鐘。以 170℃ 預熱烤箱，烘烤 15 至 20 分鐘。烤好的派皮呈均勻的金黃色。靜置冷卻。

2. 以 185℃ 預熱烤箱。製作蛋白霜餅：杏仁粉與糖粉、麵粉一起過篩，再加入刮出的香草籽。

3. 以蛋白與糖製作法式蛋白霜（見 43 頁）。篩入步驟 2 的乾性材料，以橡皮刮刀拌勻。

4. 在烘焙紙上沿著直徑 24 公分的中空塔模描繪一個圓形。步驟 3 填入擠花袋，用 10 號圓形擠花嘴從圓的中心開始向外擠出螺旋狀麵糊填滿（見 272 頁）。

5. 烘烤 15 分鐘，蛋白霜餅烤好時應呈金黃色，並與烘焙紙分離。靜置冷卻。若蛋白霜餅過大，可修整成直徑 22 公分的圓形。圈模內側放上 Rhodoïd® 塑膠圍邊，並放入蛋白霜餅。

6. 製作香草慕斯：吉利丁片泡水軟化（見 270 頁）。以鮮奶油取代牛奶，製作英式蛋奶醬（見 61 頁）。

7. 當蛋奶醬的濃稠度煮至可以包覆並停留在橡皮刮刀上時（不可超過 85℃），加入瀝乾水分的吉利丁片，以打蛋器攪拌均勻。

過濾後，裝入容器中，保鮮膜直接覆蓋在蛋奶醬表面，靜置冷卻至室溫。

8. 以製作堤伊鮮奶油的方式（見 63 頁）打發鮮奶油。將三分之一的鮮奶油倒入步驟 7 中以打蛋器混合均勻。接著倒入其餘的打發鮮奶油，以橡皮刮刀小心混合。將香草慕斯倒在蛋白霜餅上。冷凍數小時，隔夜更佳。

9. 取下慕斯圈與 Rhodoïd® 塑膠圍邊。將香草慕斯蛋白霜餅倒扣放在沙布雷塔底。

裝飾

撒上糖粉即完成。

La tarte vanille

胡桃塔

大解密
Comprendre

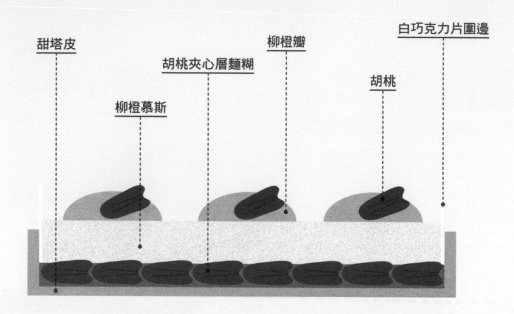

甜塔皮　　　　胡桃夾心層麵糊　　　柳橙瓣　　　　　　白巧克力片圍邊

柳橙慕斯　　　　　　　　　　　　　　　胡桃

什麼是胡桃塔？

甜塔皮為底，填入胡桃夾心，加上柳橙慕斯，並以白巧克力片圍邊。

製作時間

準備：1.5 小時
烘烤：45 分鐘
冷凍：至少 3 小時

所需工具

直徑 24 公分中空塔模
Rhodoïd® 塑膠圍邊
均質機

製作注意事項

柳橙慕斯
白巧克力片圍邊

所需技巧

吉利丁片泡水軟化（見 270 頁）
柳橙皮刨細絲（見 281 頁）
鋪塔皮（見 284 頁）
白巧克力片圍邊（見 87 頁）

製作流程

甜塔皮－柳橙慕斯－胡桃夾心層麵糊－烘烤－組裝－焦糖胡桃

8人份

1. 甜塔皮

奶油 140 公克
糖粉 100 公克
杏仁粉 25 公克

蛋 50 公克（1 顆）
精鹽 1 公克
麵粉 250 公克

2. 胡桃夾心層麵糊

黃砂糖 165 公克
奶油 65 公克
葡萄糖漿 200 公克
蛋 200 公克（4 顆）
香草莢 1 根
鹽 1 公克
肉桂粉 1 公克
胡桃 150 公克

3. 柳橙慕斯

柳橙汁 140 公克（約 2 顆）
柳橙皮刨細絲 2 顆
糖 80 公克
蛋 200 公克（4 顆）

吉利丁片 4 公克
奶油 40 公克

炸彈蛋黃霜

水 20 公克
糖 80 公克
蛋黃 80 公克

打發鮮奶油

液態鮮奶油（乳脂肪含量 30%）150 公克

4. 裝飾

白巧克力 100 公克
胡桃 8 個
柳橙 1 顆

1. 製作甜塔皮（見 15 頁）。使用前 30 分鐘從冰箱取出塔皮。24 公分中空塔模塗奶油，放在鋪烘焙紙的烤盤上。以 160℃ 預熱烤箱，工作檯撒少許麵粉（見 284 頁），用擀麵棍將塔皮擀至 2 毫米厚，輕舉塔皮（見 284 頁）後鋪入塔模中。塔皮底戳洞，放上重物（見 285 頁），防止烘烤時膨脹變形。盲烤 15 分鐘。

2. 製作胡桃夾心層麵糊：刮出香草籽放入鍋中，加入奶油、黃砂糖及葡萄糖漿一起煮至沸騰，一邊以橡皮刮刀攪拌。離火加入蛋、鹽與肉桂，一邊用打蛋器攪打混合。將蛋糊倒入盲烤過的塔底中，擺上胡桃，送回烤箱續烤 20 至 30 分鐘。可用抹刀掀起塔底，若底部呈均勻的金黃色即完成。取下塔模。

3. 製作柳橙慕斯：吉利丁片泡水軟化（見 270 頁）。用刨絲器將 2 顆柳橙皮刨成細絲（見 281 頁）。揉擰柳橙（便於榨取果汁），榨取 140 公克的果汁。

4. 蛋打入鋼盆中稍微攪打。柳橙皮絲、柳橙汁與糖放入鍋中煮至沸騰後，一邊倒入蛋液中，一邊快速攪打，以免蛋液被燙熟。

5. 將柳橙蛋糊倒回鍋中，一邊加熱一邊攪打。開始沸騰時，立即離火，加入奶油與吉利丁片。用打蛋器攪拌，接著以均質機攪打 2 至 3 分鐘。靜置冷卻至室溫。

6. 打發鮮奶油（見 277 頁），冷藏備用。製作炸彈蛋黃霜（見 59 頁），攪打至冷卻。攪打柳橙蛋糊，加入三分之一的打發

鮮奶油，以打蛋器混合均勻。加入炸彈蛋黃霜，以橡皮刮刀混合均勻，接著拌入其餘的打發鮮奶油。中空塔模圍上塑膠圍邊，放在鋪了烘焙紙的烤盤上。倒入慕斯糊，冷凍至少 3 小時，隔夜更佳。

7. 冷凍慕斯脫模，放在胡桃塔上，並撕去 Rhodoïd® 塑膠圍邊。

8. 製作 40 公分長的緞帶狀白巧克力片（見 87 頁），趁巧克力未硬化，圍在柳橙慕斯周圍。

9. 以 20 公克的糖製作焦糖胡桃，取柳橙果肉瓣，擺在塔上作為裝飾即完成。

焦糖蘋果沙布雷

大解密
Comprendre

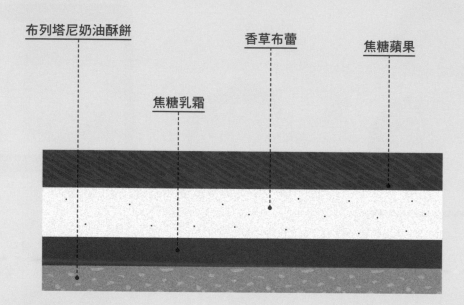

布列塔尼奶油酥餅　香草布蕾　焦糖蘋果

焦糖乳霜

什麼是焦糖蘋果沙布雷？

布列塔尼奶油酥餅為底，疊上香草口味的烤布蕾與焦糖乳霜，並搭配焦糖煮蘋果。

製作時間

準備：2 小時
烘烤：2 小時 50 分至 3 小時 20 分鐘
冷凍：4 小時
靜置：3 小時

所需工具

12×24×5 公分慕斯框
耐熱保鮮膜
濾網

變化

熱帶慕斯蛋糕：以芒果代替蘋果，並將加熱時間減至 30 分鐘。

製作注意事項

焦糖蘋果熬煮程度

所需技巧

吉利丁片泡水軟化（見 270 頁）
乾式焦糖（見 49 頁）

製作流程&保存

布列塔尼酥餅－香草布蕾－焦糖乳霜－
糖煮蘋果－組裝

1

2

3

4

6人份

1. 布列塔尼酥餅

奶油 75 公克
糖 70 公克
蛋黃 30 公克
麵粉 100 公克
泡打粉 2 公克
鹽 2 公克

2. 香草布蕾

液態鮮奶油 240 公克
牛奶 80 公克
香草莢 1 根
糖 30 公克
玉米粉 10 公克
蛋黃 80 公克

3. 焦糖乳霜

糖 150 公克
液態鮮奶油 250 公克
奶油 50 公克
吉利丁片 6 公克

4. 焦糖蘋果

Royal gala 蘋果 6 個
糖 200 公克
奶油 50 公克

製作焦糖蘋果沙布雷
Faire le sablé caramel pomme

1. 製作布列塔尼酥餅：以 170℃ 預熱烤箱。壓拌奶油至膏狀（見 276 頁），加入糖，以橡皮刮刀攪拌至乳霜狀（見 276 頁）。加入蛋黃，接著加入麵粉、泡打粉及鹽，攪拌至混合均勻。烤盤鋪烘焙紙。將酥餅麵團放入框模中整平，烘烤 20 至 30 分鐘。

2. 從烤箱中取出酥餅，靜置幾分鐘後，用長刀沿著框模壁插入畫一圈脫模。將酥餅切成 4 公分寬的長條狀。需趁熱切條，冷卻後分切易碎裂。

3. 製作香草布蕾：以 90℃ 預熱烤箱。蛋黃、糖及玉米粉在鋼盆中打發至顏色變淺。在鍋中加熱牛奶、鮮奶油、剖開的香草莢及刮出的香草籽，不時攪打。牛奶沸騰後過濾倒

入打發的蛋黃中。慕斯框包上耐熱保鮮膜，倒入香草奶糊，烘烤 30 至 50 分鐘。搖晃框模時，若奶糊已凝固不會晃動即完成。取出冷卻至室溫後，冷凍 1 小時。

4. 香草布蕾冷卻後，製作焦糖乳霜：吉利丁片泡水軟化（見 270 頁）。製作焦糖醬（見 91 頁），加入奶油與瀝乾水分的吉利丁片。以均質機攪打混合後靜置稍微冷卻（奶糊不可超過 30℃）。將焦糖乳霜倒在香草布蕾層上，冷凍 3 小時左右。

5. 焦糖乳霜凝固後，取下框模與保鮮膜，依照酥餅大小將乳霜切塊，並放在酥餅上。

6. 製作焦糖蘋果：以 160℃ 預熱烤箱。蘋果削皮切成極薄片。以製作焦糖醬的方式（見 91 頁）煮焦糖，離火時加入奶油，用均質機混合。烤盤鋪烘焙紙，慕斯框內側圍上烘焙紙，將一半的焦糖倒入框模中，擺上蘋果片，再倒入其餘的焦糖。烘烤 1 小時後，烤箱降溫至 120℃，續烤 1 小時。取出後，用烘焙紙覆蓋焦糖蘋果並在其上加壓（一盒牛奶），放置至少 3 小時。

7. 取下框模，將焦糖蘋果切成和蛋糕底一樣的大小，放在香草布蕾層上即完成。

Le sablé caramel pomme

巧克力閃電泡芙

———

大解密
Comprendre

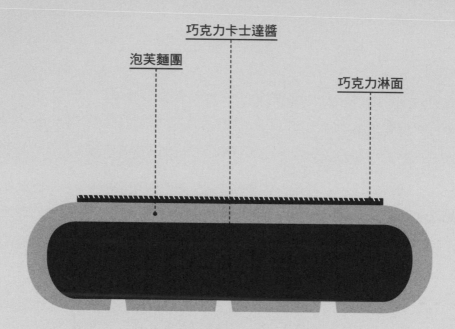

泡芙麵團　　巧克力卡士達醬　　巧克力淋面

什麼是巧克力泡芙？
在長條型的泡芙麵團中填入巧克力卡士達醬，並淋上巧克力淋面。

製作時間
準備：45 分鐘
烘烤：30 至 45 分鐘
冷藏：2 小時

所需工具
擠花袋 3 個
12 號圓形擠花嘴
6 號圓形擠花嘴

變化
翻糖淋面（更有光澤，但風味略遜）：
白翻糖 80 公克（見 80 頁）＋融化的黑巧克力 10 公克。

製作注意事項
閃電泡芙烘烤程度（烘烤 20 分鐘後須密切注意）
淋面

所需技巧
使用附擠花嘴的擠花袋（見 272 頁）
隔水加熱（見 270 頁）
閃電泡芙淋面（見 282 頁）

製作流程
泡芙麵糊－烘烤－卡士達醬－填餡－淋面

1

2

3

15個閃電泡芙

泡芙麵團

水 100 公克
牛奶 100 公克
奶油 90 公克
鹽 2 公克，糖 2 公克
麵粉 110 公克
蛋 200 公克（4 顆）
蛋液 1 顆

卡士達醬

牛奶 500 公克
蛋黃 100 公克
糖 120 公克
玉米粉 50 公克
黑巧克力 120 公克

巧克力淋面

黑巧克力 200 公克
白巧克力 50 公克

1. 以 230℃ 預熱烤箱。烤盤鋪烘焙紙。製作泡芙麵團（見 30 頁），以 12 號圓形擠花嘴擠出 15 公分長的泡芙麵團。刷上蛋液。烤箱溫度降至 170℃，泡芙送入烤箱。烘烤 20 分鐘後，稍微打開烤箱釋出水蒸氣後立即關上烤箱，繼續烘烤 25 分鐘左右，直到泡芙上色。取出置於網架上冷卻。

2. 隔水加熱（見 270 頁）融化巧克力。製作卡士達醬（見 53 頁），離火時拌入融化的巧克力，冷卻後攪拌巧克力卡士達醬使其均勻滑順，填入擠花袋中。用刀尖在閃電泡芙底部刺三個洞，擠入卡士達醬，填滿的泡芙拿在手中會有重量感。

3. 隔水加熱（見 270 頁）融化黑巧克力。泡芙表面沾浸巧克力醬，並瀝去多餘的巧克力，並用手指將邊緣抹乾淨。隔水加熱白巧克力，裝入擠花袋中，並在尖端剪一個小孔。在閃電泡芙上擠出白色的細線。冷藏 2 小時後即可食用。

RELIGIEUSE AU CAFÉ
咖啡修女泡芙

大解密
Comprendre

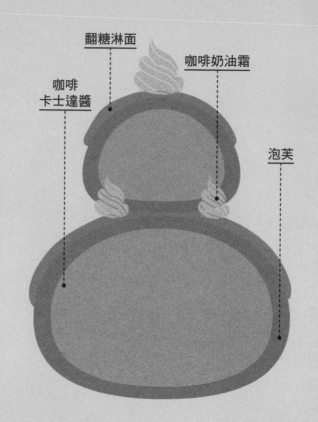

翻糖淋面

咖啡奶油霜

咖啡
卡士達醬

泡芙

什麼是咖啡修女泡芙？

大泡芙上疊一個小泡芙，其中填入咖啡
卡士達醬，並以咖啡奶油霜及翻糖淋面
裝飾。

製作時間

準備：45 分鐘
烘烤：20 至 40 分鐘
冷藏：4 小時

所需工具

擠花袋

12 號圓形擠花嘴
6 號圓形擠花嘴
6 號星型擠花嘴
多連半圓矽膠模 2 個（3 公分與 8 公分
各一）
溫度計

變化

傳統淋面：泡芙浸入溫熱的翻糖淋面
中，並以手指抹去邊緣多餘的翻糖。
巧克力修女泡芙：在卡士達醬中加入
200 公克巧克力，並在翻糖中加入 30
公克可可粉。

所需技巧

使用附擠花嘴的擠花袋（見 272 頁）
烘烤咖啡粉（見 281 頁）
製作泡芙（見 282 頁）

訣竅

葡萄糖漿有助充分加熱翻糖。

製作流程

卡士達醬－泡芙麵糊－翻糖淋面－奶油
霜

1

2

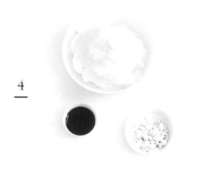

4

3

12個修女泡芙

1. 泡芙麵糊

水 100 公克
牛奶 100 公克
奶油 90 公克
鹽 2 公克
糖 2 公克
麵粉 110 公克

蛋 200 公克（4 顆）
上色用蛋液 1 顆

2. 咖啡卡士達醬

牛奶 500 公克
蛋黃 100 公克
糖 120 公克
玉米粉 50 公克
咖啡粉 100 公克
奶油 50 公克

3. 奶油霜

蛋 100 公克（2 顆）
水 40 公克
糖 130 公克
奶油 200 公克
咖啡濃縮液 15 公克

4. 翻糖

翻糖 400 公克
咖啡濃縮液 10 公克
葡萄糖漿 30 公克

1

2

3

4
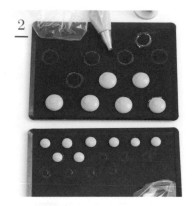

6

5

1. 製作咖啡卡士達醬：咖啡粉放在烤盤中以 160℃ 烘烤 15 分鐘。牛奶與咖啡粉放入鍋中蓋上鍋蓋浸泡 30 分鐘，濾去咖啡粉。必要時加少許牛奶，使分量維持在 500 公克。按照食譜（見 53 頁）完成卡士達醬。

2. 以 230℃ 預熱烤箱。製作泡芙麵糊（見 30 頁）。在防沾烤盤或鋪有烘焙紙的烤盤上，用 12 號圓形擠花嘴擠出 12 顆直徑 4 公分、高 2 公分的大泡芙麵團。在另一個烤盤上，擠出直徑 1.5 公分、高 1 公分的麵團作為頂部。刷上蛋液。烤箱溫度降至

170℃，泡芙送入烘烤。20 分鐘後，快速打開烤箱釋出水蒸氣後，立即關上烤箱門。小泡芙會比大泡芙先上色，可先取出小泡芙。

3. 用刀尖在泡芙底部刺一個洞。擠花袋填入咖啡卡士達醬，以 6 號圓形擠花嘴在泡芙內擠入卡士達醬（見 282 頁）。

4. 翻糖、咖啡濃縮液及葡萄糖漿放入鍋中，一邊以橡皮刮刀攪拌，一邊加熱至 35℃。

5. 翻糖裝入擠花袋中，剪去尖端（見 272 頁）。在大的半圓矽膠模中擠入 2 公分高、小的擠入 1 公分高的翻糖。泡芙倒放入半圓矽膠模中並輕壓。

6. 製作咖啡奶油霜（見 55 頁），填入擠花袋（使用 6 號星狀擠花嘴）。將小泡芙疊在大泡芙上，並在修女泡芙的頭部與身體之間擠上裝飾，並在頂端擠一小朵花。冷藏 2 小時後即可享用。

La religieuse au café

CHOU CROQUANT PISTACHE
開心果脆皮泡芙

大解密
Comprendre

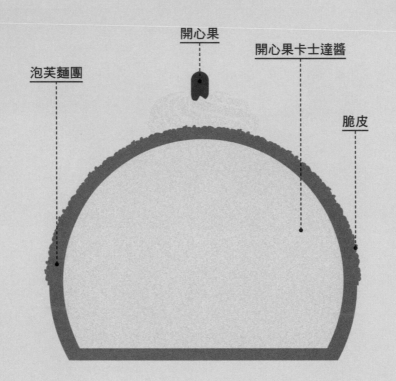

開心果

開心果卡士達醬

脆皮

泡芙麵團

什麼是開心果脆皮泡芙？

泡芙填入開心果卡士達內餡，外層加上脆皮，並以開心果卡士達醬裝飾。

製作時間

準備：45 分鐘

烘烤：20 至 45 分鐘

冷藏：3 小時

所需工具

直徑 3 公分圓形切模

擠花袋

10 號圓形擠花嘴

6 號圓形擠花嘴

8 號星形擠花嘴

製作注意事項

泡芙麵糊

泡芙烘烤程度（見 282 頁）

所需技巧

使用附擠花嘴的擠花袋

（見 272 頁）

刷蛋液使烘烤上色（見 270 頁）

製作流程

脆皮麵團－卡士達醬－泡芙麵糊－組裝

訣竅

脆皮可增添香脆口感，並能使泡芙形狀均勻漂亮。

20到25個泡芙

泡芙麵糊

水 100 公克，牛奶 100 公克

奶油 90 公克

鹽 2 公克，糖 2 公克

麵粉 110 公克

蛋 200 公克（4 顆）

上色

蛋液 1 顆

脆皮

軟化奶油 35 公克

黃砂糖 45 公克

麵粉 45 公克

卡士達醬

牛奶 1 公升
蛋黃 200 公克
糖 240 公克
玉米粉 100 公克
奶油 125 公克
開心果醬 40 公克

裝飾

無鹽完整開心果仁 50 公克

1. 將所有製作脆皮的材料在鋼盆中以橡皮刮刀混合均勻，夾在兩張烘焙紙間，用擀麵棍擀至 2 毫米厚。冷藏備用。製作卡士達醬（見 53 頁）。離火前加入開心果醬，攪拌均勻。倒入容器中，保鮮膜直接覆蓋在卡士達醬上，放入冰箱冷藏。

2. 烤盤鋪上烘焙紙。製作泡芙麵糊（見 30 頁），將麵糊填入擠花袋中，用 10 號圓形擠花嘴擠出 20 至 25 個直徑 4 公分的泡芙，每個泡芙之間須預留足夠空間（見 282 頁）。刷上蛋液。

3. 從冰箱中取出脆皮麵團，撕去上層的烘焙紙，翻面撕去另一張烘焙紙。用直徑 3 公分的切模切下圓形的麵團，放在泡芙上。

4. 以 230℃ 預熱烤箱。將烤箱溫度降至 170℃，放入泡芙烘烤。20 分鐘後快速打開烤箱門釋出水蒸氣，再迅速關上。續烤約 20 分鐘至泡芙均勻上色。取出置於網架上冷卻。

5. 從冰箱取出卡士達醬，以打蛋器攪打至滑順。用星形擠花嘴在泡芙底部戳洞。使用 6 號圓形擠花嘴填入卡士達醬（見 282 頁），預留三分之一作裝飾。充分填入卡士達醬的泡芙拿在手中會有重量感。用星形擠花嘴將其餘的卡士達醬在泡芙頂部擠出花朵。

6. 放上開心果仁裝飾即完成。

PARIS-BREST
巴黎－布列斯特

大解密
Comprendre

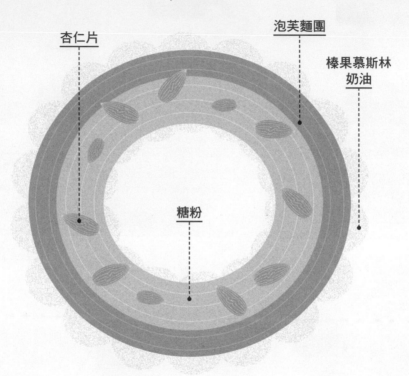

杏仁片

泡芙麵團

榛果慕斯林
奶油

糖粉

什麼是巴黎－布列斯特？

一種大型的夾心泡芙，表面撒上杏仁
片，內夾榛果慕斯林奶油。

製作時間

準備：45 分鐘
烘烤：40 分鐘
冷藏：3 小時

所需工具

擠花袋
10 號圓形擠花嘴
鋸齒刀

變化

經典版本：擠成圓圈形的泡芙麵團（根
據歷史，這個造型靈感來自於巴黎與布
列斯特之間的自行車賽，依自行車車輪
形狀製作）。

製作注意事項

泡芙麵糊
泡芙烘烤程度（見 282 頁）

所需技巧

使用附擠花嘴的擠花袋（見 272 頁）
擠出泡芙（見 282 頁）
刷蛋液上色（見 270 頁）

製作流程

泡芙麵糊－慕斯林奶油－組裝

12個泡芙

泡芙麵糊

水 100 公克
牛奶 100 公克
奶油 90 公克
鹽 2 公克
糖 2 公克
麵粉 110 公克
蛋 200 公克（4 顆）

上色

蛋液 1 顆

1

2&3

4

慕斯林奶油

牛奶 500 公克
麵粉 100 公克
糖 120 公克
玉米粉 50 公克
奶油 120 公克
帕林內 160 公克
軟化奶油 120 公克

裝飾

糖粉
杏仁片

1. 以 230℃ 預熱烤箱。製作泡芙麵糊（見 30 頁）。麵糊裝入擠花袋（10 號圓形擠花嘴），在鋪了烘焙紙的烤盤或金屬防沾烤盤上，擠出 6 球緊鄰相連成長條狀的泡芙麵糊。刷上蛋液，撒上杏仁片。烘烤時，將烤箱溫度降至 170℃。烘烤 20 分鐘後短暫地打開烤箱門，使水蒸氣釋出，再立即關上烤箱。續烤 20 分鐘至泡芙均勻上色。取出置於網架上冷卻。

2. 製作慕斯林奶油（見 57 頁）。離火時加入帕林內攪拌均勻。靜置冷卻。

3. 泡芙冷卻後，用鋸齒刀橫剖為二。慕斯林奶油填入擠花袋（10 號圓形擠花嘴），在泡芙剖面上擠出圓球狀的慕斯林奶油，疊上泡芙的上半部。

4. 食用前撒上糖粉。

SAINT-HONORÉ
聖人泡芙

大解密
Comprendre

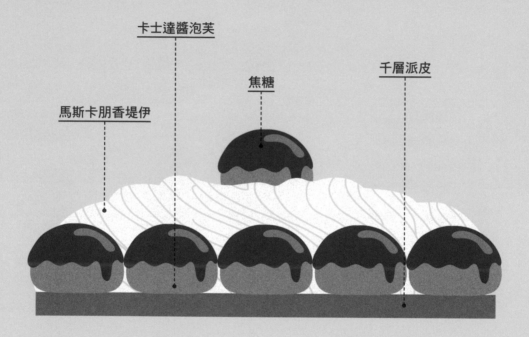

卡士達醬泡芙

焦糖

千層派皮

馬斯卡朋香堤伊

什麼是聖人泡芙？
以千層派皮做底的泡芙蛋糕，並以鮮奶油點綴。

製作時間
準備：1 小時
烘烤：20 至 30 分鐘
冷藏：3 小時

所需工具
擠花袋 4 個
6 號圓形擠花嘴
8 號圓形擠花嘴
10 號圓形擠花嘴
V 字擠花嘴
直徑 24 公分慕斯圈
附球形攪拌器的桌上型攪拌機，或均質機

變化
經典裝飾：以連續的波浪鮮奶油擠花做裝飾（見 273 頁）。
方形：千層派皮切成矩形，泡芙排在兩個長邊，中間擠上波浪狀鮮奶油。

製作注意事項
鮮奶油裝飾
泡芙烘烤程度（見 282 頁）

所需技巧
使用附擠花嘴的擠花袋（見 272 頁）
使用 V 字擠花嘴裝飾（見 273 頁）
製作焦糖（見 49 頁）
泡芙上焦糖糖衣（見 282 頁）
刷蛋液上色（見 270 頁）

製作流程
千層派皮－泡芙麵糊－擠花麵糊－烘烤－焦糖卡士達醬－組裝－馬斯卡朋香堤伊－裝飾

8人份

1. 千層派皮

麵粉 250 公克
水 100 公克
白醋 10 公克
鹽 5 公克
融化奶油 30 公克
奶油 150 公克

2. 泡芙麵糊

水 100 公克
牛奶 100 公克
奶油 90 公克
鹽 2 公克
糖 2 公克
麵粉 100 公克
蛋 200 公克（4 顆）

3. 上色

蛋液 1 顆

4. 卡士達醬

牛奶 250 公克
蛋黃 50 公克
糖 60 公克
玉米粉 25 公克
奶油 60 公克

5. 焦糖

水 100 公克
糖 350 公克
葡萄糖漿 70 公克

6. 馬斯卡朋香堤伊鮮奶油

液態鮮奶油 150 公克
馬斯卡朋 150 公克
糖粉 40 公克
香草莢 1 根

1. 製作千層麵團（見 18 頁）。將麵團擀至 2 毫米厚，放在鋪了烘焙紙的烤盤上，冷藏 30 分鐘。派皮戳洞，並用直徑 24 公分的慕斯圈切出一片圓形的派皮。

2. 以 230℃ 預熱烤箱。製作泡芙麵糊（見 30 頁）。在鋪了烘焙紙或金屬防沾烤盤上，用 8 號圓形擠花嘴擠出 20 顆直徑 2 公分的泡芙麵糊。刷上蛋液，送入烤箱，並將溫度降至 170℃。烘烤 20 分鐘後，快速打開烤箱門釋出水蒸氣，再立即關上。續烤 20 分鐘至泡芙上色均勻。

3. 將剩餘的泡芙麵糊填入裝有 10 號圓形擠花嘴的擠花袋中。從冰箱取出千層派皮。在距離派皮邊緣 1 公分處擠出一圈泡芙

麵團，接著在圓圈中擠出螺旋狀麵糊。以 170℃ 烘烤 20 至 30 分鐘。可掀起派底確認熟度，整體呈均勻金黃色即完成。

4. 製作卡士達醬（見 53 頁）。冷藏後以打蛋器攪打至滑順。以 6 號圓形擠花嘴擠入泡芙內餡（見 282 頁）。

5. 製作焦糖（見 49 頁），煮至透明時關火。靜置冷卻，使焦糖流動性略略降低，將泡芙頂部浸入焦糖。靜置使焦糖糖衣凝固變硬。若鍋中的焦糖冷卻後變得太硬，可以稍微以小火加熱。

6. 泡芙底部也稍微沾浸焦糖後，沿著底部最外圍的圈狀紋路黏住，靜置凝固。

7. 製作馬斯卡朋香堤伊：將馬斯卡朋、糖粉、香草籽及 50 公克的鮮奶油放入攪拌機的攪拌缸中，以慢速攪打。細細倒入其餘的鮮奶油。整體混合均勻後，提高攪拌速度，以製作香堤伊鮮奶油的方式打發。在聖人泡芙中間抹上一層薄薄的馬斯卡朋香堤伊，並用抹刀整平。其餘的香堤伊填入擠花袋中，用 V 字擠花嘴由外向內擠出排列成花形的香堤伊裝飾蛋糕（見 273 頁）。

PIÈCE MONTÉE
泡芙塔

大解密
Comprendre

杏仁膏糖花

焦糖糖衣
奶油泡芙

奴軋汀底座

什麼是泡芙塔？
奴軋汀為底座，以沾浸焦糖的奶油泡芙
疊成的尖塔。

製作時間
準備：3 小時
烘烤：40 分鐘
冷藏：3 小時

所需工具
擠花袋 2 個

8 號圓形擠花嘴
6 號圓形擠花嘴
直徑 18 公分慕斯圈
直徑 7 公分慕斯圈（或奴軋汀切模）
擀麵棍（或是奴軋汀擀棍）

變化
翻糖淋面

製作注意事項
組裝
泡芙烘烤程度（見 282 頁）

所需技巧
使用附擠花嘴的擠花袋（見 272 頁）
泡芙刷蛋液（見 270 頁）
擠花泡芙麵團（見 282 頁）
製作焦糖（見 49 頁）

製作流程
泡芙麵糊－卡士達醬－奴軋汀－填裝泡
芙－沾浸焦糖糖衣－組裝－裝飾

3

5

4

1

6

15人份

1. 泡芙麵糊

水 250 公克
牛奶 250 公克
奶油 225 公克
鹽 3 公克
糖 3 公克
麵粉 275 公克
蛋 500 公克（10 顆）

2. 上色
蛋液 1 顆

3. 焦糖
水 250 公克
糖 1 公斤
葡萄糖漿 200 公克

4. 卡士達醬
牛奶 750 公克
香草莢 2 根
蛋黃 150 公克
糖 180 公克
玉米粉 75 公克
奶油 150 公克

5. 皇家糖霜
糖粉 150 公克
蛋白 15 公克
檸檬汁 5 公克

6. 奴軋汀
杏仁角 250 公克
翻糖 300 公克
葡萄糖漿 250 公克

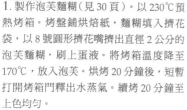

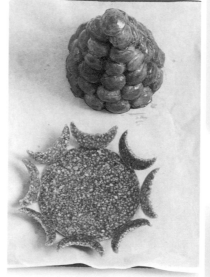

1. 製作泡芙麵糊（見30頁）。以230℃預熱烤箱。烤盤鋪烘焙紙，麵糊填入擠花袋，以8號圓形擠花嘴擠出直徑2公分的泡芙麵糊，刷上蛋液。將烤箱溫度降至170℃，放入泡芙。烘烤20分鐘後，短暫打開烤箱門釋出水蒸氣。續烤20分鐘至上色均勻。

2. 製作卡士達醬（見53頁），香草莢刮出籽，一起放入牛奶中加熱。完成後倒入容器中，保鮮膜直接覆蓋在卡士達醬表面，冷藏備用。

3. 製作奴軋汀（見51頁）。工作檯塗抹少許油。奴軋汀倒在工作檯上，用刮板將奴軋汀刮回中間，使整體溫度均勻一致。以塗油的奴軋汀擀棍或擀麵棍將奴軋汀壓擀至3到4毫米厚。用18公分慕斯圈切下

一片圓形奴軋汀。若奴軋汀太硬，可用不鏽鋼鍋底敲打圈模邊緣。

4. 取7公分的圓形切模切出新月形的奴軋汀片。靜置冷卻至室溫。

5. 從冰箱取出卡士達醬，用打蛋器攪拌至滑順。用刀尖在泡芙底部截洞，卡士達醬裝入擠花袋，以6號圓形擠花嘴填入泡芙。製作焦糖，當焦糖顏色尚著淺淺時關火。靜置冷卻，使流動性稍微降低，再將泡芙頂部浸入焦糖。靜置凝固。

6. 18公分慕斯圈上油，放在鋪了烘焙紙的烤盤上，開始疊合泡芙：泡芙的側邊與底部沾浸焦糖，頂部沿著慕斯圈內側，一個緊貼著一個疊合。底層大約13個泡芙，第二層12個，以此類推。每顆泡芙排列

時稍微錯開，泡芙塔上層漸漸縮小，堆成尖塔狀。若焦糖冷卻後過硬，可再次加熱融化。移去慕斯圈。

7. 奴軋汀底座放入慕斯圈中央。半月形奴軋汀沾焦糖黏在底座邊緣，靠著慕斯圈內側固定。

8. 組合好的奴軋汀底座用湯匙淋上一圈焦糖，放上泡芙尖塔黏合。

9. 製作皇家糖霜（見81頁）。烘焙紙摺成擠花袋，或使用附擠花嘴的擠花袋，擠出點狀糖霜裝飾奴軋汀。

裝飾

以杏仁膏做成花朵裝飾泡芙塔（見82頁）。

BRIOCHE
布里歐修

大解密

Comprendre

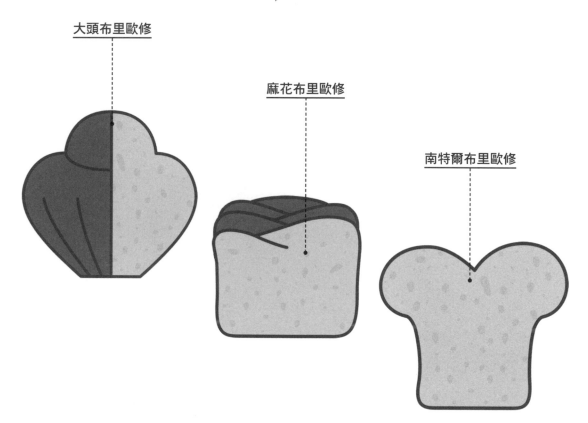

大頭布里歐修

麻花布里歐修

南特爾布里歐修

什麼是布里歐修？

以發酵麵團製成的甜麵包，充滿空氣感。

製作時間

準備：1 小時
發酵：1.5 至 2 小時
烘烤：12 至 45 分鐘
冷卻：12 至 45 分鐘

所需工具

南特爾布里歐修：長方形甜麵包模，類似磅蛋糕模。
大頭布里歐修：花形麵包模。

變化

香草布里歐修：麵團中加入 15 公克香草精。
柑橘布里歐修：麵團中加入柑橘皮細絲。

所需技巧

麵團揉成團（見 284 頁）
壓按麵團以排出發酵的氣體
刷蛋液上色（見 270 頁）

製作流程

麵團－發酵－成形－發酵－烘烤

可製作南特爾甜麵包1個或麻花甜麵包1個或大頭甜麵包2個

I. 布里歐修麵團

新鮮酵母 20 公克
麵粉 400 公克
鹽 10 公克
糖 40 公克
蛋 250 公克
奶油 200 公克

2. 點綴

珍珠糖＋蛋液

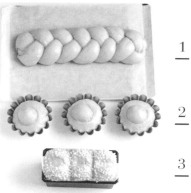

1
———

2
———

3
———

1. 麻花布里歐修

麵團從冰箱取出，按壓排出發酵的氣體（見 284 頁），接著將麵團等分成 3 份各 300 公克，分別揉成團（見 284 頁）後，用手心滾成長條形。將麵團放在鋪了烘焙紙的烤盤上，編成麻花狀，從中心開始往下編，接著從中心開始往上編，這是最簡單的方式。放入 30℃的烤箱中或是放在溫暖處發酵，需時 1.5 至 2 小時：發酵完成時麵包體積會膨脹一倍大。

2. 大頭布里歐修

麵團從冰箱取出，按壓排出發酵的氣體（見 284 頁），然後將麵團等分成 2 個各 450 公克的麵團，揉成團（見 284 頁）後，在麵團三分之二處用手掌邊緣按壓出圓頭形狀。將較大的麵團，也就是身體的部分，放入花形烤模中，接著用食指將頭部稍微按進身體中。放進 30℃的烤箱中或放在溫暖處發酵，需時 1.5 至 2 小時：發酵完成時麵包體積會膨脹一倍大。

3. 南特爾布里歐修

麵團從冰箱取出，按壓排出發酵的氣體（見 284 頁），然後將麵團等分成 3 團，用手揉成團（見 284 頁）。烤模內鋪上烘焙紙，3 個麵團緊貼著放入烤模中。放進 30℃的烤箱中或放在溫暖處發酵，需時 1.5 至 2 小時：發酵完成時麵包體積會膨脹一倍大。用剪刀在每球麵團上縱剪一刀，撒上珍珠糖。

4. 烘烤

以 200℃預熱烤箱。刷上蛋液，烘烤 30 分鐘左右。烤好後取出麵包，脫模置於網架上，依不同尺寸與造型，冷卻 12 至 45 分鐘。

BABA AU RHUM
蘭姆巴巴

大解密
Comprendre

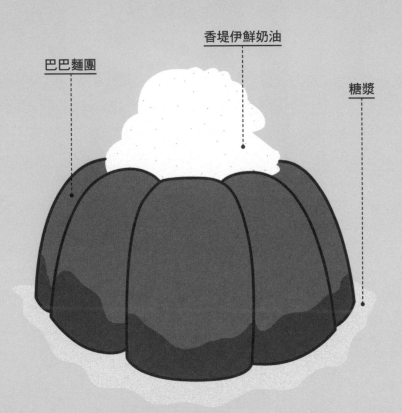

巴巴麵團

香堤伊鮮奶油

糖漿

什麼是蘭姆巴巴？

以發酵麵團製成的蛋糕，乾燥後浸泡糖漿增添風味。

製作時間

準備：20 分鐘
攪拌：30 至 45 分鐘
發酵：1.5 至 2 小時
烘烤：30 分鐘至 1 小時
乾燥：1 小時至 3 天

所需工具

直徑 22 公分的巴巴烤模（類似咕咕霍夫烤模）
擠花袋
大鋼盆或大鍋子
比鋼盆略小的圓形網架
廚房用細繩

變化

經典巴巴：麵團攪拌完成時加入 50 公克葡萄乾，並以蘭姆酒糖液浸潤巴巴。
經典造型：小軟木塞（10 個 50 公克小巴巴），薩瓦蛋糕模。

製作注意事項

以溫熱糖漿浸潤蛋糕
按壓巴巴以擠去多餘糖漿

所需技巧

製作糖漿（見 278 頁）

製作流程

麵團－糖漿－浸潤－鮮奶油

訣竅

將巴巴放置 2 到 3 天使其風乾變硬後，能吸收更多糖漿，浸潤效果更佳。
浸潤技巧：糖漿倒入深盤中，放入巴巴後蓋上烤盤。浸泡 15 分鐘後轉動巴巴。

8人份

I. 巴巴

酵母 15 公克
麵粉 250 公克
蛋 100 公克
鹽 5 公克

糖 15 公克
牛奶 130 公克
奶油 75 公克
蘭姆酒

2. 糖漿

水 750 公克
糖 350 公克
小荳蔻 3 顆
八角半顆
肉桂棒半根

3. 香堤伊鮮奶油

液態鮮奶油（乳脂肪含量
30%）250 公克
糖粉 40 公克
香草莢 1 根

1. 製作巴巴麵團（見 23 頁）。烤模塗奶油，麵團填入擠花袋，剪去尖端，擠入烤模中。

2. 巴巴麵團放入 30℃ 的烤箱中，或放在溫暖處發酵 1.5 至 2 小時，發酵完成後麵團體積會膨脹一倍。

3. 製作糖漿：水、糖及香料放入鍋中煮至沸騰後關火，蓋上鍋蓋浸泡，靜置降溫。

4. 以 160℃ 預熱烤箱。巴巴烘烤 30 至 45 分鐘後取出脫模，烤箱關火，將巴巴放回烤箱中 15 分鐘乾燥。靜置至完全冷卻。也可將巴巴放置 3 天風乾。

5. 糖漿稍微降溫後，過濾（見 270 頁），倒入大鋼盆或大鍋子中。圓形網架邊緣綁上 4 條廚房用細繩，以便取出時保持巴巴完整。巴巴放上網架後，浸入糖漿中（見 278 頁）。若糖漿冷卻了，可再次加熱使之維持溫熱。浸泡至巴巴濕潤柔軟。

6. 取出巴巴，小心地按壓以免弄壞蛋糕體，擠去多餘的糖漿。放在網架上瀝乾 1 分鐘。

裝盤

製作香堤伊鮮奶油（見 63 頁）。巴巴表面刷上蘭姆酒，搭配鮮奶油擠花即完成。

TARTE AU SUCRE
甜派

大解密
Comprendre

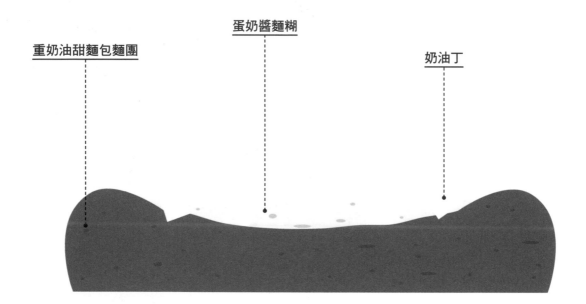

重奶油甜麵包麵團

蛋奶醬麵糊

奶油丁

什麼是甜派？

以做成派形的布里歐修麵團為底，加上甜味蛋奶醬。

製作時間

準備：45 分鐘
發酵：1.5 至 2 小時
烘烤：20 至 30 分鐘

所需工具

直徑 24 公分活動底盤烤模

變化

可在麵團中添加橙花水或柑橘皮細絲，增添風味。

製作注意事項

發酵

製作流程

布里歐修麵團－揉製－發酵－餡料－烘烤

8人份

布里歐修麵團

新鮮酵母 5 公克
麵粉 100 公克
鹽 3 公克
糖 10 公克
蛋 65 公克
奶油 50 公克

餡料

黃砂糖／二砂 60 公克
液態鮮奶油（乳脂肪含量
30%）30 公克
奶油 60 公克
蛋黃 20 公克

1. 製作布里歐修麵團（見 21 頁）。第一次發酵完成後，從冰箱中取出，按壓麵團擠出一次發酵的氣體（見 284 頁）。將麵團放入鋪有烘焙紙的活動底盤烤模後，用手掌將麵團壓平至覆蓋整個烤模底。可放入 30℃的烤箱或溫暖處發酵 1.5 至 2 小時。發酵完成後麵團的體積會膨脹一倍。

2. 以 180℃預熱烤箱。用叉子在麵團上間隔 3 公分戳洞。撒上黃砂糖／二砂。以打蛋器混合鮮奶油與蛋，倒在麵團上，放上奶油丁。

3. 烘烤 20 至 30 分鐘。冷卻後脫模。

TROPÉZIENNE
聖托佩

大解密
Comprendre

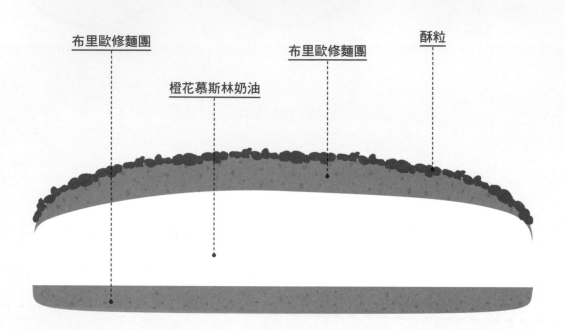

布里歐修麵團　　　橙花慕斯林奶油　　　布里歐修麵團　　　酥粒

什麼是聖托佩？

布里歐修為底，加上橙花口味的慕斯林奶油夾心，最上層加上黃砂糖酥粒。

製作時間

準備：1 小時
發酵：1.5 至 2 小時
烘烤：20 分鐘
冷藏：2 小時

所需工具

直徑 24 公分圓形烤模或活動底盤烤模
擠花袋
14 號圓形擠花嘴
鋸齒刀

變化

香草聖托佩：以 1 根香草莢的香草籽取代橙花水。

製作注意事項

擀布里歐修麵團

所需技巧

使用附擠花嘴的擠花袋（見272 頁）
搓揉酥粒（見 284 頁）
按壓麵團以排出第一次發酵的氣體（見 284 頁）
刷蛋液上色（見 270 頁）

訣竅

麵團鬆弛後，擀製更容易。

製作流程

布里歐修麵團－卡士達醬－布里歐修麵團－麵團成形－發酵－烘烤－完成慕斯林奶油－填入餡料

8人份

布里歐修

酵母 10 公克
麵粉 200 公克
鹽 5 公克
糖 20 公克
蛋 125 公克
奶油 100 公克

慕斯林奶油

牛奶 500 公克

蛋黃 100 公克
糖 120 公克
玉米粉 50 公克
奶油 125 公克
橙花水 30 公克
軟化奶油 125 公克

上色

蛋液 1 顆

酥粒

麵粉 40 公克
二砂 40 公克
杏仁粉 40 公克
奶油 40 公克

1. 製作布里歐修麵團（見 21 頁）。製作慕斯林奶油（見 57 頁）。離火時加入橙花水。

2. 製作酥粒，用指尖搓揉杏仁粉、二砂、麵粉及奶油至整體成細砂狀，冷藏備用。

3. 從冰箱取出麵團，按壓麵團（見 284 頁）以排出第一次發酵所產生的氣體，接著將麵團放入塗了奶油的烤模中。用手掌按壓麵團，鋪至整個烤模底部。放入 30℃的烤箱或溫暖處 1.5 至 2 小時，靜待麵團發酵。完成發酵的麵團體積會膨脹一倍。

4. 以 180℃ 預熱烤箱。麵團刷蛋液，靜置 10 分鐘後刷第二次蛋液。撒上酥粒，送入烤箱烘烤 15 至 25 分鐘。取出放在網架上冷卻。

5. 完成慕斯林奶油（見 57 頁），填入擠花袋，使用 14 號圓形擠花嘴。用鋸齒刀將甜麵包橫剖為二。

6. 在甜麵包底部從中心開始，向外畫圓擠出奶油（見 272 頁），並以抹刀整平。疊上頂層的甜麵包，冷藏 2 小時。享用前 30 分鐘從冰箱中取出。

PAINS AU CHOCOLAT & CROISSANTS
巧克力麵包&可頌

大解密
Comprendre

什麼是巧克力麵包&可頌？
以發酵的千層麵團（可頌麵團）搭配不同折疊方式與餡料所做成的各式甜麵包。

製作注意事項
注意捲製可頌時的鬆緊度。若捲得太緊，千層效果就會消失；若捲得太鬆，可頌可能會在烘烤過程中展開。

製作時間
準備：1 小時
發酵：1.5 至 2 小時
烘烤：12 至 25 分鐘
鬆弛：12 小時

所需工具
附鉤狀攪拌器的桌上型攪拌機

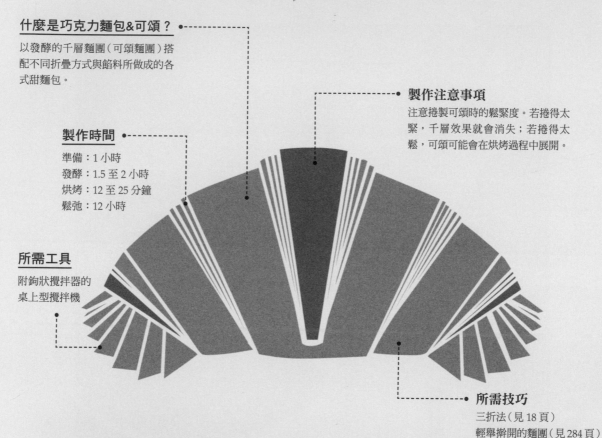

所需技巧
三折法（見 18 頁）
輕舉擀開的麵團（見 284 頁）
刷蛋液上色（見 270 頁）

變化
杏仁可頌：以 150 毫升的水與 50 公克的糖熬煮糖漿。製作杏仁奶油（見 65 頁）。可頌沾浸大量糖漿後橫剖為二，夾入杏仁奶油。撒上杏仁片，以 200℃ 烘烤幾分鐘即可。

製作流程
水麵團－摺疊－成形－發酵－烘烤

15個可頌或15個巧克力麵包

發酵千層麵團
麵粉 250 公克
新鮮酵母 8 公克
水 60 公克
牛奶 60 公克
蛋 25 公克
鹽 5 公克
糖 30 公克

層次
無水奶油 125 公克（見 276 頁）

巧克力麵包餡料
甜麵包專用巧克力條 30 根

上色
蛋液 1 顆

3

2

4

5

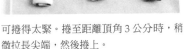

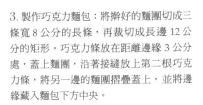

1. 製作可頌麵團（見 25 頁）。使用前 30 分鐘將麵團從冰箱中取出。用擀麵棍將麵團擀至 2 毫米厚的長方形，途中不時轉動麵團，使其形狀保持規則。輕輕擀開的麵團使之鬆弛（見 284 頁），若麵團太厚，再擀一次。

2. 製作可頌：用刀子將擀好的麵團切成幾條 15 公分寬的帶狀，然後將帶狀的麵團切成底邊長 12 公分的等腰三角形。在三角形底的中央剪出一個 1 公分長的小缺口。從切口稍微翻開後，輕輕捲成可頌，但不

可捲得太緊。捲至距離頂角 3 公分時，稍微拉長尖端，然後捲上。

3. 製作巧克力麵包：將擀好的麵團切成三條寬 8 公分的長條，再裁切成長邊 12 公分的矩形。巧克力條放在距離邊緣 3 公分處，蓋上麵團，沿著接縫放上第二根巧克力條，將另一邊的麵團摺疊蓋上，並將邊緣藏入麵包下方中央。

4. 烤盤鋪烘焙紙，放上麵包，麵包之間預留 5 公分左右的距離。放入 30℃ 的烤箱中

或置於溫暖處 1.5 至 2 小時。發酵完成後可頌或巧克力麵包的體積會膨脹一倍。

5. 以 190℃ 預熱烤箱。刷上第一層蛋液，10 分鐘後再刷第二層。依照不同類型與尺寸的甜麵包，烘烤 12 至 25 分鐘即完成。

TARTE FINE AUX POMMES
蘋果薄派

大解密
Comprendre

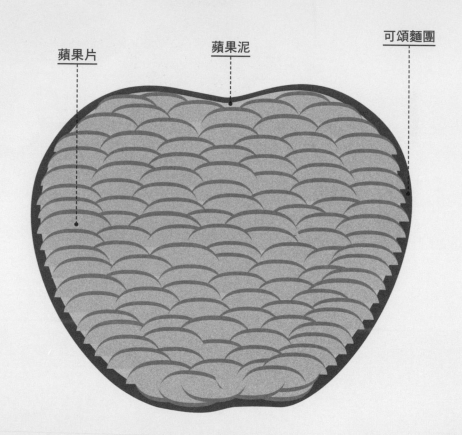

蘋果片　　　　蘋果泥　　　　可頌麵團

什麼是蘋果薄派？

在可頌麵團上鋪蘋果泥及切得極薄的蘋果片。

製作時間

準備：30 分鐘
發酵：1 小時
烘烤：30 分鐘至 1 小時

所需工具

附鉤狀攪拌器的桌上型攪拌機
30×40 公分烤盤 1 個
刷子

變化

以千層派皮做底，烘烤時在派上加壓一個空烤盤。烤好後蘋果會非常平滑充滿光澤。

製作注意事項

擀麵團
鋪放蘋果

所需技巧

輕舉塔皮麵團（見 284 頁）

製作流程

可頌麵團－蘋果泥－組合－烘烤

15人份

可頌麵團

麵粉 250 公克
酵母 8 公克
水 60 公克
牛奶 60 公克
蛋 25 公克
鹽 5 公克
糖 30 公克
無水奶油 125 公克（見 276 頁）

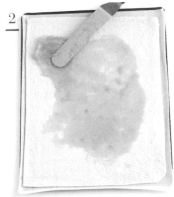

表層裝飾

蘋果 2 公斤（以 Royal gala 或 pink lady 為佳）

奶油 80 公克

糖 80 公克

法式鮮奶油 300 公克

蘋果泥

蘋果 500 公克（以 Royal gala 或 pink lady 為佳）

糖 100 公克

水 50 公克

1. 製作蘋果泥：蘋果削皮去芯，切小丁，放入鍋中和糖、水以大火熬煮，一邊不時用橡皮刮刀小心攪拌，煮至水分收乾，接近糖漬的程度。用均質機將糖煮蘋果打成泥後靜置冷卻。

2. 開始製作前 30 分鐘從冰箱取出可頌麵團（見 25 頁）。用擀麵棍將麵團擀平，一邊不時轉動麵團，擀成 3 毫米厚的長方形，輕舉塔皮麵團（見 284 頁），若麵團太厚可再擀一次。將擀好的麵團放在鋪了烘焙紙的烤盤上，以抹刀塗上蘋果泥，或用擠花袋以 Z 字形擠滿蘋果泥。

3. 蘋果削皮去芯，將縱切成二的蘋果切成極薄的片狀，擺放在蘋果泥上，鋪滿整個派。放入 30℃ 的烤箱中 1 小時靜置發酵。

4. 以 180℃ 預熱烤箱。奶油放入鍋中加熱融化，用刷子刷在蘋果上，接著撒上糖。烘烤至少 30 分鐘後，以抹刀稍稍掀起派底確認熟度，派底若呈均勻的金黃色即代表烤熟了。

5. 完成後將蘋果薄派置於網架上降溫，切塊搭配一勺法式鮮奶油享用。

MILLEFEUILLE
千層派

大解密

Comprendre

焦糖千層派皮

香草外交官奶油

翻糖淋面

黑巧克力淋面

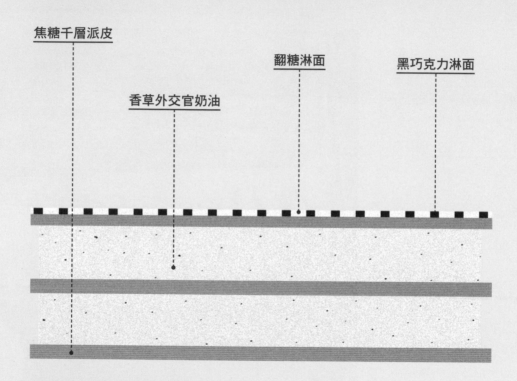

什麼是千層派？

在層疊的長方形焦糖千層派皮之間夾入香草外交官奶油製作而成的甜點。

製作時間

準備：1.5 小時
烘烤：20 至 45 分鐘
冷藏：3.5 小時
冷凍：15 分鐘

所需工具

擠花袋
12 號擠花嘴

變化

經典千層派：香草卡士達醬

訣竅

烘烤時，派皮會回縮：擀製時，可將派皮擀得比所需尺寸略大。組裝前可將派皮冷藏 15 分鐘，使派皮結構更穩固。

製作注意事項

千層派皮烤至焦糖化
組裝
淋面

所需技巧

吉利丁片泡水軟化（見 270 頁）
使用附擠花嘴的擠花袋（見 272 頁）

製作流程

千層麵團－外交官奶油－組裝－淋面－裝飾

1

3

2

2

8到10人份

1. 千層麵團

水麵團
麵粉 250 公克
水 100 公克
白醋 10 公克
鹽 5 公克
融化奶油 30 公克

奶油層
奶油 150 公克
糖粉少許

2. 外交官奶油

打發鮮奶油
香草莢 1 根
液態鮮奶油（乳脂肪含量
30％）100 公克
吉利丁片 4 公克

卡士達醬
牛奶 250 公克
蛋黃 50 公克
糖 60 公克
玉米粉 25 公克
奶油 25 公克

3. 淋面

白色翻糖 250 公克
葡萄糖漿 30 公克
黑巧克力 40 公克

1. 製作千層麵團（見 18 頁）。將千層麵團擀至 2 毫米厚，與烤盤（30x40 公分）大小相同。蓋上烘焙紙，冷藏 20 分鐘使麵團回縮。以 180℃ 預熱烤箱。將派皮切成三條 10 公分寬的長條型，並切去兩端使派皮形狀整齊好看。不要取下派皮，直接鋪上烘焙紙，壓上一個烤盤，使派皮烘烤時能均勻膨脹。

2. 送入烤箱烘烤 15 分鐘後，每隔 5 分鐘需檢查烘烤程度。派皮表面與斷面層次皆需烤至金黃色。取出派皮後，烤箱溫度調至 210℃。整塊派皮撒上糖粉，放回烤箱

幾分鐘烤至焦糖化，此步驟非常容易烤焦，每 2 分鐘需檢查烘烤程度。整體均勻焦糖化後，將派皮置於網架上冷卻。

3. 香草莢浸泡在牛奶中，製作外交官奶油（見 69 頁）。完成後冷藏備用。

4. 外交官奶油填入擠花袋（使用 12 號擠花嘴），沿著派皮的長邊，在其中兩片千層派皮上擠滿外交官奶油。疊合兩片派皮。

5. 白色翻糖放入鍋中與葡萄糖漿一起加熱。將翻糖淋在第三片沒有奶油擠花的派皮上，以抹刀抹平表面。

6. 隔水融化黑巧克力。放入擠花袋中，尖端剪一個小孔。在翻糖上擠出細細的巧克力條，每條約間隔 1 公分。取一把小刀，用刀尖從上往下、再從下往上拉花。將派皮疊上完成千層派，冷凍 15 分鐘。

7. 從冷凍庫中取出千層派。第一層派皮每隔 4 公分以鋸齒刀切一刀，再以主廚刀切斷第二與第三層。冷藏 2 小時後即可享用。

Le millefeuille

栗子黑醋栗千層派

大解密
Comprendre

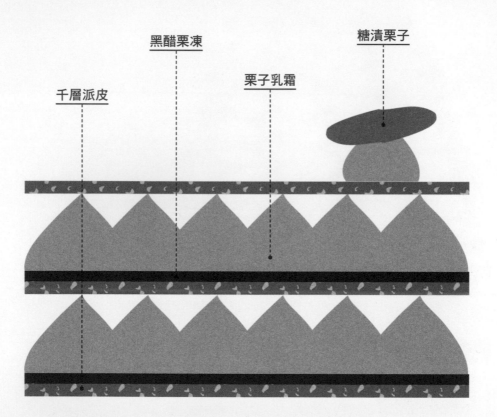

糖漬栗子

黑醋栗凍

栗子乳霜

千層派皮

什麼是栗子黑醋栗千層派？

在千層派皮中夾入栗子乳霜與黑醋栗凍的甜點。

製作時間

準備：1.5 小時
烘烤：20 至 45 分鐘
冷凍：2 小時
冷藏：30 分鐘

所需工具

12×24 烤盤或磅蛋糕模 1 個
擠花袋
12 號圓形擠花嘴

製作注意事項

千層派皮烤至焦糖化
組裝

所需技巧

吉利丁片泡水軟化（見 270 頁）
使用附擠花嘴的擠花袋（見 272 頁）

製作流程

千層麵團－黑醋栗凍－栗子乳霜－組裝－裝飾

1

2

3

4

6個千層派

1. 千層麵團

水麵團

麵粉 250 公克
水 110 公克
白醋 10 公克
鹽 5 公克
融化奶油 30 公克

奶油層

奶油 150 公克＋糖粉

2. 栗子乳霜

栗子奶油 500 公克
軟化奶油 200 公克

3. 黑醋栗凍

黑醋栗果泥 250 公克
糖 30 公克
吉利丁片 6 公克

4. 裝飾

糖漬栗子 3 個

Faire les millefeuilles marron-cassis

1

2

3

4

5

7

6

1. 製作千層麵團（見 18 頁）。製作黑醋栗凍：吉利丁片泡水軟化（見 270 頁）。將 100 公克的黑醋栗果泥與糖一起煮至沸騰。加入瀝乾水分的吉利丁片，用打蛋器攪拌，混合其餘的黑醋栗果泥。倒入鋪了烘焙紙的烤盤或包上保鮮膜的磅蛋糕模中。冷凍至少 2 小時。

2. 以 180℃ 預熱烤箱。將千層麵團擀成 2 毫米厚的派皮，與烤盤（30x40 公分）大小相同。蓋上烘焙紙，冷藏 30 分鐘使派皮回縮。將派皮切成長條狀，再分切成 18 個 13x4 公分的長方片。不要撕起派皮，否則派皮會變形。派皮連烘焙紙移至烤盤中，

蓋上一張烘焙紙再壓上另一個烤盤，使派皮烘烤時能均勻地膨脹。烘烤 15 分鐘後，每隔 5 分鐘需檢查熟度。派皮表面與斷面層次皆需烤至均勻的金黃色。

3. 烤好後取出派皮，將烤箱溫度調至 210℃。派皮上撒糖粉，放回烤箱續烤幾分鐘使派皮焦糖化。此步驟非常容易烤焦，每 2 分鐘須檢查烘烤程度。完成後取出置於網架上冷卻。

4. 從冷凍庫中取出黑醋栗凍，脫模切成 12 條 3x12 公分片狀。將果凍片放在派皮的焦糖面上。

5. 製作栗子乳霜：栗子奶油放入攪拌缸中以葉片狀攪拌器攪打，接著加入軟化奶油（見 276 頁），以中高速攪打至蓬鬆。將打好的栗子乳霜填入擠花袋（使用 12 號擠花嘴）。

6. 在放了黑醋栗凍的派皮上擠出球狀的栗子乳霜（見 275 頁）。

7. 有餡料的派皮相疊，再放上一片派皮。頂層派皮擠上栗子乳霜擠花，並放上半顆糖漬栗子做裝飾。

GALETTE DES ROIS
國王派

大解密
Comprendre

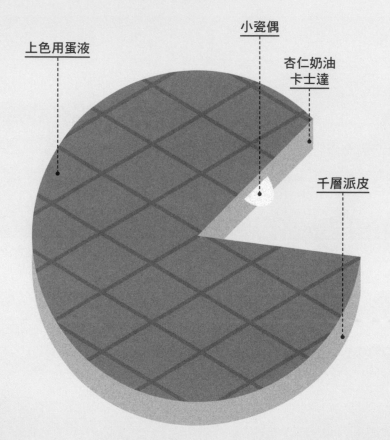

上色用蛋液

小瓷偶

杏仁奶油
卡士達

千層派皮

什麼是國王派？

在兩片千層派皮中夾入清爽的杏仁奶油卡士達。

製作時間

準備：1 小時
烘烤：25 至 45 分鐘
冷藏：1 小時

所需工具

擠花袋
8 號圓形擠花嘴
小瓷偶

為什麼國王派在烘烤前需要經過冷藏？

冷藏可使派皮中的奶油確實冷卻，烘烤時千層膨脹的效果更佳。

變化

皇冠杏仁派：製作國王派時，以杏仁奶油作為內餡。杏仁奶油的分量需增加一倍。
蘭姆杏仁奶油卡士達：製作時加入 30 公克的蘭姆酒。

製作注意事項

折疊千層麵團
填餡黏合派皮

所需技巧

刻花裝飾（見 285 頁）
使用附擠花嘴的擠花袋（見 272 頁）
刷蛋液上色（見 270 頁）

製作流程

千層麵團－卡士達醬－杏仁奶油－填餡
黏合派皮－裝飾

1

2

2

3

8人份

1. 千層麵團

水麵團
麵粉 250 公克
水 115 公克
白醋 100 公克
鹽 5 公克
融化奶油 30 公克

奶油層
奶油 150 公克

2. 杏仁奶油卡士達

杏仁奶油
奶油 50 公克
糖 50 公克
杏仁粉 50 公克
蛋 50 公克（1 顆）
麵粉 10 公克

卡士達醬
牛奶 50 公克
蛋黃 10 公克
糖 15 公克
玉米粉 5 公克

3. 上色
蛋液 1 顆

4. 糖漿
水 50 公克，糖 50 公克

1. 製作千層麵團（見18頁），擀至3毫米厚，冷藏鬆弛30分鐘。從冰箱取出，用直徑30公分的慕斯圈壓出兩片圓形派皮，或沿著大盤子邊緣切下。

2. 取其中一片派皮，放在鋪了烘焙紙的烤盤上。取一個直徑26公分的慕斯圈或是較小的盤子，在派皮上輕壓留下界線。在界線的外圍刷上蛋液。

3. 製作杏仁奶油（見65頁）與卡士達醬（見53頁），然後將兩者以橡皮刮刀混合，做成杏仁奶油卡士達。

4. 杏仁奶油卡士達填入擠花袋（使用8號圓形擠花嘴）。從派皮中央開始向外畫螺旋擠滿杏仁奶油卡士達，但不可超過界線。小瓷偶放在派的一側，輕壓入內餡。

5. 蓋上另一片派皮，盡量不要包入空氣，輕壓邊緣黏合。蓋上烘焙紙，疊上另一個烤盤後，將國王派倒扣至另一個烤盤上。此步驟可使派皮膨脹得更規則。

6. 用小刀與手指在派皮邊緣做出規則的花樣（見285頁）。刷上蛋液，冷藏30分鐘。

7. 以180℃預熱烤箱。從冰箱中取出國王派，塗刷第二層蛋液，並用刀尖在表面刻劃出放射狀花樣，注意不要劃穿派皮。烘烤25至45分鐘。可用橡皮刮刀掀起底部觀察熟度：整體呈均勻的金黃色即完成。

8. 國王派烘烤時，一邊製作糖漿：50公克的水與50公克的糖放入鍋中煮至沸騰，關火。從烤箱中取出國王派，刷上糖漿即可。

MACARON VANILLE
香草馬卡龍

大解密
Comprendre

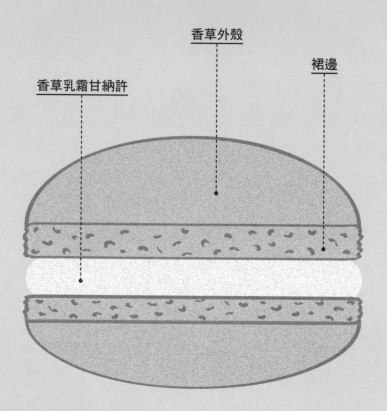

香草乳霜甘納許

香草外殼

裙邊

什麼是香草馬卡龍？
以香草外殼夾入香草白巧克力乳霜甘納許所製成的甜點。

為什麼以義式蛋白霜製作外殼？
義式蛋白霜因經過糖漿燙熟，較其他種類的蛋白霜更穩定，和其他材料混合後也較不易消泡。

「裙邊」是如何形成的？
烘烤時，馬卡龍麵糊中所含的氣體會從邊緣逸散而出，因此形成裙邊。

製作時間
準備：45 分鐘
烘烤：12 分鐘
冷藏：24 小時

所需工具
擠花袋 2 個
8 號與 12 號圓形擠花嘴
溫度計

製作注意事項
攪拌馬卡龍麵糊
外殼烘烤程度
乳霜甘納許

所需技巧
使用附擠花嘴的擠花袋（見 272 頁）
過濾（見 270 頁）
麵糊攪拌至可拉出緞帶的程度（見 279 頁）

訣竅
使用馬卡龍專用細杏仁粉，可省略過篩步驟。

製作流程
甘納許－外殼－鮮奶油甘納許－組裝

2

1

3

40個馬卡龍

1. 外殼
細杏仁粉 250 公克
馬卡龍專用糖粉 250 公克
香草莢 1 根
蛋白 100 公克

2. 義式蛋白霜
水 80 公克
糖 250 公克
蛋白 100 公克

3. 香草白巧克力乳霜甘納許
液態鮮奶油（乳脂肪含量30%）200 公克
白巧克力 320 公克
香草莢 2 根

1. 製作甘納許：香草莢、刮出的香草籽及鮮奶油一起放入鍋中浸泡。煮至沸騰後，過濾至白巧克力中混合均勻。倒入方形烤盤中使其快速冷卻。保鮮膜直接覆蓋在巧克力醬上，冷藏至少3小時，隔日更佳。

2. 製作外殼：以150℃預熱烤箱。製作義式蛋白霜（見45頁），攪打至冷卻。

3. 在另一個鋼盆中放入細杏仁粉、糖粉及香草籽，用軟刮板混合均勻。

4. 加入三分之一的義式蛋白霜，用軟刮板拌勻。

5. 加入其餘的義式蛋白霜，用軟刮板切拌混合（混合馬卡龍麵糊的手法，見283頁）。

6. 舀起一大團麵糊，觀察是否可拉出緞帶：滴落的麵糊像緞帶般。若無法呈現緞帶狀，則繼續攪拌。

7. 烤盤鋪烘焙紙。可在烘焙紙背面畫上圓形（見283頁）。以重物壓住烘焙紙（例如刀子）。使用8號擠花嘴，在烘焙紙上擠出直徑3公分的外殼麵糊，彼此錯開。烘烤12分鐘左右（見283頁）。取出烤箱後，移去烤盤，以免馬卡龍外殼變乾。將外殼兩兩配對。

8. 用打蛋器輕輕攪拌甘納許至濃稠。

9. 擠花袋填入香草乳霜甘納許（使用12號擠花嘴）。在作為底部的馬卡龍殼擠上甘納許，與邊緣留下5毫米的空間。蓋上一片外殼，輕壓使甘納許溢至邊緣。冷藏24小時後再享用更佳。

MACARON CHOCOLAT
巧克力馬卡龍

___

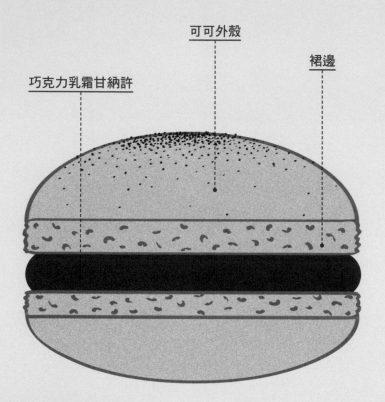

可可外殼

裙邊

巧克力乳霜甘納許

什麼是巧克力馬卡龍？

巧克力外殼夾入乳霜甘納許。

製作時間

準備：45 分鐘
烘烤：12 分鐘
冷藏：24 小時

所需工具

擠花袋
8 號圓形擠花嘴
12 號圓形擠花嘴

變化

辛香料巧克力馬卡龍：製作甘納許的牛奶中放入半根肉桂棒、1 顆八角，可另加入 10 顆小荳蔻浸泡 30 分鐘。

製作注意事項

外殼烘烤程度

所需技巧

使用附擠花嘴的擠花袋（見 272 頁）
過濾（見 270 頁）
打發至可拉出緞帶程度（見 279 頁）

訣竅

使用馬卡龍專用細杏仁粉，可省略過篩步驟。

製作流程

甘納許－外殼－組裝

1

2

3

4

40個馬卡龍

1. 義式蛋白霜

水 80 公克
糖 250 公克
蛋白 100 公克

2. 外殼

細杏仁粉 250 公克
馬卡龍專用糖粉 220 公克
可可粉 30 公克
蛋白 100 公克

3. 巧克力乳霜甘納許

牛奶 500 公克
蛋黃 100 公克
糖 100 公克
黑巧克力 400 公克

4. 裝飾

可可粉 30 公克

製作巧克力馬卡龍

Faire les macarons au chocolat

1. 製作乳霜甘納許（見 73 頁）。冷藏備用。

2. 製作外殼：以 150℃ 預熱烤箱。製作義式蛋白霜（見 45 頁），攪打至冷卻。

3. 細杏仁粉、糖粉與可可粉放入鋼盆中混合均勻。倒入蛋白，用軟刮板混合均勻。

4. 加入三分之一的義式蛋白霜，以軟刮板混合均勻。

5. 拌入其餘的蛋白霜，一邊以軟刮板切拌混合（混合馬卡龍麵糊的手法，見 283

頁）。用刮板舀起一大團麵糊，觀察是否可以拉出緞帶：麵糊滴落時會像緞帶般。若無法呈現緞帶狀，則繼續攪拌。

6. 烤盤鋪上烘焙紙。可在烘焙紙背面畫上圓圈（見 283 頁）以便確認馬卡龍尺寸。以重物壓住烘焙紙（例如刀子）。馬卡龍麵糊填入擠花袋，以 8 號圓形擠花嘴擠出直徑 3 公分的外殼麵糊（見 283 頁）。外殼麵糊的排列彼此交錯，以利烘烤時熱氣循環。撒上可可粉，烘烤 12 分鐘左右。碰觸外殼時，若已凝固就代表烤好了。

7. 外殼出爐，移去烤盤，以免外殼變乾。將外殼兩兩配對。

8. 從冰箱取出甘納許，以橡皮刮刀攪拌使其質地回復滑順。填入擠花袋（使用 12 號圓形擠花嘴）。

9. 在作為底部的馬卡龍殼擠上甘納許，與邊緣留下 5 毫米的空間。蓋上一片外殼，輕壓使甘納許溢至邊緣。冷藏 24 小時後再享用更佳。

MACARON PERLE ROUGE
紅珍珠馬卡龍

大解密

Comprendre

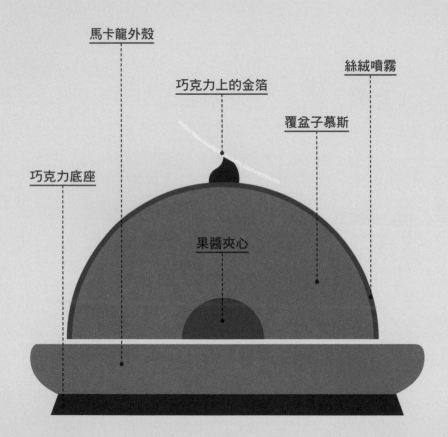

巧克力底座

馬卡龍外殼

巧克力上的金箔

絲絨噴霧

覆盆子慕斯

果醬夾心

什麼是紅珍珠馬卡龍？

馬卡龍外殼為底，加上一球覆盆子慕斯。

製作時間

準備：1 小時
烘烤：12 分鐘
冷凍：至少 4 小時

所需工具

多連半圓矽膠模（直徑 2 公分模子 20 個）

擠花袋
6 號圓形擠花嘴

變化

熱帶馬卡龍：以芒果果泥取代覆盆子果泥即可。

製作注意事項

攪拌馬卡龍麵糊
外殼烘烤程度
絲絨噴霧分量拿捏

所需技巧

使用附擠花嘴的擠花袋（見 272 頁）
隔水加熱（見 270 頁）
使用噴霧（見 274 頁）
以打蛋器攪拌再以橡皮刮刀混合（見 270 頁）

製作流程

覆盆子圓頂慕斯－外殼－組裝－噴上絲絨

40個馬卡龍

1. 外殼

細杏仁粉 125 公克
馬卡龍專用糖粉 125 公克
紅色色素粉 1 公克
蛋白 50 公克

2. 義式蛋白霜

水 40 公克
糖 125 公克
蛋白 50 公克

3. 覆盆子慕斯

覆盆子果泥 65 公克
糖 15 公克
吉利丁片 2 公克
液態鮮奶油（乳脂肪含量
30%）65 公克

4. 果醬夾心

覆盆子果醬 50 公克

5. 裝飾

黑巧克力 50 公克
紅絲絨噴霧
金箔

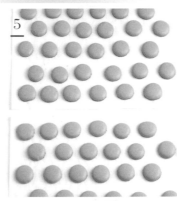

1. 製作覆盆子慕斯：以製作香堤伊鮮奶油（見 63 頁）的手法打發鮮奶油，冷藏備用。吉利丁片泡水軟化（見 270 頁）。

2. 取 50 公克的覆盆子果泥放入鍋中，與糖一起加熱至沸騰，關火，加入瀝乾水分的吉利丁片，用打蛋器攪拌均勻。倒入鋼盆，加入其餘的覆盆子果泥，冷卻至室溫。

3. 將三分之一的打發鮮奶油加入步驟 2 中，用打蛋器攪拌均勻。倒入其餘的打發鮮奶油，以橡皮刮刀拌勻（見 270 頁）。

4. 慕斯填入擠花袋中，剪去尖端，將慕斯擠入半圓矽膠模中。冷凍至少 3 小時，隔夜更佳。

5. 以紅色色素代替香草，用製作香草馬卡龍的方式（見 220 頁）製作馬卡龍外殼。

6. 隔水加熱融化巧克力。外殼拱起面沾浸巧克力。放在鋪了烘焙紙的網架上凝固，使其成為穩固的底座。

7. 果醬填入擠花袋（使用 6 號擠花嘴）。在每個外殼中間擠一小點果醬。覆盆子慕

斯脫模疊在果醬上，然後慕斯連底座一起冷凍 1 小時。

8. 慕斯噴霧放在裝有滾水的鋼盆中 15 分鐘（可使噴霧中的油性物質融化，製造溫差，產生絲絨效果）。從冷凍庫中取出馬卡龍，噴上絲絨噴霧。將剩餘的巧克力裝入擠花袋，剪去尖端，在每個慕斯的圓頂上擠一小球巧克力。最後放上金箔做裝飾即完成。

GÂTEAU MACARON VANILLE FRAMBOISE
覆盆子香草馬卡龍蛋糕

大解密

Comprendre

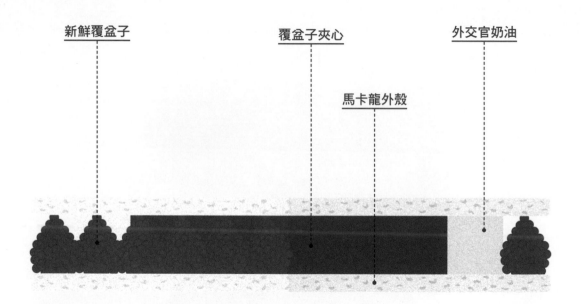

新鮮覆盆子

覆盆子夾心

外交官奶油

馬卡龍外殼

什麼是覆盆子香草馬卡龍蛋糕？

大型馬卡龍夾入外交官奶油與覆盆子夾心，並以新鮮覆盆子點綴。

製作時間

準備：1.5 小時
烘烤：15 分鐘
冷凍：5 小時
冷藏：2 小時

所需工具

直徑 10 公分慕斯圈
直徑 22 公分慕斯圈
擠花袋 3 個
12 號圓形擠花嘴
8 號圓形擠花嘴
10 號圓形擠花嘴
均質機
溫度計

製作注意事項

大型馬卡龍的烘烤程度
組裝

所需技巧

吉利丁片泡水軟化（見 270 頁）
打發蛋黃（見 279 頁）
使用附擠花嘴的擠花袋（見 272 頁）

製作流程

外交官奶油－覆盆子夾心－外殼－組裝

動手做
Apprendre

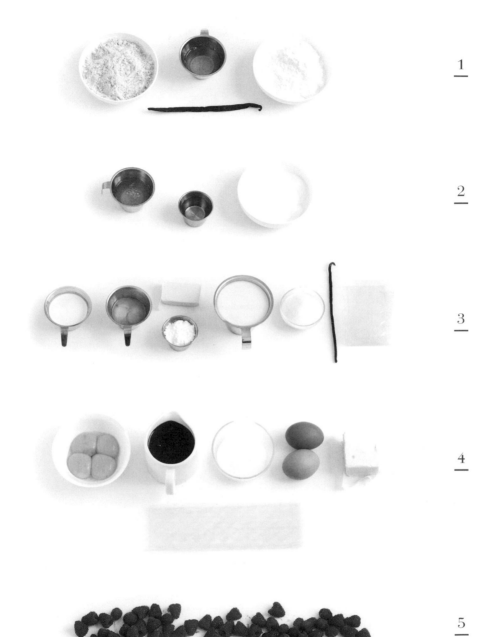

1

2

3

4

5

8至10人份

1. 外殼

細杏仁粉 250 公克
馬卡龍專用糖粉 250 公克
香草莢 1 根
蛋白 100 公克

2. 義式蛋白霜

水 80 公克

糖 250 公克
蛋白 100 公克

3. 外交官奶油

牛奶 250 公克
蛋黃 50 公克
糖 60 公克
玉米粉 25 公克
奶油 25 公克
香草莢 1 根

液態鮮奶油（乳脂肪含量
30％）100 公克
吉利丁片 4 公克

4. 覆盆子夾心

覆盆子果泥 250 公克
蛋黃 75 公克
蛋 100 公克
糖 75 公克
吉利丁片 8 公克

奶油 100 公克

5. 裝飾

新鮮覆盆子 250 公克

Faire le gâteau macaron vanille framboise

1. 製作外交官奶油（見 69 頁）。預留 200 公克做裝飾，其餘的外交官奶油裝入擠花袋中，搭配 12 號擠花嘴。烤盤鋪烘焙紙，放上直徑 22 公分的慕斯圈，在正中央放進直徑 10 公分的慕斯圈。將外交官奶油擠入兩個慕斯圈之間的空隙，抹平表面，冷凍至少 4 小時。

2. 製作覆盆子夾心：吉利丁片泡水軟化（見 270 頁）。蛋黃、糖及全蛋一起打發至顏色變淺（見 279 頁）。覆盆子果泥煮至沸騰後，將一半的果泥倒入打發蛋糊，用打蛋器攪拌均勻後，再全部倒回鍋中與剩餘果泥混合，一邊攪拌一邊加熱至果泥蛋糊停留在刮刀上（不可超過 85℃）。

3. 吉利丁片瀝乾水分，加入步驟 2 中。再加入奶油，攪打 2 至 3 分鐘。靜置降溫至 40℃。取出外交官奶油，移除 10 公分的慕斯圈，將果泥蛋糊倒入中心，放回冰箱冷凍 1 小時。

4. 製作外殼：以製作香草馬卡龍的方式製作馬卡龍麵糊（見 220 頁）。填入擠花袋，搭配 8 號圓形擠花嘴，在鋪了烘焙紙的烤盤上，從中心開始向外，以螺旋狀擠出兩個直徑 25 公分的圓形。烘烤 12 分鐘，檢查熟度：以手碰觸，若已凝固就代表烤好了。

5. 從烤箱取出外殼，移去烤盤以免乾掉。從冰箱中取出冷凍的夾心奶油，脫模放在馬卡龍底殼上。

6. 預留的外交官奶油裝入擠花袋（搭配 10 號圓形擠花嘴）。沿著夾心擠一圈外交官奶油，放上新鮮覆盆子。疊上另一片馬卡龍外殼。放入冰箱冷藏 2 小時解凍即可享用。

Le gâteau macaron vanille framboise

MONT-BLANC
蒙布朗

大解密
Comprendre

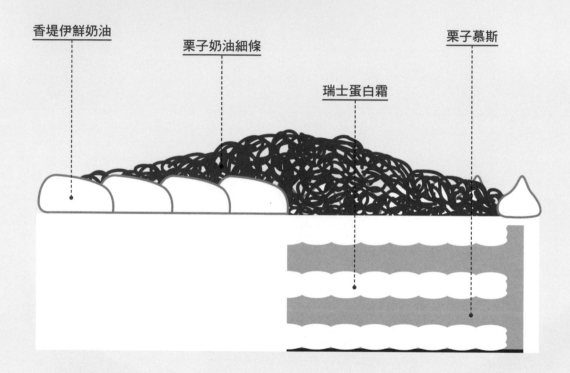

香堤伊鮮奶油

栗子奶油細條

瑞士蛋白霜

栗子慕斯

什麼是蒙布朗？

三片瑞士蛋白霜之間夾入香甜栗子慕斯，再以香堤伊鮮奶油與栗子奶油細條點綴。

為什麼要以瑞士蛋白霜製作？

瑞士蛋白霜比義式及法式蛋白霜更硬挺，較適合用於慕斯蛋糕。

製作時間

準備：2 小時

烘烤：2 小時

冷藏：2 小時

所需工具

直徑 22 公分慕斯圈

擠花袋 4 個

10 號圓形擠花嘴

8 號圓形擠花嘴

蒙布朗專用擠花嘴

V 字擠花嘴

塑膠圍邊

抹刀

訣竅

融化 30 公克巧克力，塗在每片蛋白霜上（見 280 頁），可為整體增添香脆口感。

製作注意事項

蛋白霜乾燥程度

裝飾

所需技巧

使用附擠花嘴的擠花袋（見 272 頁）

吉利丁片泡水軟化（見 270 頁）

刷防沾巧克力（見 280 頁）

隔水加熱（見 270 頁）

混合（先用打蛋器再用橡皮刮刀，見 270 頁）

製作流程

蛋白霜－栗子慕斯－香堤伊鮮奶油－栗子奶油－組裝－裝飾

1

2

3

4

5&6

8人份

1. 瑞士蛋白霜

蛋白 100 公克
糖 100 公克
糖粉 100 公克

2. 栗子慕斯

液態鮮奶油（乳脂肪含量
30%）60 公克＋375 公克
吉利丁片 8 公克
香草栗子醬 375 公克

3. 香堤伊鮮奶油

液態鮮奶油（乳脂肪含量
30%）300 公克
糖粉 60 公克
香草莢 1 根

4. 栗子奶油

原味栗子奶油 250 公克
軟化奶油 100 公克

5. 防沾巧克力

巧克力 30 公克

6. 裝飾

可可粉 15 公克

1. 製作瑞士蛋白霜（見 47 頁），靜置冷卻。以 90℃ 預熱烤箱。擠花袋填入蛋白霜（使用 8 號擠花嘴），在烘焙紙上擠出 3 個直徑 22 公分的圓形：從中心開始向外繞圈（見 272 頁）。放入烤箱至少 2 小時，確實烘乾蛋白霜。

2. 製作栗子慕斯：吉利丁片泡水軟化（見 270 頁）。將 60 公克的液態鮮奶油放入鍋中加熱至沸騰，關火加入瀝乾水分的吉利丁片，用打蛋器混合均勻。香草栗子醬放入鋼盆中，加入溫熱的鮮奶油，充分攪打。

3. 以製作香堤伊鮮奶油的方式（見 63 頁）打發 375 公克的鮮奶油。將三分之一的打發鮮奶油加入栗子醬中，用打蛋器混合均勻。再倒入其餘的打發鮮奶油，以橡皮刮刀混合。

4. 將慕斯圈放上鋪了烘焙紙的烤盤，內側鋪上塑膠圍邊。隔水加熱融化巧克力，取一片蛋白霜，塗上防沾用巧克力（見 280 頁），巧克力面朝下放入慕斯圈。擠花袋填入栗子慕斯（搭配 10 號擠花嘴），將一半分量的栗子慕斯擠在蛋白霜上。

5. 將第二片蛋白霜疊上栗子慕斯，再擠上其餘的栗子慕斯。最後放上一片蛋白霜，輕壓使其密合，但小心不要壓碎蛋白霜，冷藏 2 小時。

6. 製作香堤伊鮮奶油（見 63 頁）：香草莢刮出籽，混入鮮奶油後打發。冷藏備用。製作栗子奶油：以桌上型攪拌機的槳狀攪拌器攪打原味栗子奶油（也可使用食物調理機的塑膠刀片）。加入軟化奶油，提高速度將整體攪拌至蓬鬆。栗子奶油填入擠花袋，使用蒙布朗專用擠花嘴。從冰箱中取出蛋糕體，取下慕斯圈。用抹刀將四分之三的香堤伊鮮奶油抹在蛋糕表面與四周（見 274 頁）。蛋糕表面擠滿栗子奶油，撒上可可粉。最後以 V 字擠花嘴在蛋糕表面的栗子奶油周圍做出一圈擠花裝飾。

VACHERIN VANILLE
香草瓦雪蘭

大解密
Comprendre

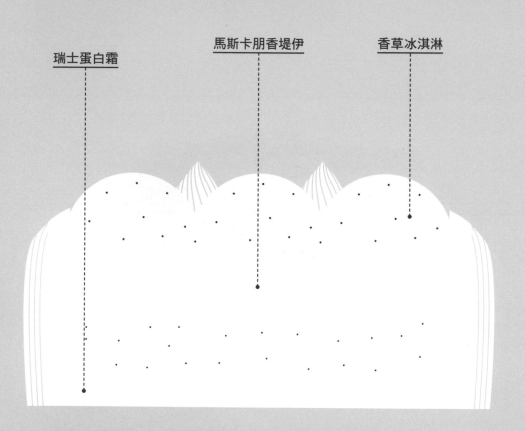

瑞士蛋白霜   馬斯卡朋香堤伊   香草冰淇淋

什麼是香草瓦雪蘭？

蛋白霜加上香草冰淇淋夾心，搭配馬斯卡朋香堤伊。

製作時間

準備：1 小時
烘烤：3 至 5 小時
冷凍：3 小時

所需工具

擠花袋 3 個
8 號圓形擠花嘴
10 號圓形擠花嘴
星形擠花嘴
直徑 3 公分冰淇淋挖勺
附槳狀與球狀攪拌器的桌上型攪拌機，
或電動打蛋器

製作注意事項

快速操作冰淇淋

所需技巧

使用附擠花嘴的擠花袋（見 272 頁）

訣竅

為了避免冰淇淋在操作時融化，可事先準備好冰淇淋球冷凍備用，組裝時再取出。

1

2

3

8人份

I. 瑞士蛋白霜
蛋白 100 公克
糖 100 公克
糖粉 100 公克

2. 馬斯卡朋香堤伊
液態鮮奶油（乳脂肪含量
30％）250 公克
馬斯卡朋 250 公克
糖粉 60 公克
香草莢 1 根

3. 冰淇淋
香草冰淇淋 1.5 公升

1. 製作瑞士蛋白霜（見272頁）。以90℃預熱烤箱。烤盤鋪烘焙紙，直徑18公分慕斯圈包上烘焙紙，放在烤盤上。蛋白霜填入擠花袋，以8號擠花嘴用繞圈方式從內向外（見272頁）填滿慕斯圈底部，然後再沿著慕斯圈內側，擠上一圈一圈的蛋白霜，做出5公分高的蛋糕外圍。

2. 烘烤至少3小時，確實烘乾蛋白霜。取出置於網架上冷卻。

3. 將0.5公升的冰淇淋放入攪拌缸中，以槳狀攪拌器打至滑順，也可用橡皮刮刀攪拌。立即裝入擠花袋，填入蛋白霜殼中，或是用橡皮刮刀填入再整平。冷凍備用。

4. 製作馬斯卡朋香堤伊：馬斯卡朋、糖粉、香草籽及50公克的鮮奶油用低速攪拌，並徐徐倒入其餘的鮮奶油。整體混合均勻後，提高攪拌器的速度，以製作香堤伊鮮奶油的手法打發。取出冷凍的瓦雪蘭，將馬斯卡朋香堤伊裝入擠花袋，以10號擠花嘴填入蛋白霜殼中，並用刮刀抹平。冷凍1小時。

5. 以直徑3公分的冰淇淋挖勺挖取7球冰淇淋，每次挖取前，將挖勺浸入熱水中。將冰淇淋球擺在馬斯卡朋香堤伊上，放回冷凍至少2小時。剩餘的馬斯卡朋香堤伊用星狀擠花嘴擠花裝飾瓦雪蘭表面，並用鋸齒擠花嘴裝飾側面，即可享用。冷凍保存。

核桃蛋白蛋糕

大解密

Comprendre

焦糖核桃

蛋白餅

核桃慕斯林奶油

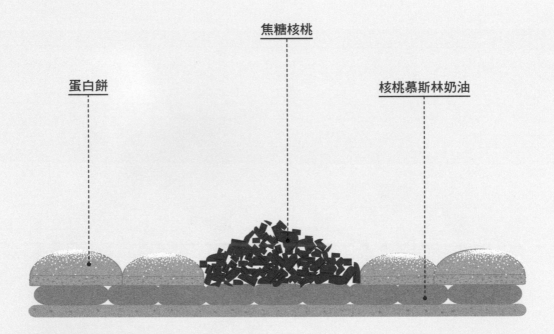

什麼是核桃蛋白蛋糕？

做成圈狀的蛋白餅中填入核桃慕斯林奶油與香脆的焦糖核桃。

製作時間

準備：1 小時
烘烤：20 至 50 分鐘
冷藏：2 小時

所需工具

擠花袋
10 號圓形擠花嘴
12 號圓形擠花嘴
溫度計
食物調理機（使用金屬刀片）

變化

可用等量的榛果或杏仁取代核桃。

製作注意事項

圓圈擠花
堅果焦糖化

所需技巧

使用附擠花嘴的擠花袋（見 272 頁）
烘烤堅果（見 281 頁）

製作流程

卡士達醬－蛋糕體－慕斯林奶油－焦糖核桃－組裝

8人份

I. 蛋白餅
麵粉 40 公克
核桃粉 155 公克
糖 130 公克
蛋白 190 公克
糖 70 公克

2. 核桃慕斯林奶油
核桃帕林內
核桃 150 公克
水 30 公克
糖 110 公克
卡士達醬
牛奶 250 公克
蛋黃 50 公克

糖 60 公克
玉米粉 25 公克
奶油 65 公克
奶油
軟化奶油 65 公克

3. 裝飾
碎核桃 130 公克
水 10 公克
糖 10 公克
糖粉 40 公克

1. 製作蛋白餅（見 39 頁）。麵糊填入擠花袋，使用 10 號擠花嘴，在鋪了烘焙紙的烤盤上擠出 1 個直徑 22 公分的圓形。另外擠出直徑 4 公分的圓形小麵糊，相連成一個直徑 22 公分的圓圈狀。烘烤時間請參照基本蛋白餅作法。

2. 製作核桃帕林內（見 281 頁）：核桃以 180℃ 烘烤 15 分鐘。水與糖加入鍋中煮至 107℃。倒入切碎的核桃，混合均勻並煮至焦糖化。倒在烘焙紙上冷卻。

3. 步驟 2 倒入食物調理機中打成泥。

4. 製作慕斯林奶油（見 57 頁）。離火時加入核桃帕林內。

5. 慕斯林奶油填入擠花袋（使用 12 號擠花嘴）。在作為底部的蛋白餅邊緣擠一圈球狀慕斯林奶油，再以螺旋狀填滿中心（見 272 頁）。疊上圓圈狀蛋白餅，冷藏至少 2 小時。

6. 裝飾：水與糖煮至沸騰。核桃放在鋪了烘焙紙的烤盤上。淋上糖漿後混合，使糖漿充分裹在核桃上。以 180℃ 烘烤 15 分鐘，中途每隔 5 分鐘以橡皮刮刀攪拌，烘烤至焦糖化。取出冷卻。瓦雪蘭撒上糖粉，中間擺上焦糖核桃即完成。

FLAN PÂTISSIER
法式布丁塔

大解密
Comprendre

布丁餡   脆塔皮

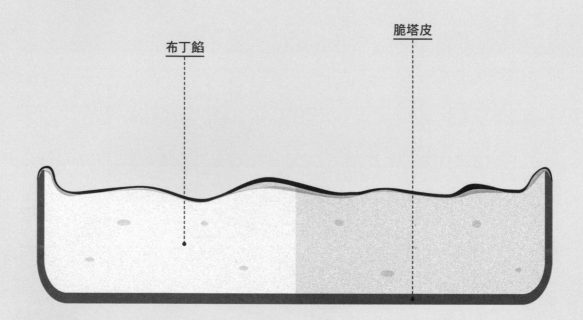

什麼是法式布丁塔？
脆塔皮中填入烤熟的蛋奶糊。

製作時間
準備：30 分鐘
烘烤：45 分鐘至 1 小時
冷藏：4 小時

所需工具
直徑 24 公分中空塔模

變化
熱帶布丁塔：以 400 公克的椰奶取代等量的牛奶。布丁塔冷卻後撒上 50 公克的椰子粉。

所需技巧
鋪塔皮（見 284 頁）

製作流程
甜脆塔皮－布丁蛋奶糊－烘烤

2

4&5

6

6至8人份

1. 脆塔皮

麵粉 200 公克
奶油 100 公克
糖 25 公克＋鹽 1 公克
水 50 公克
蛋黃 15 公克

2. 布丁蛋奶糊

牛奶 800 公克
蛋 4 顆
糖 200 公克
法式布丁粉 60 公克
香草莢 1 根

1. 製作前一天先備妥脆塔皮麵團（見 11 頁）。塔皮擀至 2 毫米厚，放在鋪了烘焙紙的烤盤上。冷藏 30 分鐘，隔夜更佳。

2. 塔模塗奶油，鋪入塔皮（見 284 頁），放回冰箱冷藏 1 小時。以 180℃預熱烤箱。

3. 全蛋與糖放入鋼盆中打發後，拌入法式布丁粉。

4. 牛奶與香草籽煮至沸騰，當牛奶開始沸騰升起時，將一半的牛奶倒入步驟 3 中稀釋蛋糊，用打蛋器攪拌均勻。

5. 步驟 4 倒回鍋中與其餘的牛奶混合，以大火加熱，並一邊快速攪打避免沾鍋。當奶蛋糊即將沸騰，並且變得濃稠不沾鍋壁時離火。

6. 步驟 5 倒入塔皮中，烘烤 45 分鐘至 1 小時。待冷卻後，冷藏至少 3 小時即可享用。

CHEESECAKE
乳酪蛋糕

大解密
Comprendre

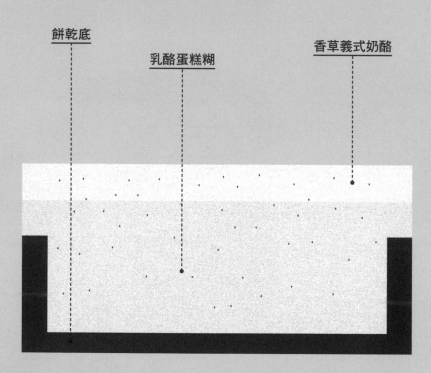

餅乾底

乳酪蛋糕糊

香草義式奶酪

什麼是乳酪蛋糕？

一款充滿奶香的濃郁蛋糕，以鹹餅乾碎屑做成沙布雷底部，填入白乳酪香草糊與滑順的香草義式奶酪。

製作時間

準備：1 小時
烘烤：20 至 40 分鐘
冷藏：6 至 24 小時

所需工具

12×24×7 公分慕斯框

變化

香檸乳酪蛋糕：以 1 顆青檸檬皮絲取代香草。

製作注意事項

操作餅乾底

訣竅

若使用可調式烤模，乳酪蛋糕糊可能會流出，烘烤時會變形。須以廚房用細繩綁緊圈模。

混合餅乾屑時須使用漿狀攪拌器（攪拌機的葉片型攪拌器）低速混合，以免奶油溫度過高，使接下來的步驟較不容易操作。

製作流程

餅乾底－乳酪蛋糕糊－組裝－烘烤－淋面

1

2

3

6至8人份

1. 餅乾底

鹹餅乾 260 公克（或消化餅乾）

奶油 200 公克

糖 130 公克

麵粉 65 公克

2. 乳酪蛋糕糊

蛋 250 公克

糖粉 270 公克

法式鮮奶油（乳脂肪含量 30%）500 公克

白乳酪 650 公克

香草莢 2 根，刮出籽

檸檬汁 35 公克

玉米粉 40 公克

3. 香草義式奶酪

法式鮮奶油（乳脂肪含量 30%）300 公克

糖 15 公克

吉利丁片 4 公克

香草莢 1 根

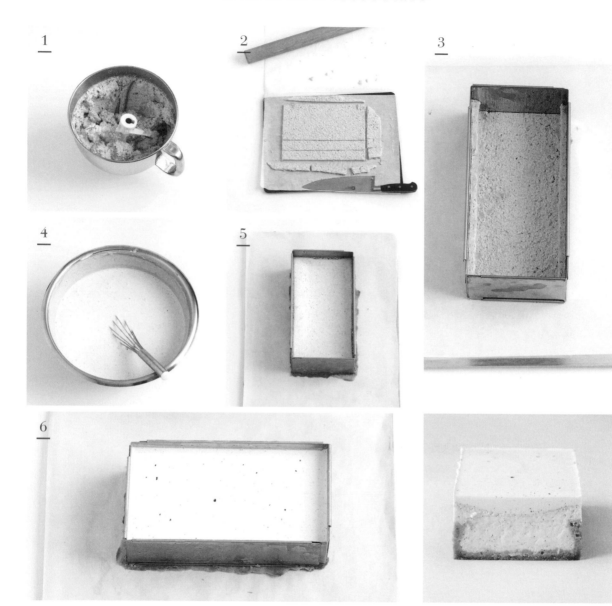

1. 製作餅乾底：餅乾放入攪拌缸，以槳狀攪拌器低速打成細末。加入奶油、糖及麵粉。低速混合均勻至濃稠。

2. 將步驟 1 的麵團放在兩張烘焙紙之間擀至 1 公分厚。冷藏 1 小時。以慕斯框切出 1 塊 12x24 公分的麵團做為底部，以及兩條 24x3 公分做為側邊。

3. 慕斯框放在鋪了烘焙紙的烤盤上，將底部放入框中，長條型的麵團則貼在慕斯框內側立起，放置一旁備用。

4. 製作乳酪蛋糕糊：以 120℃ 預熱烤箱。白乳酪、法式鮮奶油、糖粉及玉米粉放入鋼盆中攪拌。加入蛋、香草籽與檸檬汁，用打蛋器攪打均勻。

5. 將步驟 4 倒入鋪了麵團的慕斯框中，烘烤 20 至 40 分鐘，期間每 10 分鐘稍微打開烤箱門釋出水蒸氣，避免蛋糕表面裂開。輕晃烤模，若乳酪蛋糕糊已凝固，但會稍微晃動，即可取出烤箱。冷卻至室溫後，放入冰箱冷藏隔夜。

6. 製作義式奶酪：吉利丁片泡冷水軟化。100 公克的鮮奶油與糖一起煮至沸騰後離火。倒入瀝乾水分的吉利丁片，用打蛋器攪拌均勻。加入其餘的鮮奶油，混合均勻後倒在起司蛋糕上，冷藏 2 小時凝固。用噴槍稍微加熱慕斯框後取下，將蛋糕分切即可享用。

Le cheesecake

MADELEINES
瑪德蓮

大解密
Comprendre

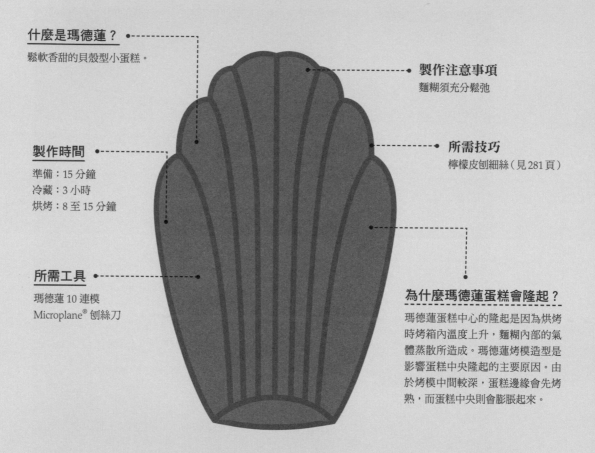

什麼是瑪德蓮？
鬆軟香甜的貝殼型小蛋糕。

製作注意事項
麵糊須充分鬆弛

製作時間
準備：15 分鐘
冷藏：3 小時
烘烤：8 至 15 分鐘

所需技巧
檸檬皮刨細絲（見 281 頁）

所需工具
瑪德蓮 10 連模
Microplane® 刨絲刀

為什麼瑪德蓮蛋糕會隆起？
瑪德蓮蛋糕中心的隆起是因為烘烤時烤箱內溫度上升，麵糊內部的氣體蒸散所造成。瑪德蓮烤模造型是影響蛋糕中央隆起的主要原因。由於烤模中間較深，蛋糕邊緣會先烤熟，而蛋糕中央則會膨脹起來。

10個瑪德蓮

蛋 50 公克（1 顆）
糖 50 公克
蜂蜜 10 公克
麵粉 50 公克
泡打粉 2 公克
奶油 55 公克
檸檬 1 顆

1. 奶油放入鍋中加熱至融化，冷卻至室溫。
2. 蛋、糖及蜂蜜放入鋼盆中以打蛋器打發。
3. 檸檬皮刨細絲（見 281 頁）。在步驟 2 中加入麵粉、泡打粉及檸檬皮細絲。麵粉要逐次加入，避免結塊。
4. 倒入溫熱的奶油，混合均勻。保鮮膜直接覆蓋在麵糊上，放入冰箱冷藏鬆弛至少 3 小時，隔夜更佳。

5. 隔天，以 220℃ 預熱烤箱。烘烤前 30 分鐘從冰箱取出瑪德蓮麵糊，使之回溫軟化。麵糊裝入擠花袋，擠入烤模至八分滿，送入烤箱以 170℃ 烘烤 8 至 15 分鐘。
6. 從烤箱取出，脫模放在網架上冷卻。

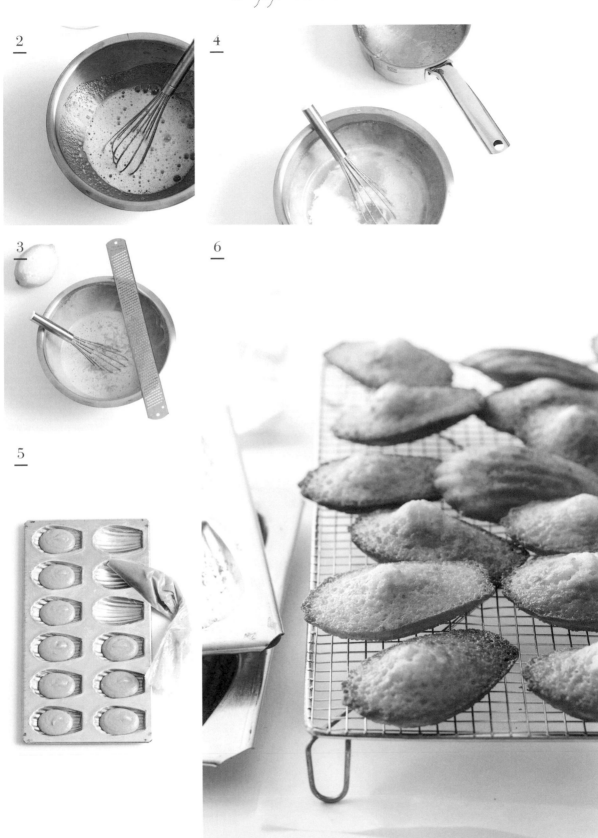

FINANCIERS
費南雪

大解密

Comprendre

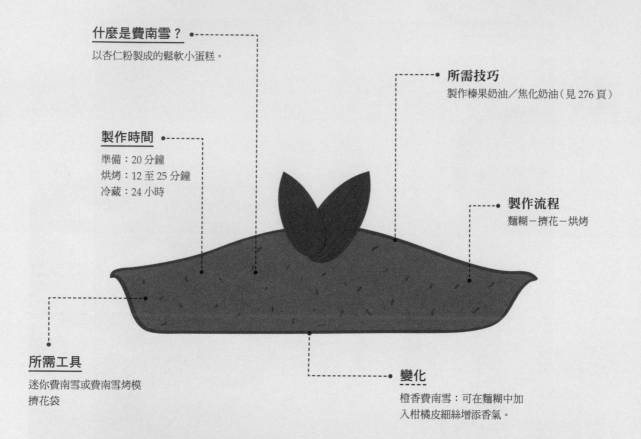

什麼是費南雪？
以杏仁粉製成的鬆軟小蛋糕。

所需技巧
製作榛果奶油／焦化奶油（見276頁）

製作時間
準備：20分鐘
烘烤：12至25分鐘
冷藏：24小時

製作流程
麵糊－擠花－烘烤

所需工具
迷你費南雪或費南雪烤模
擠花袋

變化
橙香費南雪：可在麵糊中加
入柑橘皮細絲增添香氣。

為什麼麵糊在烘烤前需要充分鬆弛？

麵糊中的奶油在經過冷藏後，即使放置室溫30分鐘也會維持凝固的狀態，烘烤時會較穩定，也能膨脹得更好。

20個迷你費南雪或8個費南雪

Ⅰ. 費南雪麵糊

糖粉 60公克
杏仁粉 30公克
麵粉 20公克
奶油 50公克
蛋白 55公克

2. 裝飾

杏仁 50公克

1. 糖粉、杏仁粉及麵粉混合均勻。

2. 製作焦化奶油（見276頁）。完成後立即倒入步驟 **1** 的乾性材料中。以打蛋器混合均勻，接著逐次加入蛋白。保鮮膜直接覆蓋在麵糊上，放入冰箱冷藏鬆弛，隔夜更佳。

3. 以170℃預熱烤箱。烘烤前30分鐘從冰箱取出麵糊回溫軟化。麵糊填入擠花袋，擠入烤模中，撒上略為切碎的杏仁。

4. 依不同尺寸，烘烤12至15分鐘即完成。

1

2

3

4

COOKIES
美式巧克力核桃餅乾

大解密

Comprendre

什麼是餅乾？
一種酥脆的點心，加上
巧克力碎片及核桃。

所需技巧
製作軟化奶油（見 276 頁）

製作時間
準備：15 分鐘
烘烤：10 分鐘
冷藏：2 小時

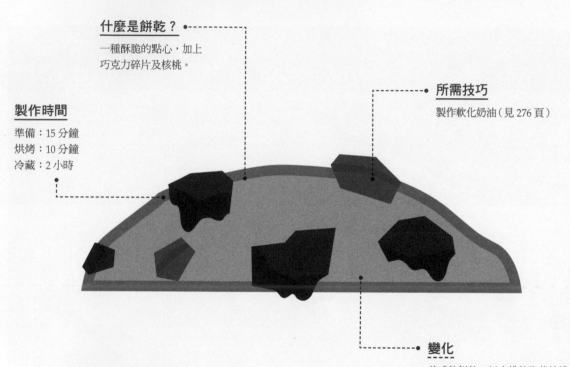

變化
美式軟餅乾：以杏桃乾取代核桃。

什麼是決定餅乾酥脆或香軟的因素？
麵團中的奶油質地對於成品質地影響極大。若加入的奶油較軟，麵糊在烘烤時會攤得較大，成品也會較脆硬。

為何要鬆弛麵團？
若喜歡香軟的餅乾質地，建議烘烤前將麵團放入冰箱冷藏，使麵團變硬。

製作流程與保存
麵團－切片－烘烤
餅乾麵團滾成長條狀，包上保鮮膜可冷凍保存 3 個月。

12塊餅乾

軟化奶油 60 公克

糖粉 30 公克

二砂 40 公克

蛋 1 顆

鹽 1 公克

麵粉 100 公克

泡打粉 3 公克

切成碎塊的黑巧克力 50 公克

碎核桃 40 公克

1. 軟化奶油（見 276 頁）放入鋼盆中與糖粉及二砂一起攪打至滑順。加入蛋、麵粉、鹽及泡打粉拌勻。加入巧克力碎塊及核桃，混合均勻。

2. 麵團滾製成直徑 6 公分的長條狀，以保鮮膜捲起，冷藏 2 小時使麵團變硬。

3. 以 160℃ 預熱烤箱。從冰箱取出麵團條，切 1 公分厚片，放在鋪了烘焙紙的烤盤上。烘烤 10 分鐘左右，以手指觸碰餅乾，外硬內軟即代表烤熟。

4. 餅乾由烤箱取出，除去烤盤，以免餘溫繼續加熱餅乾。

熔岩巧克力蛋糕

大解密
Comprendre

什麼是熔岩巧克力蛋糕？
一種巧克力小蛋糕，只需短暫烘烤，內部幾乎呈現流動狀。

製作注意事項
烘烤程度

製作時間
準備：15 分鐘
烘烤：8 至 12 分鐘

所需技巧
慕斯圈包烘焙紙（見 271 頁）
隔水加熱（見 270 頁）

所需工具
直徑 8 公分慕斯圈 6 個

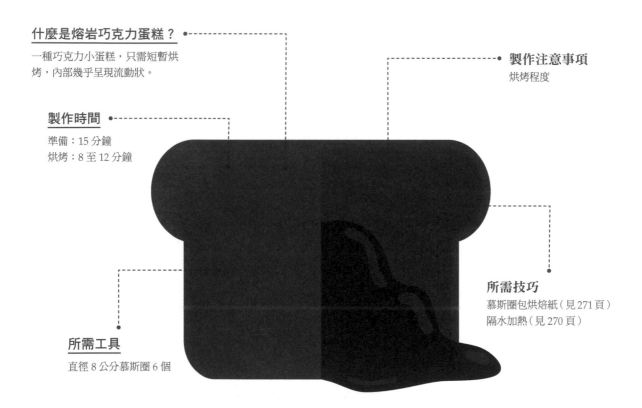

變化
白巧克力熔岩蛋糕：烘烤前在麵糊中塞入一塊白巧克力。

訣竅
鋁製烤模導熱性佳，可使烘烤更順利，且容易脫模。
若蛋糕周圍看起來還沒熟，可多烤幾分鐘。

6個熔岩巧克力蛋糕
奶油 150 公克
黑巧克力 150 公克
糖粉 100 公克
麵粉 50 公克
蛋 150 公克（3 顆）

1. 以 180℃ 預熱烤箱。裁剪寬度高於慕斯圈的烘焙紙，鋪在慕斯圈內壁（見 271 頁）。
2. 隔水加熱融化巧克力與奶油。另取一個鋼盆，放入麵粉與糖粉混合均勻。逐次加入蛋，以攪拌器混合均勻，避免結塊。再倒入融化的巧克力與奶油中拌勻。
3. 麵糊倒入慕斯圈中。烘烤至少 8 分鐘。
4. 蛋糕中心的顏色會較深，周圍高中間凹陷，這是由於蛋糕周圍已經烤熟，但中心仍呈現流動狀的緣故。

<u>1</u>

<u>2</u>

<u>3</u>

<u>4</u>

CIGARETTES RUSSES
雪茄餅乾

大解密

Comprendre

什麼是雪茄餅乾？
一種香脆的捲餅，用來
搭配其他甜點。

製作注意事項
雪茄餅乾上色程度

製作時間
準備：20 分鐘
烘烤：8 至 10 分鐘
冷藏：3 至 24 分鐘

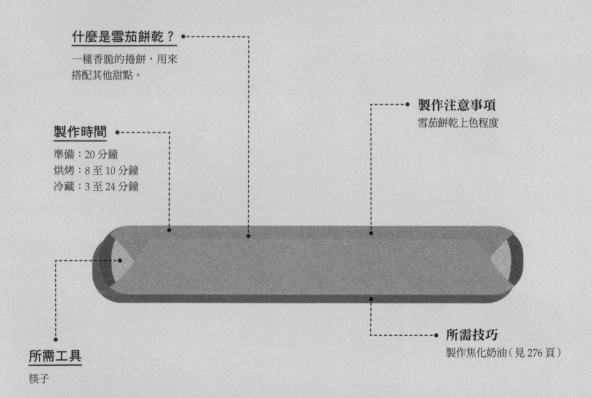

所需工具
筷子

所需技巧
製作焦化奶油（見 276 頁）

為什麼烘烤前需冷藏鬆弛麵團？
經過冷藏的麵團在烘烤時較不易攤成一大片，質地較香軟，因此出爐時也較容易捲製。

一般用途
裝飾搭配冰淇淋及雪霜

變化
夾心版本：可在捲餅中填入乳霜甘納許（見 73 頁）。完成後須盡快享用（此款餅乾非常容易受潮變軟）。

訣竅
製作雪茄餅乾時，可利用筷子將餅乾片捲成柱狀。

20根雪茄餅乾

奶油 50 公克
蛋白 50 公克
糖粉 50 公克
麵粉 50 公克

1. 糖粉與麵粉放入鋼盆中。製作焦化奶油（見 276 頁），完成後立即倒入鋼盆，用橡皮刮刀與麵粉及糖粉混合均勻。

2. 步驟 1 逐次加入蛋白混合均勻，保鮮膜直接覆蓋在麵糊上，放入冰箱冷藏鬆弛，隔夜更佳。

3. 以 200℃預熱烤箱。烤盤鋪上烘焙紙。放上小團麵糊，以抹刀抹平成直徑 8 公分的圓形（可使用圓形模板輔助）。每個烤盤放 4 至 6 片麵糊，以免沾黏。烘烤 8 至 10 分鐘，烤好的餅乾周圍顏色較深，中間呈金黃色。

4. 餅乾出爐後，立刻捲製餅乾片。可利用筷子將餅乾片捲成圓柱狀。

LANGUES DE CHAT
貓舌餅

大解密
Comprendre

什麼是貓舌餅？
以蛋白製成的香脆餅乾。

製作注意事項
烘烤程度

製作時間
準備：10 分鐘
烘烤：10 至 15 分鐘

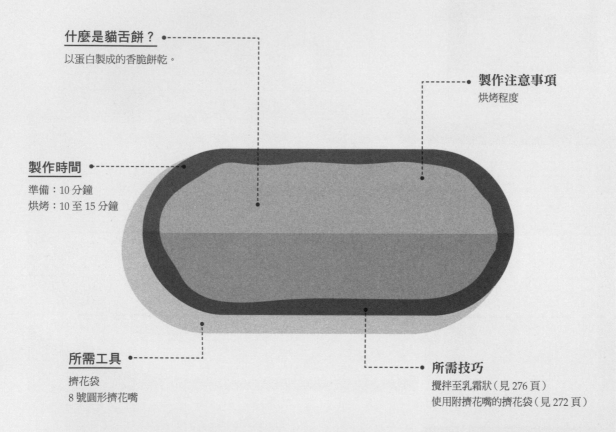

所需工具
擠花袋
8 號圓形擠花嘴

所需技巧
攪拌至乳霜狀（見 276 頁）
使用附擠花嘴的擠花袋（見 272 頁）

變化

杏仁貓舌餅：烘烤前在餅乾麵糊撒上杏仁片。
香草貓舌餅：在餅乾麵糊中加入 5 公克香草精。

30片貓舌餅

奶油 60 公克
糖 30 公克
蛋白 50 公克
麵粉 60 公克

1. 以 190℃ 預熱烤箱。奶油與糖放入鋼盆中，以橡皮刮刀壓拌至乳霜狀（見 276 頁）。加入蛋白及麵粉，混合均勻。
2. 烤盤鋪上烘焙紙。麵糊填入擠花袋，擠出 5 公分長的麵糊，並在餅乾之間預留足夠空間（見 272 頁）。烘烤約 10 分鐘，餅乾邊緣應呈現漂亮的焦糖色，中心呈金黃色。
3. 出爐後立即將餅乾移至網架上冷卻。

1

2

3

榛果巧克力球

大解密

Comprendre

巧克力糖衣

帕林內

烤香的杏仁

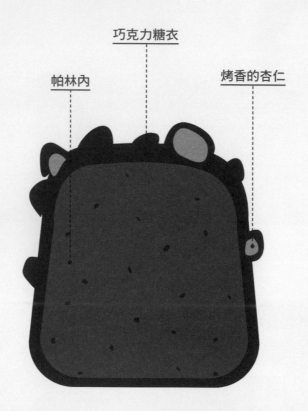

什麼是榛果巧克力球？

帕林內軟心裹上巧克力糖衣，並撒上烤香的杏仁角。

為什麼巧克力需要經過調溫？

巧克力的調溫非常重要，可避免巧克力產生白色霜花，並讓巧克力糖衣香脆有光澤。

製作時間

準備：30 分鐘
冷藏：30 分鐘
烘烤：15 至 25 分鐘

所需工具

溫度計

所需技巧

巧克力調溫（見 280 頁）

製作流程

甘納許－揉成團：杏仁－調溫－沾浸

264

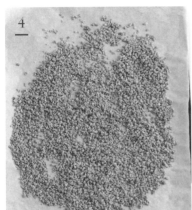

12個巧克力球

1. 巧克力球

帕林內 100 公克
黑巧克力 130 公克
糖粉少許

2. 巧克力糖衣

黑巧克力 300 公克
杏仁角 150 公克
水 10 公克
糖 10 公克

1. 製作巧克力球：巧克力隔水加熱融化。帕林內放入鋼盆中，倒入融化的巧克力。以橡皮刮刀混合均勻。

2. 烤盤鋪烘焙紙。步驟 1 填入擠花袋，擠出 12 個重約 20 公克的巧克力，冷藏 30 分鐘。取出巧克力團，手中拍些糖粉，將巧克力團搓揉成圓球狀。糖粉可避免巧克力團沾黏。完成後放置室溫或冷藏備用。

3. 處理杏仁：以 160℃ 預熱烤箱，水與糖放入鍋中煮沸後離火，降溫後倒在杏仁角上混合均勻。

4. 將杏仁平攤在鋪了烘焙紙的烤盤上，烘烤 15 至 25 分鐘，途中需不時翻攪，烤至整體呈金黃色。取出烤箱冷卻。

5. 巧克力調溫（見 86 頁）。一次取一顆巧克力球浸入巧克力醬中，以叉子撈起，裹上一層杏仁角。

6. 靜置冷卻凝固即完成。

CHAPITRE 3
LE GLOSSAIRE
圖解專有名詞

器具

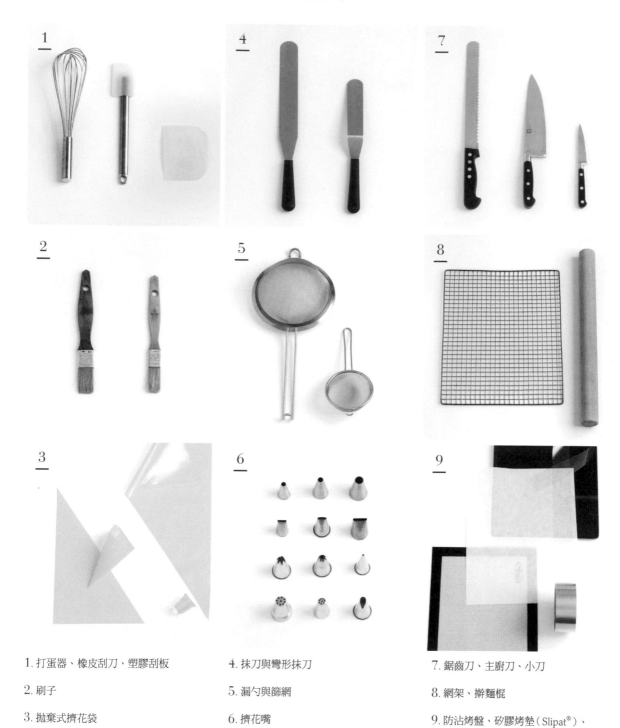

1. 打蛋器、橡皮刮刀、塑膠刮板

2. 刷子

3. 拋棄式擠花袋

4. 抹刀與彎形抹刀

5. 漏勺與篩網

6. 擠花嘴

7. 鋸齒刀、主廚刀、小刀

8. 網架、擀麵棍

9. 防沾烤盤、矽膠烤墊（Slipat®）、
Rhodoïd® 蛋糕塑膠圍邊、烘焙紙

器具

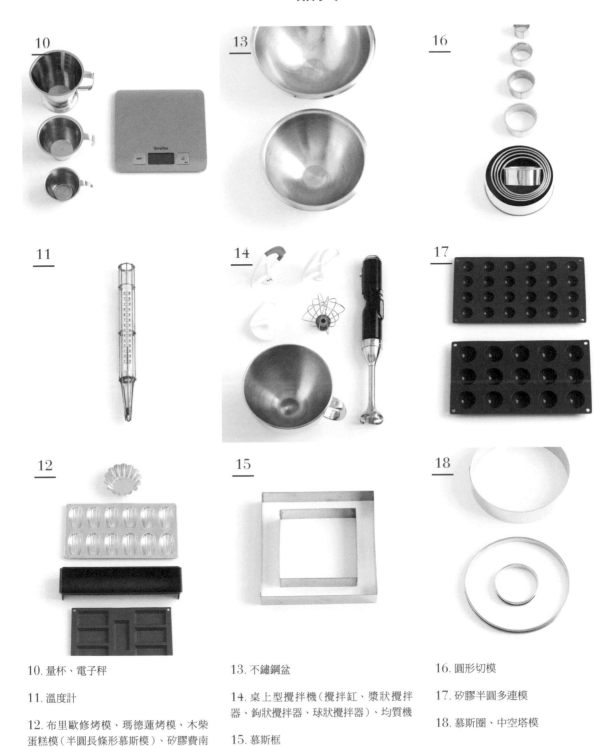

10. 量杯、電子秤

11. 溫度計

12. 布里歐修烤模、瑪德蓮烤模、木柴
蛋糕模（半圓長條形慕斯模）、矽膠費南
雪多連模

13. 不鏽鋼盆

14. 桌上型攪拌機（攪拌缸、漿狀攪拌
器、鉤狀攪拌器、球狀攪拌器）、均質機

15. 慕斯框

16. 圓形切模

17. 矽膠半圓多連模

18. 慕斯圈、中空塔模

基本技巧

1. 混合兩種不同質地的材料

分兩次加入能夠讓不同質地的材料混合更容易。先在較濃厚的材料中加入三分之一的另一份材料，用打蛋器充分混合後，加入其餘三分之二的材料，並以橡皮刮刀小心拌勻，保留整體的輕盈空氣感。第二次加入材料時也可使用打蛋器，以橡皮刮刀的手法拌勻，混合速度可較快。最後以橡皮刮刀檢視是否混合均勻。

2. 吉利丁片泡水軟化

市售的吉利丁片經過脫水乾燥，使用前必須泡水軟化。若吉利丁片沒有吸收水分軟化，拌入材料後會吸取其中的水分，整體會變得太乾稠。

吉利丁片泡入冰水中（吉利丁即使在冷水中也會融化），浸泡至少 15 分鐘。軟化後用手擰乾水分再加入奶蛋糊中。

吉利丁可以讓奶蛋糊「黏著」，使整體更硬挺。凝固時間極短，奶蛋糊拌入吉利丁後須立即使用，使吉利丁的凝結能力在操作完畢時發揮功效。若靜置一段時間後使用，須先以打蛋器充分拌勻，使其恢復流動狀態再操作。

3. 隔水加熱

透過水蒸氣加熱材料，而非直接材料放在熱源上加熱。隔水加熱的熱度對材料來說較溫和，加熱速度較慢，可以避免巧克力燒焦或蛋液凝結。

取一只大鍋，以及一個可以放在鍋上但底部不碰到水的鋼盆。鍋子加水，開火加熱（水不可沸騰）。將欲加熱的材料放入鋼盆中，再將鋼盆放在鍋子上，但盆子不可直接接觸水面。

4. 過濾

將材料以漏勺或篩網過濾過篩，可消除結塊的部分。例如英式蛋奶醬中的香草籽，也可使材料更細緻（例如杏仁粉）。此外，淋面之類的液態材料過濾後也會變得更滑順均勻。

5. 刷蛋液上色

全蛋或蛋黃打散。刷子沾蛋液後稍微瀝乾多餘的蛋液，塗刷在泡芙、派餅或布里歐修上。

準備烤模

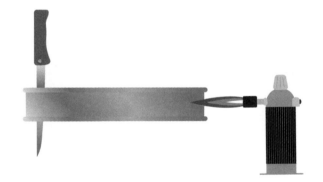

1. 烤模塗奶油

烤模必須塗奶油，烘烤後才能脫模。製作甜塔時，為中空塔模塗奶油能使塔皮緊密貼在塔模上，避免烘烤途中塔皮塌下。使用刷子或廚房餐巾紙將軟化的奶油塗刷在中空塔模上。製作熔岩巧克力蛋糕時則用融化奶油塗刷烤模。

2. 烤模包烘焙紙

製作慕斯蛋糕時，慕斯圈內壁必須鋪上防沾紙，避免蛋糕黏在圈模內側。可使用Rhodoïd® 塑膠圍邊（甜點用塑膠圍邊）或烘焙紙。Rhodoïd® 塑膠圍邊不會起皺，較適合慕斯蛋糕。

剪下一條寬度比烤模高度多2公分、長度和烤模周長一樣的烘焙紙，烤模刷上奶油後，將烘焙紙貼在烤模上。Rhodoïd® 塑膠圍邊為自黏性，不須塗奶油。

3. 烤盤前置作業

雖然有些烤模經過防沾處理，但絕大多數的烤盤還是需要覆上一層防沾表面：像是Slipat® 矽膠烤墊或烘焙紙。矽膠烤墊非常適合用於製作巧克力，但不適合烘烤泡芙。烘焙紙雖然非常實用，但較不平穩。

可用曬衣夾夾住烘焙紙四角，或以重物（刀子或杯子）壓住烘焙紙下方。在烘焙紙擠上麵糊，當麵糊的重量足以壓住烘焙紙時便可取下重物。

4. 脫模

Rhodoïd® 塑膠圍邊或烘焙紙可讓蛋糕輕鬆脫模。若烤模沒有包防沾紙，可用以下幾種方式：

脫模： 使用噴火槍。慕斯蛋糕冷凍後，脫模之前用噴火槍加熱慕斯圈5秒左右。不可過度加熱慕斯圈，慕斯蛋糕會融化，並且可能出現燒焦味。有時蛋糕脫模後須放回冷凍庫重新凝固。草莓無法冷凍，故此技巧不適用於法式草莓蛋糕。

使用刀子： 適用於非巧克力蛋糕。刀子加熱後插入慕斯蛋糕與慕斯圈之間，沿內壁劃一圈。

浸泡熱水： 若烤模為不透水設計，可使用此方法，例如木柴蛋糕模。

操作擠花袋

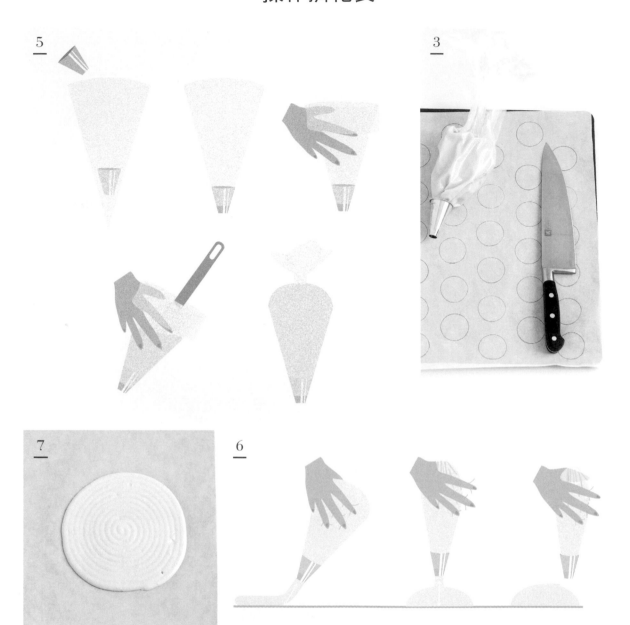

1. 擠花袋

拋棄式擠花袋因沒有衛生上的疑慮，是理想的選擇。可使用無擠花嘴的擠花袋填入甜塔內餡、或方便填入細小的材料、或是以糖霜做出擠花線條裝飾。可自由裁剪所需的擠花袋尺寸，填入材料後，用拇指和食指控制擠花流量。

2. 擠花嘴

擠花嘴有多種造型與材質（塑膠與不鏽鋼），可用於裝飾或填裝：像是細條擠花嘴、V字擠花嘴（斜口）。擠花造型由擠花袋角度決定，直拿或斜拿做出的造型皆不同。擠花嘴以口徑大小命名，單位為毫米，例如 10 號

擠花嘴意即口徑 10 毫米。

3. 烤盤

擠麵糊前，烤盤需鋪上烘焙紙，也可直接擠在防沾處理的烤盤或 Slipat® 矽膠烤墊上（不適用於泡芙）。

4. 畫基準線

可借助基準線，讓擠出的麵糊更規則一致。用杯子或圓形切模在紙上畫交錯排列的圓圈。將紙張放在烤盤上，鋪上烘焙紙（這張基準線紙可以重複使用，也可直接畫在烘焙紙上，翻面後擠麵糊）。可在紙張上壓重物（刀子、杯子），等擠出的麵糊數量夠多、夠重時再移除重物。

5. 填裝擠花袋

將欲使用的擠花嘴放入擠花袋。調整或稍微剪開擠花袋開口，放入擠花嘴。將擠花嘴稍稍推回，剪開擠花袋開口。為了避免麵糊在填裝擠花袋時流出，將擠花嘴上方的擠花袋扭緊後塞進擠花嘴。袋口反摺在手上，以橡皮刮刀填入麵糊，並將麵糊刮在持擠花袋的手上。最多填至擠花袋容量的三分之二，以免麵糊溢出。立起反摺的袋口並扭緊，一邊將麵糊推往擠花嘴。拉住擠花嘴，鬆開扭結，使麵糊下移。

6. 擠花

垂直拿取擠花袋，擠出圓形或圓頂，傾斜角

272

擠花裝飾

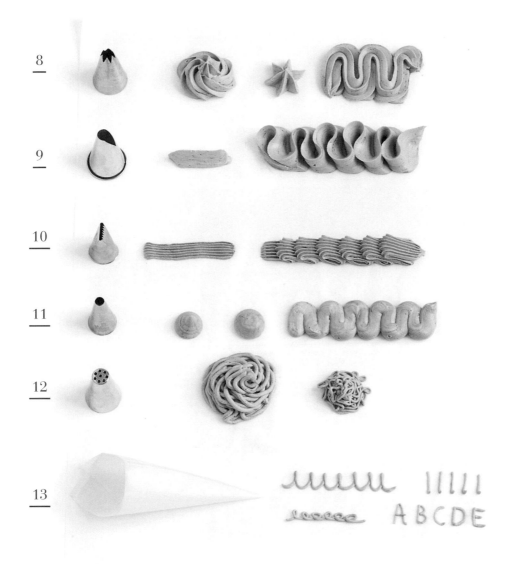

8

9

10

11

12

13

度則可擠出閃電泡芙。使用時,一隻手擠壓擠花袋,另一隻手穩定擠花袋,引導方向。當袋中的麵糊漸漸減少時,將麵糊往擠花袋下方推,並重新旋緊擠花袋的上方。

7. 螺旋狀擠花
此技法用於製作大型圓形麵糊,或是製作慕斯蛋糕的鮮奶油夾層,使用擠花袋擠麵糊可讓成品表面厚薄一致。製作螺旋狀擠花:從中央擠起向外繞圈,盡量使力道平均,擠出規則的長條型,麵糊之間不可有空隙,也不可重疊,需快速完成。

8. 星狀擠花
可製作簡單的星形、較大朵的奶油花,或

是做成緊密的波浪狀。

9. V 字擠花
可製作簡單的線條感擠花,或是一氣呵成擠出波浪。

10. 鋸齒擠花
可製作條紋帶狀擠花,或是以折返方式擠出重疊的波浪狀緞帶裝飾。

11. 圓形擠花
垂直拿取擠花袋可擠出水珠狀或圓頂擠花。製作波浪擠花時,擠花袋也必須和烤盤保持垂直。

12. 細條擠花
以交錯畫圈的方式擠花直到完全覆蓋表面。

13. 手摺擠花袋裝飾
烘焙紙剪成直角三角形,短邊的角反摺對準直角捲起來。將烘焙紙捲緊成尖端封閉的錐狀,上方開口的角向內摺。

填入皇家糖霜或翻糖至半滿,開口向下摺緊。將填充物往下推至圓錐尖端後,以剪刀剪去開口即可使用。

書寫法:如果可以直接接觸成品表面,以原子筆書寫方式使用即可。

懸空法:若不可直接接觸成品表面,將擠花袋尖端懸空使用。

蛋糕裝飾

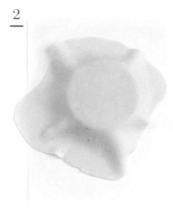

1. 巧克力木屑裝飾

蛋糕必須已有淋面，或是以奶油抹面：蛋糕表面必須具有黏著性，使巧克力木屑能夠附著。操作巧克力木屑時須迅速，以免木屑融化。將巧克力木屑均勻地鋪撒在蛋糕表面，覆蓋蛋糕側面時，取一大把巧克力木屑貼在蛋糕上，並輕壓幫助附著。

2. 杏仁膏／翻糖裝飾

工作檯撒少許糖粉／麵粉，用擀麵棍將杏仁膏擀至 2 毫米厚。將擀好的杏仁膏片放在蛋糕上，用手將邊緣輕輕整平，一邊不時稍微掀起杏仁膏片的下襬，避免產生皺摺，最後用廚房小刀切去多餘糖膏。使用 22% 的杏仁膏較理想，含量過高的杏仁膏較難擀平。以同樣方式操作翻糖，但翻糖通常含有乳瑪琳，滋味較不天然。

3. 鮮奶油抹面裝飾

將鮮奶油放在蛋糕上，以抹刀抹平表面後，再抹平側面，注意鮮奶油的厚度需均勻一致。製作抹面時須使用質地較硬挺的鮮奶油（香堤伊鮮奶油、奶油霜、甘納許）。

蛋糕裝飾

4

7

5

6

4. 塗鏡面果膠

在水果上塗一層鏡面果膠可讓甜塔或慕斯蛋糕充滿光澤。

鏡面果膠加熱至沸騰後,立即以刷子沾取使用。一般使用的杏桃鏡面果膠,可在烘焙材料行購得。也可和果醬或果凍混合使用。

5. 以噴火槍上色

使用噴火槍為慕斯蛋糕表面上色可避免烤熟內部,像是席布斯特奶油、義式蛋白霜……等。噴火槍也可用來將撒糖的表面烤至焦糖化,像是烤布蕾。使用時須距離蛋糕表面 20 公分,並不時移動火焰,避免燒焦。

6. 以抹刀做圓頂

鮮奶油裝入擠花袋,以大號擠花嘴擠在糕點表面上。用抹刀從上往下做出圓頂造型,頂端可圓可尖。抹刀必須和蛋糕表面水平,避免每次塗抹時刮去太多鮮奶油。

7. 以擠花袋做圓頂

鮮奶油裝入擠花袋,以大號擠花嘴擠在糕點表面。擠花時盡可能均勻施力。做出圓頂後,停止擠花,輕輕移開擠花嘴,避免在表面造成小尖點。

奶油

1. 食材簡介

使用生奶油（以完全沒有經過處理的鮮奶油製成），或特級奶油（經巴式殺菌）。兩者的乳脂肪含量皆在 82% 左右。這種奶油可為成品增添風味、濃稠度及酥脆口感。若想為成品增添鹹味（通常用於強化整體風味），應使用無鹽奶油，以便能夠更精確地控制鹽的分量。

2. 冰冷奶油

在某些糕點的製作過程中，像是沙布雷塔皮，加入材料中的奶油必須是冰冷的，奶油不應和麵粉完全混合。烘烤時，麵團中的奶油顆粒會在派皮中造成洞隙，創造酥鬆的口感。

3. 無水奶油

奶油的熔點依產地與乳牛飼料而有不同。冬季出產的奶油質地緊密、熔點高（高於 32℃），也就是所謂的「無水」奶油，特別用於製作千層麵團的奶油夾層（也稱為裹油），因為較不容易軟化，比起一般奶油能夠耐得住更長的操作時間。無水奶油可在烘焙專門店購得。

4. 拌製乳霜狀

將奶油或奶油與糖的混合物以打蛋器快速攪打至膨鬆滑順。通常需先以膏狀奶油製作。

5. 軟化奶油

在與其他材料混合前，將軟化的奶油壓拌至滑順的膏狀。此步驟可避免材料結塊，也能讓膏體更濃郁。

奶油切小塊，置於室溫中軟化，或放在溫度較低的熱源處軟化（但不可使奶油融化，否則奶油會失去乳霜狀質地），接著再以橡皮刮刀或打蛋器攪拌。

6. 焦化奶油／榛果奶油

奶油以小火加熱，使水分蒸發，並轉為榛果色。其顏色與風味皆來自於酪蛋白（奶油中所含的蛋白質）。

鮮奶油

3

4

5

1. 食材簡介

鮮奶油分為以下幾種：未加工（不經任何滅菌處理）、巴式處理（以 80℃ 殺菌）及滅菌處理（以高溫滅菌）。此處我們討論的是以牛乳製成、每 1 公斤含至少 300 公克乳脂肪（30%）的乳製品。未加工或經巴式處理的稱為鮮奶油，質地則因加入的乳酸菌多寡，呈液態或濃稠狀。製作甜點時須使用乳脂肪含量 30% 的液態鮮奶油，乳脂肪能幫助鮮奶油打發，同時增添風味。
Crème fleurette®：專指乳脂肪含量達 30% 的液態鮮奶油。

2. 冰冷鮮奶油

低溫能使乳脂肪結晶，是打發鮮奶油時不可或缺的條件，否則打發的鮮奶油很容易消泡。除了鮮奶油本身的溫度，最好也在低溫環境中操作，可將打發時所需的器具在使用前放入冰箱冷藏（鋼盆、打蛋器）。建議使用有利於溫度傳導的不鏽鋼材質。

3. 打發鮮奶油

在材料中加入「打發」或「發泡」的鮮奶油，可讓成品更輕盈。
快速攪打鮮奶油直到體積膨脹一倍。打發鮮奶油中充滿空氣，其中的乳脂肪在氣泡周圍形成結晶，使鮮奶油維持硬挺。可使用桌上型攪拌機的球狀攪拌器、食物調理機或電動打蛋器。

4. 鮮奶油打至全發

鮮奶油打發後，以畫大圈的方式攪打鮮奶油，使其更加濃稠滑順。當鮮奶油質地轉為緊密時停止打發，過度打發可能會使鮮奶油變成奶油，外觀也會失去光澤。

5. 製作慕斯

在甜點中所謂的慕斯，意即在材料中混入打發的鮮奶油，充滿空氣感的鮮奶油為整體帶來輕盈的質地。

糖

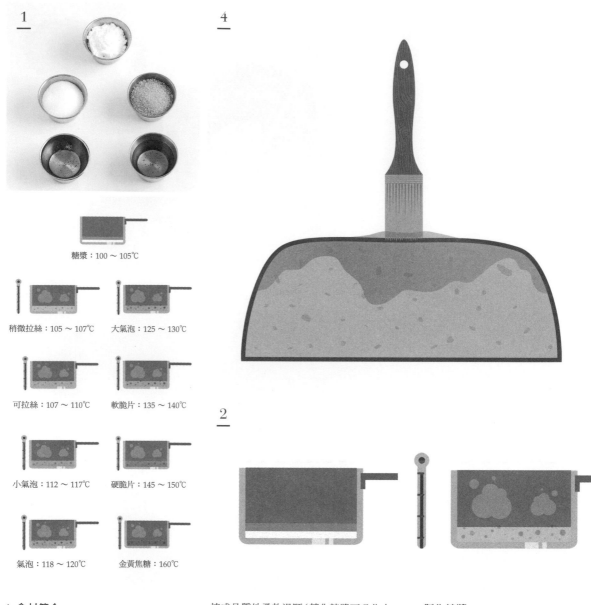

1

糖漿：100 ～ 105℃

稍微拉絲：105 ～ 107℃　　大氣泡：125 ～ 130℃

可拉絲：107 ～ 110℃　　軟脆片：135 ～ 140℃

小氣泡：112 ～ 117℃　　硬脆片：145 ～ 150℃

氣泡：118 ～ 120℃　　金黃焦糖：160℃

4

2

I. 食材簡介

糖可以提升風味、帶來酥脆口感、在發酵麵團中餵養酵母、烘烤時使蛋糕上色、浸潤蛋糕。

白糖： 精緻細砂糖，一般用來製作甜點。

糖粉： 輾磨成粉狀的白砂糖，並加入澱粉（避免結塊）。

黃砂糖／二砂： 直接從甘蔗萃取的未精製砂糖。

葡萄糖漿： 以玉米澱粉或馬鈴薯澱粉製成的濃稠無色糖漿，可避免加熱時糖轉為結晶。用於製作淋面或奴軋汀。

轉化糖漿： 以等量葡萄糖漿及果糖混合而成。製作某些甜點時會以此取代糖，以保

持成品質地柔軟滑順（轉化糖漿可吸收水分，不會結晶）。用於製作淋面。某些蜂蜜可取代轉化糖漿。

珍珠糖： 大顆粒的糖，用於裝飾小泡芙。

2. 焦糖

依照不同的用途（醬汁、慕斯、糖霜、裝飾等等），製作焦糖的方式也不同。

傳統焦糖（以水和糖煮成）用來製作糖飾與泡芙糖衣。

乾式焦糖（熬煮過程不加水）的風味較強烈明顯，用於為整體添加香氣。

若煮糖的時間長，又要大火加熱，可加入**葡萄糖漿**，避免產生反砂（葡萄糖漿不會結晶）。

3. 製作糖漿

需使用潔淨乾燥的器具製作。秤好水與糖後，慢慢倒入鍋中，不可攪拌。以沾濕的刷子清潔鍋壁上噴濺的焦糖。以中火加熱。

4. 刷酒糖液

以含酒精的糖漿塗刷蛋糕：刷子浸入酒糖液，然後塗刷蛋糕表面使其濕潤。蛋糕需吸飽糖漿，但不可泡濕。測驗方法：用手指按壓蛋糕，酒糖液會稍稍溢出即可。

5. 糖粉結晶

以篩網在蛋糕表面撒上兩層細緻的糖粉，靜置3分鐘後，重複之前的步驟。烘烤時，第二次撒上的糖粉會結晶成小珍珠狀。

蛋

1. 食材簡介

新鮮雞蛋：50 公克

蛋白：30 至 35 公克

蛋黃：15 至 20 公克

製作某些甜點，特別是馬卡龍的時候，最好將雞蛋過秤。

蛋白中含有蛋白質，蛋黃中則含有油脂。

保存蛋黃： 最多可冷藏保存 24 小時。

保存蛋白： 最多可冷藏保存 1 星期。

蛋產品： 以各種不同型態販賣的蛋（蛋白、蛋黃或全蛋）──液態、冷凍或粉狀，可以得出精確的重量、符合衛生規範，也更省時。可在專業烘焙行購得。

2. 分蛋

將蛋黃與蛋白分開。

3. 打發蛋黃

蛋黃與糖一起攪打至充滿空氣的慕絲狀，體積也會增加一倍。打發過程費時數分鐘，以電動打蛋器攪打較迅速。

4. 打發至緞帶狀

蛋黃： 蛋黃與糖的混合，必須攪打至滑順均勻，以橡皮刮刀舀起任其落下時不會中斷，會拉出完整的緞帶狀。

蛋白： 當製作馬卡龍外殼的麵糊經過足夠攪拌混合，會呈現緞帶狀。

5. 蛋白前置作業

為了得到最佳效果，使用放置幾天的分蛋蛋白，並置於室溫回溫，蛋白會變得較稀，其中所含的蛋白質富有彈性，攪打時可將空氣留在蛋白中。

6. 蛋白打至全發

使用附球形攪拌器的桌上型攪拌機或電動打蛋器，將蛋白打至硬性發泡。蛋白打發後，以畫大圈的方式快速攪打，可讓蛋白更絲滑，也較不容易碎裂。可視情況加入少許細砂糖。

巧克力

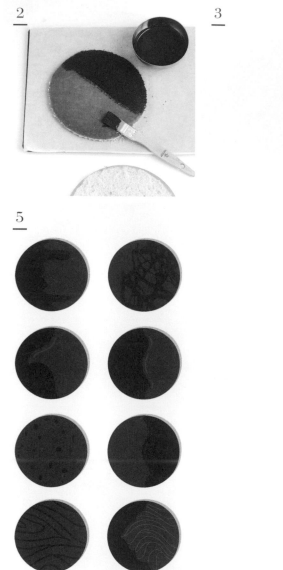

1. 食材簡介

巧克力是以不同比例的可可脂、可可塊及糖所製成。巧克力的滋味、強度與入口即化的質地取決於這些成分的平衡。70% 的巧克力中一般含有 30% 的糖、35% 的可可脂及 35% 的可可塊。

調溫巧克力：這類巧克力的可可脂含量比一般烘焙用巧克力更高，由於對溫度較敏感，操作起來也更容易，質地更滑順。通常可以烘焙用巧克力取代，但對於製作糖霜、裝飾及巧克力工藝品（必須使用經過調溫的巧克力）來說是不可或缺的。可在專賣店、網路或專業烘焙行購得。

2. 防沾巧克力

薄塗在蛋糕底部的巧克力，凝固後可預防蛋糕沾黏。

使用一般烘焙用巧克力，不須調溫。隔水加熱溶化後，淋在蛋糕上，並盡可能用抹刀塗薄。靜置凝固。組裝時，將巧克力塗面放在烘焙紙上。

3. 蛋糕淋面技巧

將巧克力淋面加熱至 40℃，倒在冷凍過的蛋糕上，用抹刀一口氣將淋面抹成薄薄一層。

4. 淋面用巧克力醬

由巧克力、糖及植物性油脂混合而成。做為防沾用巧克力，也用來製作某些淋面，例如歐培拉的淋面。

5. 各種以巧克力為基底的材料

巧克力可用來製作多種甜點，質地各有不同：蛋糕、慕斯（巧克力＋打發鮮奶油）、乳霜甘納許（巧克力＋英式蛋奶醬＋鮮奶油）、黑色淋面（可可粉）、巧克力卡士達醬、黑巧克力醬汁、牛奶巧克力醬汁、巧克力裝飾。

色素、香料、水果及堅果

1. 色素

色素有兩種：脂溶性色素能和油脂類（巧克力、奶油霜）混合，水溶性色素則可和非油脂類（馬卡龍外殼、糖藝……）為主要材料的成分混合。

色粉：染色效果極強，但不會影響食譜比例。以刀尖或微量電子秤度量所需劑量。液態色素則一滴滴取用。無論使用哪種色素，使用時少量多次加入（每種色素的染色強度皆不同）。

巧克力：與脂溶性色素混合。

馬卡龍外殼：在1：1的糖粉與杏仁粉中加入水溶性色素。

翻糖：在熱翻糖中加入水溶性色素。

二氧化鈦：能使材料顏色變白（馬卡龍、白色糖霜）。需與材料充分混合。

2. 香料、酒精、香精

香草、肉桂、八角、薄荷、堅果、咖啡、開心果……可加入麵糊或粉狀材料中，或是將香料浸泡在油性材料中以得到香氣。

櫻桃白蘭地、蘭姆酒、君杜橙酒、香橙干邑酒（柑曼怡）、卡魯哇……這些香甜酒的酒精在烘烤後會蒸發，但香氣則會保留下來。在酒糖液中則含有酒精。

香精是透過榨取、壓製及蒸餾所得，材料混合完畢後加入幾滴即可，由於香精的氣味強烈，使用劑量須非常小心。濃縮液則是經過濃縮後所製成（咖啡、香草……），於材料混合完畢時加入，不須浸泡，可直接使用，價格也較低（特別是香草精）。

3. 柑橘皮絲

柑橘類表皮有顏色的外果皮部分，帶有強烈的酸味。白色部分則是中果皮，位在汁囊與外果皮之間，帶有苦味，取用時須避開。

柑橘皮刨絲器：孔目細（以避免刨下中果皮）。

刀子：可完整取下柑橘皮，切成條後再切成2毫米粗的細絲，並切去中果皮。

Microplane® 刨絲器：可將柑橘皮刨得極細緻，呈現彩色細末狀。

4. 糖漬柑橘皮絲

柑橘皮絲放入滾水中燙30秒。放在廚房餐巾紙上吸乾水分。以水和糖熬煮糖漿，煮沸後離火，放入柑橘皮絲，浸漬至使用前。

5. 烘烤堅果

烤盤鋪烘焙紙，放上堅果。依照堅果尺寸，以170℃烘烤15至25分鐘。可使堅果散發香氣。

製作泡芙的訣竅

1. 泡芙麵團與糊化

製作泡芙麵團的第一步：混合水＋鹽＋糖＋奶油，離火加入麵粉。

將麵糊煮熟，為加入蛋液做準備：麵糊混合均勻後，攤平在鍋底，加熱，途中不攪拌，使底部沾鍋。煮至麵糊發出劈啪聲時，晃動鍋子觀察鍋底：當麵糊會在鍋底結成一片均勻的薄膜，即代表麵糊糊化步驟完成。

2. 脆皮

加上這層酥粒，可烤出造型圓整規則又香脆的泡芙。將酥粒夾在兩張烘焙紙之間，冷藏使之變硬。切下圓片狀的酥粒，烘烤前放在泡芙上即可。

3. 擠泡芙麵糊

烤盤鋪烘焙紙，或使用防沾烤盤（但不可使用矽膠烤墊）。

泡芙：使用 8 毫米的擠花嘴。握取擠花袋時與烤盤垂直，距離 1 公分。推擠擠花袋，擠出直徑 3 公分的圓形麵糊。輕輕提起擠花袋，並稍微劃 90 度以切斷麵糊，但維持泡芙的高度。

閃電泡芙：使用 20 毫米的擠花嘴。握取擠花袋時與烤盤呈 45 度。擠花時施力須一致，並快速移動擠花袋。以擠擠泡芙同樣的方式切斷麵糊，或以小刀切斷。

環狀泡芙或長條狀泡芙：擠出邊緣剛好相接的麵糊，烘烤時會膨脹，使泡芙連接在一起。

4. 烘烤泡芙

烘烤得恰到好處的泡芙呈金黃色，甚至是褐色。泡芙的裂紋處也會烤至上色。烘烤 20 分鐘後打開烤箱門，釋出水蒸氣。續烤時必須留意，烤至上色為止（約 10 至 20 分鐘）。

若泡芙烤得不夠乾，內餡與冰箱的溼氣都會使其受潮變軟，甚至塌陷。成功的泡芙內部仍然是濕潤柔軟的。使用旋風烤箱時，可一次烘烤兩盤泡芙。

5. 填灌內餡

用刀尖在泡芙底部戳一個小洞。左手拿著泡芙，使用 6 號擠花嘴，將花嘴伸入小洞中，一邊擠入餡料。灌滿內餡的泡芙拿在手中會有重量感。

製作馬卡龍的訣竅

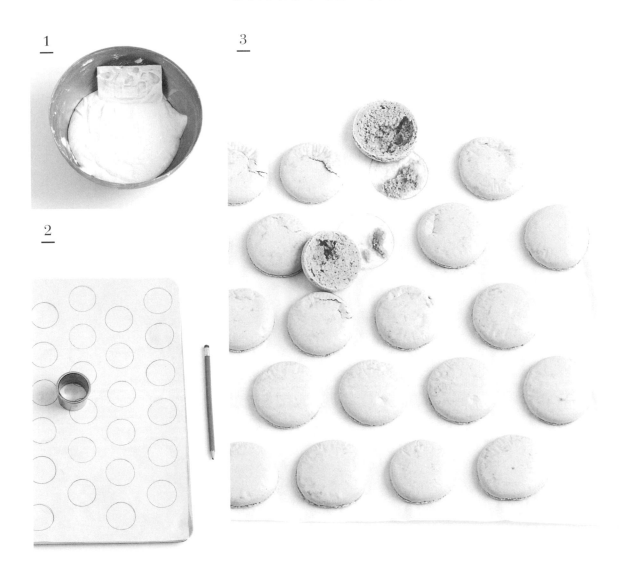

1. 攪拌馬卡龍麵糊

此步驟重點在於以橡皮刮刀或刮板混拌義式蛋白霜與杏仁粉。將三分之一的蛋白霜加入杏仁粉麵糊中使整體變軟，以利混合。再小心拌入其餘的蛋白霜，一邊不時刮壓麵糊使整體混合均勻。攪拌時須徹底刮起鋼盆底的麵糊，充分混合兩種不同質地的材料。

麵糊需攪拌至滑順均勻，並帶點流動性。若麵糊變得太稀（攪拌過度），完成的馬卡龍會變得扁扁的，若攪拌不足，則會烤出變形或迸裂的馬卡龍。

可用緞帶法檢視攪拌程度：以刮板或橡皮刮刀舀起一大團麵糊，任其流下，落下的麵糊不會中斷，會呈緞帶狀。若沒有呈緞帶狀，則須繼續攪拌麵糊。

2. 畫基準線

在烘焙紙上以交錯排列（見 272 頁）的方式畫上直徑 3 公分的圓圈做為擠花基準。垂直握取擠花袋，擠出麵糊填滿圓圈。不要抬起擠花袋，擠花袋必須維持距離烤盤 1 公分的高度。每擠完一個圓圈，擠花袋稍微劃四分之一圓以切斷麵糊。若麵糊充分混拌，擠花的尖點會自動慢慢變平。

3. 烘烤

馬卡龍外殼烘烤時間很短（約 12 分鐘），須以低溫烘烤（150℃）。若使用旋風烤箱，可一次烘烤兩盤馬卡龍。

若香草馬卡龍烘烤時上色太快，可覆蓋一張烘焙紙。烘烤 10 分鐘後須檢查熟度。以手指碰觸馬卡龍外殼時，應該呈固態。若烘烤不足，將無法從烘焙紙上取下外殼。若烘烤過度，外殼則會太乾。

取出烤箱後，將馬卡龍連烘焙紙一起放在微濕的工作檯上，方便取下外殼。

4. 保存

建議將夾入內餡的馬卡龍冷藏 24 小時熟成，使餡料滲入外殼中：甘納許的滋味會進入外殼，並且讓外殼更濕潤柔軟。

烤好的外殼放入包上保鮮膜的密封盒中可冷凍保存 3 個月。若馬卡龍的夾心為甘納許或果醬，可冷凍保存，若為卡士達醬則不可冷凍（冷凍後質地會變）。

製作麵團的訣竅

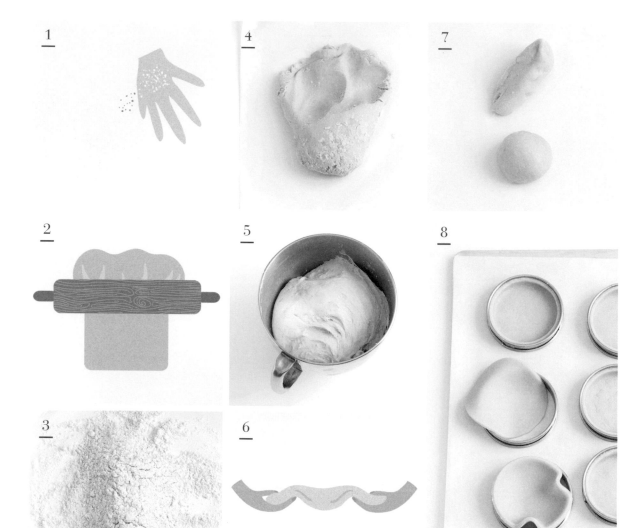

1. 工作檯撒麵粉
在工作檯撒上薄薄一層麵粉，防止麵團沾黏。不可撒太多，否則會改變麵團成分比例。

2. 擀麵團
在撒上麵粉的工作檯上，用擀麵棍將麵團擀至需要的厚度。在擀麵棍上的施力盡可能一致，並不時將麵團轉動 90 度。

3. 搓揉
冰冷的奶油切成小丁，放入麵粉中以指尖搓捏，然後在雙手之間輕搓但不壓扁，直到整體呈細砂狀。

4. 壓揉
以手掌壓揉麵團以檢視麵團是否揉拌均勻。進行此動作 1 至 2 次。

5. 壓按麵團排出氣體
第一次發酵後，壓扁麵團以排出第一次發酵所產生的氣體。

6. 輕舉塔皮，使之鬆弛
以手掌稍稍抬起擀好的塔皮使空氣進入。鬆弛過後的塔皮在烘烤時比較不易變形收縮。

7. 揉成團
將麵團揉整成圓球狀，使其能夠均勻發酵。麵團等分後，放在工作檯上，以手心凹處滾揉成球狀，檯面不撒粉，幫助成團。

8. 鋪塔皮
在烤模或中空塔模中鋪塔皮。中空塔模可直接脫模，塔底直接接觸烤盤也可避免氣泡形成。

中空塔模塗上奶油。將擀好的塔皮捲在擀麵棍上，以便將塔皮完整移動至塔模，小心地將塔皮放在塔模上，以防斷裂。一隻手抬起塔皮邊緣，另一隻手則鋪緊塔皮使之形成直角。以拇指輕輕按實塔皮，但不可留下壓痕。塔皮必須緊密貼合。也可切下圓型的塔皮（塔模直徑 + 2 倍的塔模高度）。

製作麵團的訣竅

9. 收尾：刻花或切去多餘塔皮

刻花：烘烤前在塔皮邊緣刻花，可使整體完成度更高。可用壓花夾或小刀，以斜角刻花。製作派餅時，手指放在派餅距離邊緣5毫米處輕壓。並斜拿刀子，以刀背尖端將派皮往手指的方向摺。

切去多餘塔皮：以小刀切或以擀麵棍滾過塔模邊緣，以除去多餘塔皮。

10. 烘烤塔皮

塔殼可以不加餡料空烤（盲烤）或與餡料一起烘烤（如蘋果派）。大部分的塔殼皆為盲烤。餡料可以是經過烹煮的（卡士達醬），或不須烹煮。餡料完成後倒入預先烤好的塔殼中，放入冰箱冷藏凝固。盲烤塔殼有

下列幾種技巧：

甜塔皮與沙布雷塔皮

若使用中空塔模，塔皮直接接觸烤盤，並且確實鋪好，那麼塔皮可以單獨烘烤也不會膨脹。為保險起見也可在塔皮戳洞並（或）壓重物。

若塔皮鋪在有底的烤模中，例如活動烤模，塔皮也鋪得不夠紮實緊密，可能會形成氣泡，烘烤時會使塔皮膨脹隆起，最好在塔皮上戳洞並（或）壓重物。

脆塔皮與千層派皮

由於塔皮中含有水分，這類塔皮非常容易膨脹。最好在塔皮上戳洞並壓重物。

塔皮戳洞：注意戳出的孔洞不要過大，特別是要倒入液態餡料。

壓重物：剪下一張直徑和塔模一樣長的圓型烘焙紙。放上塔皮後，壓上派石或乾燥的豆子。

11. 觀察熟度

盲烤塔殼時，以抹刀抬起塔殼觀察底部顏色：呈均勻的金黃色即代表完成。

烘烤布里歐修時，可用刀子刺入其中：拉出刀子時沒有沾黏麵糊即代表完成。

烘烤全蛋打發海綿蛋糕類時，以指腹按壓蛋糕，若不會留下痕跡，蛋糕回彈，即代表完成。

烘烤其他種類蛋糕時（如手指餅乾），掀起烘焙紙觀察底部：蛋糕呈多孔洞海綿狀即完成。